中国生态环境产教融合丛书
智 慧 水 务 专 业 教 材

城市水环境综合治理与智慧运营

朱月琪　刘小梅　冒建华　主编

中国环境出版集团·北京

图书在版编目（CIP）数据

城市水环境综合治理与智慧运营/朱月琪，刘小梅，冒建华主编．—北京：中国环境出版集团，2022.1（2025.4重印）

（中国生态环境产教融合丛书）

智慧水务专业教材

ISBN 978-7-5111-5020-2

Ⅰ．①城…　Ⅱ．①朱…②刘…③冒…　Ⅲ．①城市环境—水环境—环境综合整治—教材　Ⅳ．①X321.2

中国版本图书馆 CIP 数据核字（2022）第 017627 号

责任编辑　曹　玮
封面设计　岳　帅

出版发行　中国环境出版集团
（100062　北京市东城区广渠门内大街 16 号）
网　　址：http：//www.cesp.com.cn
电子邮箱：bjgl@cesp.com.cn
联系电话：010-67112765（编辑管理部）
发行热线：010-67125803，010-67113405（传真）

印　　刷　玖龙（天津）印刷有限公司
经　　销　各地新华书店
版　　次　2022 年 1 月第 1 版
印　　次　2025 年 4 月第 2 次印刷
开　　本　787×1092　1/16
印　　张　14.75
字　　数　310 千字
定　　价　48.00 元

中国生态环境产教融合丛书

编 委 会

本书编委会

主　编

朱月琪（广东环境保护工程职业学院）
刘小梅（北控水务集团有限公司）
冒建华（北控水务集团有限公司）

副主编

曾红平（广东环境保护工程职业学院）
冯艳霞（北控水务集团有限公司）
孙　艳（北控水务集团有限公司）
陈炳辉（北控水务集团有限公司）
王　兵（河北工业职业技术大学）

编　委

钟真宜（广东环境保护工程职业学院）
叶　平（广东环境保护工程职业学院）
唐　菠（广东环境保护工程职业学院）
王晓阳（广东环境保护工程职业学院）
冀广鹏（北控水务集团有限公司）
安莹玉（北控水务集团有限公司）
汪　力（北控水务集团有限公司）
徐东升（北控水务集团有限公司）
魏纯江（北控水务集团有限公司）
刘欣蔚（北控水务集团有限公司）
许永生（北控（杭州）环境工程有限公司）
顾朝光（北控（杭州）环境工程有限公司）
汪颖赫（北控（杭州）环境工程有限公司）
雷育斌（北控技术服务（广东）有限公司）
徐雨婷（北控技术服务（广东）有限公司）
石云峰（广州市金龙峰环保设备工程股份有限公司）

总 序

2021 年是“十四五”开局之年，我国生态环境产业将继续迎来蓬勃发展的重要机遇期，国家着力建立健全绿色低碳循环发展经济体系，促进经济社会发展全面绿色转型。面对新的发展时期，在“绿水青山就是金山银山”理念和生态文明思想的指引下，水务行业将从传统的水资源利用和水污染防治逐渐发展为生态产品价值体现以及环境资源贡献。

随着生态环境产业的迅速发展，对技术创新力的要求不断提高，市场竞争中行业人才供给有着非常大的缺口，而“产教融合”正是解决这一“缺口”的有效途径。企业通过与高校开展校企合作，联合招生，共同培养水务人才；企业专家和高校教师共同制定培养方案并开发教材，将污水处理厂作为学生的实习基地；企业专家担任高校授课教师，从而将对岗位能力的实际需求全方位地融入学生的培养过程。

2017 年，《关于深化产教融合的若干意见》印发，鼓励企业发挥重要主体作用，深化引企入教，促进企业需求融入人才培养环节，培养大批高素质创新人才和技术技能人才；2019 年，《国家产教融合建设试点实施方案》再次强调，企业应通过校企合作等方式构建规范化的技术课程、实习实训和技能评价标准体系，在教学改革中发挥重要主体作用，在提升技术技能人才和创新创业人才培养质量上发挥示范引领作用；2021 年，《中华人民共和国国民经济和社会发展第十四个五年规划和 2035 年远景目标纲要》提出，建设高质量教育体系，推行“学历证书+职业技能等级证书”制度，深化产教融合、校企合作，鼓励企业举办高质量职业技术教育，实施现代职业技术教育质量提升计划，建设一批高水平职业技术院校和专业。

北控水务集团有限公司是国内水资源循环利用和水生态环境保护行业的旗舰企业，集产业投资、设计、建设、运营、技术服务与资本运作为一体。近年来，在国家政策导向和企业发展战略的双重驱动下，北控水务集团有限公司在多年实践经验的基础上，进一步推动在产教融合领域的积极探索，把握（现代）产业学院建设、1+X 证书制度试点建设、“双师型”教师队伍建设、公共实训基地共建共享等重大政策机遇，围绕产教融合“大平台+”建设规划开展了一系列实践项目，并取得了显著成果。北控水务集团有限公司希望通过践行产教融合战略，推动行业人才培养和技术进步，为水务行业的持续发展提供有力的支持和帮助。

“中国生态环境产教融合丛书”（以下简称丛书）主要包括智慧水务管理、职业技能等级标准、大学生创新创业、实习培训基地等，聚焦生态环境领域人才培养，采用校企双元合作的教材开发模式和内容及时更新的教材编修机制，深度对接行业企业标准，落实“书证融通”相关要求，同时适应“互联网+”发展需求，加强与虚拟仿真软件平台的结合，重视对学生实操能力的培养。

由于丛书内容涉及多学科领域，且受编者水平所限，难免有遗漏和不足之处，敬请读者不吝指正。

北控水务集团有限公司轮值执行总裁

生态环境职业教育教学指导委员会副秘书长

2021 年 12 月

前　言

在编者的记忆中，家乡的溪流水质清澈、鱼虾成群，但如今很多河流却浑浊不堪、发黑发臭。我国城市河流承受了粗放式发展带来的任性之果、黑臭之殇。现在，我们在治理之惑中不断求实，期盼有一天河流重回鱼游之境。“十四五”规划提出新时期的治水目标——“有河有水、有鱼有草、人水和谐”。“十四五”期间的水生态环境保护工作，在水环境改善的基础上，更加注重水生态保护修复，注重人水和谐。优美清澈的河流湖泊是人们对良好生态环境的重要期盼。

国家政策的引领使水环境治理领域迎来了快速发展的时期。水环境综合治理项目具有涉及范围广、专业交叉多、影响因素多、社会影响大等特点，对于运营管理水平及管理人员都提出了更高的要求，复合型运营人员的市场需求巨大，而相关教材较少，为顺应新时代水环境治理目标和要求，我们编写了此书，以期读者全面了解水环境治理背景、特点及难点，熟悉水环境治理项目绩效考核和智慧运营管理体系，为今后学习及从事相关行业奠定理论基础。

本书适用于高等院校生态环境相关专业教学，同时也可供以水环境治理为业务方向的企业学习参考。全书共三篇12章，第一篇基础理论篇共4章，主要介绍城市水系统领域的基本理论知识，其中基本概念，国内外水环境现状，相关法律法规、政策规划及标准由朱月琪编写，水环境治理实施模式由冒建华、刘小梅编写；第二篇工程治理篇共4章，主要介绍水环境工程治理的主要技术及工程措施，其中国内外水环境治理经验、水污染成因分析、主要工程技术由曾红平编写，国内外典型案例由冒建华、冯艳霞编写；第三篇智慧运营篇共4章，主要介绍水环境设施运营体系以及智慧运营内容，其中水环境运营管理概述由刘小梅、陈炳辉编写，水环境专项工程运营管理由刘小梅、陈炳辉编写，智慧水务建设与运营管理由刘小梅、孙艳、冒建华编写，智慧运营管理典型案例由刘小梅、陈炳辉编写。

本书编写过程中参阅了大量的文献资料，在此向这些作者表示诚挚的谢意！广州麓湖水体生态修复项目案例由广州市金龙峰环保设备工程股份有限公司提供，在此表示衷心感谢！由于编者水平有限，书中难免出现错误和纰漏，敬请读者予以批评指正。

编　者

2021年5月

目　录

第一篇　基础理论篇

第二篇　工程治理篇

第三篇 智慧运营篇

第一篇

基础理论篇

第1章　城市水系统基本概念

水是城市发展的基础性自然资源和战略性经济资源，水环境是城市发展所依托的生态基础之一。

城市水系统不仅包括传统的城市水设施，还包括城市的用水活动和水介质。城市水系统的功能也从早期的以维护城市公共卫生安全为主要目标的给水排水拓展到保护城市水环境、维持城市水安全、调控区域良性循环以及促进城市可持续发展。总体来说，水是城市生存和发展的必需品和最大消费品，是污染物传输和转化的基本载体，是维持城市区域生态平衡的物质基础，是城市景观和文化的组成部分，也是城市安全的风险来源。

1.1　人类活动对水系统的影响

随着社会经济的发展与科学技术的进步，人们的生活水平不断提高，人类活动对水环境造成了影响，进一步影响自然界中的水循环过程。例如，为了推动生产活动，人们会在流域的下垫面实施水利改造工程，地表水蒸发过程被改变；为了蓄水，人们修建水库，在充分利用流域水资源的同时，也改变了水动力条件，使水库周围的生态格局发生变化、水文过程受到影响。

1.1.1　城市化

城市是人口的主要集中地区，具有与自然和人工景观融合的突出社会属性。城市化的核心是人口结构、经济产业结构的转化过程，城市与农村空间、社区结构的变迁过程。随着我国经济的飞速发展，城市化进程不断加快，水文水资源已经成为制约城市可持续发展的重要因素；同时，城市化进程也引发了一系列负面效应，如水污染加剧、径流和水循环发生改变等。

（1）对水质的影响

伴随着人口的急剧增加和城市化进程的加快，生活污水与工业废水的排放量也不断增加。工业废水中包含的有毒有害物质，没有经过处理便直接排放到河中，严重污染了水体，导致水质恶化；一些堆积的废弃物受到雨水淋洒，部分有毒有害物质浸出，随雨水直接渗透到地下或流入海洋，造成地下水污染或海洋污染；部分城市近郊地区的农药、化肥的过度施用，引起土壤污染；经过雨水的淋溶，土壤中的污染物进入地下水，造成污染。

（2）对径流的影响

第一，大面积的城市化建设改变了土地性质。地面大多是水泥或者沥青质地，大部分城市土地不透水面积不断增加，导致地下水回归量减少。又由于排水管道的改造，致使降雨时地面难以下渗，雨水只能沿着地表向低处淌去，造成低洼积水，形成“城市海洋”的现象。第二，城市排水系统管网化提高了排水能力。当降水量大于渗透量时，雨水能够迅速汇集到排水管网，较之前时间加快，导致城市洪峰变陡、变大，大部分降水汇集在排水口。如果排洪不利，容易形成城市内涝。第三，城市面积不断加大，侵占了许多天然河道，造成河流自然泄洪能力下降，植被破坏，水土流失严重，导致河道变形，增加洪水发生的概率。

（3）对地下水的影响

随着人们用水量的大幅度增加，地表水资源经常出现供给不足的问题。所以，许多大城市开始大量开采地下水，地下水开采超标，形成地面下降等问题。又由于雨水难以下渗和地下水无法侧向流动，地下水无法得到及时补充。地下水量的减少容易形成地下水漏斗，使污水更容易渗入地下，导致城市水环境质量下降，甚至导致海水倒灌。

（4）对蒸发量的影响

随着城市建筑面积的不断增加，绿化面积逐步减少，城市地表水下渗能力减弱，地下渗水面积减少。由于土壤水含量减少，又缺乏绿色植物，造成水分蒸发作用减弱。另外，随着城市部落群密度不断增加，高楼林立，空气流动交换受阻，使市区风速明显减小，容易形成热岛效应。同时，城市化建设截断了包气带蒸发，造成蒸发速度降低、蒸发量减少。

1.1.2 工农业

随着我国经济的快速发展，工农业用水量不断增长，对水文水资源产生了一定影响。特别是近些年我国一些河流出现断流问题，除了与降水量减少有关，工农业用水量不断增长也是重要的原因。此外，河流管理欠佳造成资料记录缺乏，也给后续河流管理带来了困难。相关部门需要管理测量区域内河流，严格控制工农业用水，确保不出现水资源盲目使用的问题。土地利用情况不同，土壤的体积、物理结构、孔隙率以及透水性能等参数也不同。不同土地类型，拥有不同的储水、保水能力。土地利用变化将直接导致流域的径流发生变化。农耕林地土地利用变化大幅改变了自然水循环过程，影响地表水和地下水的水量水质，影响社会经济和生态环境质量。土地利用变化还改变了流域蒸散发情况，特别是林地增加了流域蒸散发量。土地利用状况的不同会影响地表的粗糙度、地表水的流出速度和洪水区域水流速度，并影响地表水的蓄水量，进一步影响洪水发展的路径和速度。

1.1.3 水利工程

修建水库的目的是改变水资源的时空分布，使水资源更好地服务人类。但同时也产生了负面效应。第一，水库可以存储汛期洪水，也储存了非汛期河水，造成河道水量减少，致使下游河道水位下降。下游河道水位下降会导致一系列问题，如湖泊干涸、泥沙淤积等。由于河流流速和流量减少，河流自净能力下降，致使水质恶化。第二，水库体积大、水体流速减慢，有利于藻类生物生长，降低水体硬度，但也会产生负面影响，如大量藻类繁殖会消耗水中的氧气，使水体富营养化。

1.2 城市水系统的组成

城市水系统是以水循环为基础、水通量为介质、水设施为载体、水安全为目标、水管理为手段的综合系统，是城市系统的重要组成部分，涉及城市水资源开发、利用、保护和管理的全过程。从不同角度看，城市水系统具有不同的内涵和表现形式。从系统的内涵看，城市水系统涉及水资源、水环境、水生态、水景观、水文化等各个方面；从系统的循环看，城市水系统中各子系统之间存在复杂的通量变化，水量耗散、水质代谢和能量交换贯穿于整个循环过程；从系统的组成看，城市水系统包括水源系统、供水系统、用水系统、排水系统、回用系统、雨水系统和城市水体。

下面主要对城市供水系统、城市排水系统、城市水体进行介绍。

1.2.1 城市供水系统

1.2.1.1 供水系统

城市供水系统是一个包括水的取集、处理和输配的庞大系统。根据水源、供水对象及地形的不同，供水系统的组成也有所不同。典型的城市单水源供水系统如图 1-1 所示。

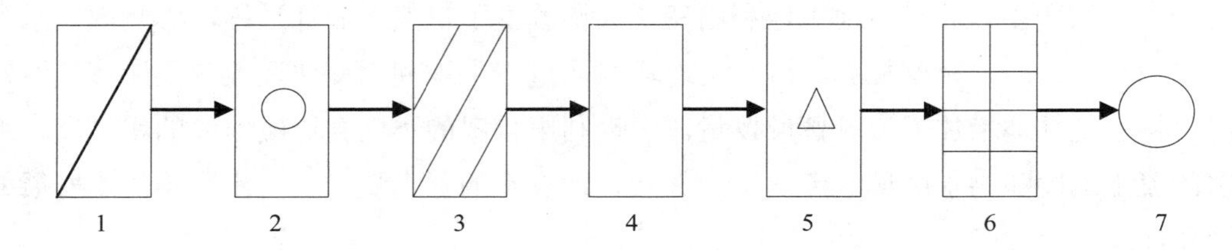

1—取水构筑物；2—一级泵站；3—处理构筑物；4—清水池；5—二级泵站；6—配水管网；7—水塔（或高地水库）。

图 1-1 城市单水源供水系统

①取水构筑物。是指从水源地取水的设施，分为地表水取水构筑物和地下水取水构筑物两类。

②一级泵站。是将水从取水构筑物抽至处理构筑物的设施。

③处理构筑物。其作用是对水进行混凝、沉淀、过滤和消毒等处理，以满足供水要求。

④清水池。是供水系统中满足用户不均匀用水的调蓄构筑物。

⑤二级泵站。其作用是将污水处理厂清水池中的水输送到配水管网，以供应用户。

⑥配水管网。是指分布在供水区域内的配水管道网络，由主干管、干管、支管、连接管、分配管等构成。

⑦水塔（或高地水库）。为供水系统的水量调节设施，一般仅在小城镇或工业企业供水系统中采用。大、中城市一天内的用水量变化不太大，往往采用二级泵站内的水泵来调节水量。

1.2.1.2 供水布局

根据城市总体规划，水源状况，城市地形，供水范围以及用户对水质、水量和水压的要求不同，供水系统总体布局也有所不同，概括起来有以下几种。

（1）统一供水系统

当城市居民生活饮用水、工业生产用水等都按生活饮用水水质标准用统一的管道系统供给用户时，称统一供水系统。其特点是管网中水压均由二级泵站一次提升，供水系统简单，一般适用于城市地形起伏较小，建筑层数差别不大，各种用户对水质和水压要求相差不大的城市或大型工业区。个别高层建筑或特殊用户一般自行加压。

（2）分质供水系统

当对水质要求不高的工业生产用水或其他用水（如冲洗卫生洁具的海水、园林绿化用水等）占城市用水的比例较大时，为了节约水处理费用及水资源，可采用不同管道系统，分别将不同水质的水供给用户。其中一套供水系统为生活饮用水系统；另一套为工业生产用水或其他低质水系统。这种分质供水系统通常用于工业区或城市局部地区，国外已有长期的应用历史，我国上海桃浦工业区以及香港特别行政区（用海水冲洗洁具）也有采用。分质供水系统虽然节约了水处理费用及水资源，但管道系统较复杂，应通过技术比较后确定。

目前，我国部分城市为了进一步提高饮用水水质，将城市自来水经过进一步深度净化后制成直接饮用水，然后用直接饮用水管道系统供给用户，从而形成城市自来水和直接饮用水两套管道的分质供水系统。分质供水系统仅适用于住宅小区或个别大型建筑物，不可能用于整个城市供水系统中，因为管道系统复杂，实施难度大。

（3）分区供水系统

当城市的地形高差较大，或供水范围很大，或被自然地形分割成若干部分时，可采用分区供水系统。

（4）区域供水系统

随着经济发展和农村城市化进程的加快，许多小城镇相继形成并不断扩大，使城镇之间距离缩短。两个以上城镇采用同一供水管道系统，或者若干原来独立的管道系统连成一片，或者以中心城市管道系统为核心向周边城镇扩展的供水系统称为区域供水系统。区域供水系统不是按一个城市进行规划的，而是按一个区域进行规划的。

区域供水系统可以统一规划、合理利用水资源；分散的、小规模的独立供水系统连成一体后，通过统一管理、统一调度，可以提高供水系统技术管理水平、经济效益和供水安全可靠性。

区域供水系统在一些发达国家（如美国、英国、法国等）已多有采用，目前我国有的城市也开始采用区域供水系统，如江苏、浙江、广东等的某些城市。区域供水系统的供水面积小至数十 km^2，大至数千 km^2。区域供水系统一般适用于相距较近、地理条件和水源特点合适的中、小城镇，或某一大城市与其周边的中、小城镇乃至村镇的联合供水。

以上各种供水系统中，可以仅有一个水源、一个水厂，也可以有多个水源（或一个水源多个取水口）、多个水厂，前者称单水源管网，后者称多水源管网。大、中城市的供水管网往往是多水源管网。多水源管网的主要优点是：供水安全可靠，管网内压力分布比较均匀，但增加了设备和管理工作。

图 1-2 为地形高差很大时的分区供水系统。图 1-2（a）是由同一泵站内的高压泵和低压泵分别向高区和低区供水，称为并联分区供水系统，又称分压供水系统。若高区和低区相距较远且高差较大时可采用串联分区供水系统，高、低区之间设加压泵站，如图 1-2（b）所示。

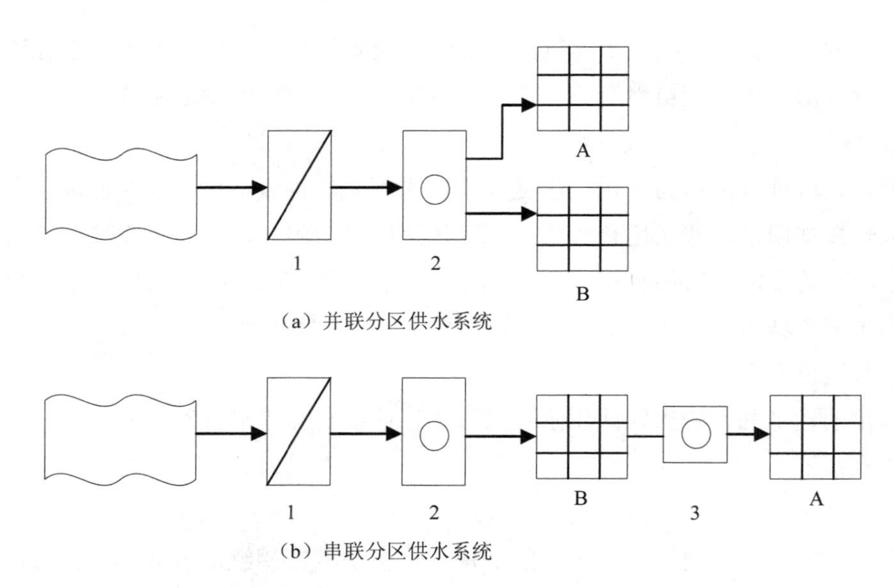

1—取水、给水处理构筑物；2—水厂二级泵站；3.加压泵站；A—高区；B—低区。

图 1-2 分区供水系统示意图

1.2.1.3 给水处理

给水处理的对象一般是天然水源水。给水处理是根据水源水质和用水要求，对水质进行改善的过程。给水处理一般采用物理和化学的方法。相对于排水处理系统，给水处理系统比较简单。

“澄清+消毒”工艺是以地表水为水源的生活饮用水的常规处理工艺。澄清工艺一般包括混凝、沉淀和过滤，处理对象主要是水中悬浮物和胶体杂质。水中杂质通过加药形成大颗粒的絮体，然后经沉淀进行重力分离；过滤能进一步降低水的浊度，并在一定程度上去除有机物及细菌。

消毒是在过滤之后的水中投加消毒剂，目的是杀灭水中致病微生物。消毒工艺采用的主要方法有加氯消毒、臭氧消毒、紫外线消毒等。其中，加氯消毒采用的消毒剂有氯气、二氧化氯及次氯酸等。

1.2.2 城市排水系统

1.2.2.1 排水系统的组成

城市排水系统是收集、输送、处理、排放城市污水和雨水的设施系统，是城市公用设施的组成部分。城市排水系统通常由排水管道和污水处理厂组成。在实行污水、雨水分流制的情况下，污水由污水管道收集，送至污水处理厂处理后，排入水体或回收利用；雨水径流由雨水管道收集后，就近排入水体。图 1-3 为一简单分流制城市排水系统示意。

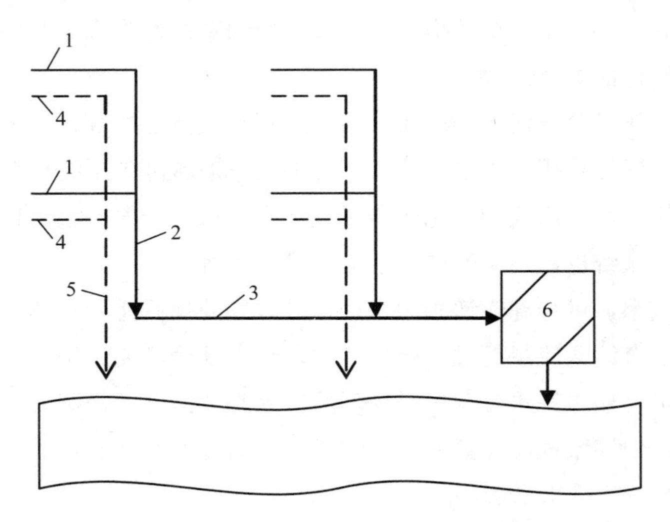

1—污水支管；2—污水干管；3—污水主干管；4—雨水支管；5—雨水干管；6—污水处理厂。

图 1-3　分流制城市排水系统示意

除污水处理厂以外，其余均属排水管道系统。它由一系列管道和附属构筑物组成。分流制排水系统的组成如下：

①污水支管。其作用是承受来自居住小区污水管道系统的污水。居住小区内污水管道系统包括：建筑物内部污水出户管、连接至户外的接户管、小区支管和小区干管。这些管道的直径一般较小，敷设在居住小区内。其流程为：建筑物内污水—出户管—接户管—小区支管—小区干管—城市污水支管。

②污水干管。其作用是汇集污水支管的污水。在一个城镇内，常按分水线划分成几个排水区域，每个排水区域通常设一根干管。

③污水主干管。其作用是汇集各污水干管的污水，并将污水输送至污水处理厂。

④雨水支管。其作用是汇集雨水并输送至雨水干管。

⑤雨水干管。其作用是汇集雨水支管流来的雨水并就近排入水体。

⑥排水管道系统上的附属构筑物。排水系统（包括污水和雨水）上的附属构筑物种类较多，主要包括检查井、雨水口、出水口、泵站等。有时还需设溢流井、跌水井、倒虹管、防潮门等，视具体情况而定。

1.2.2.2　排水系统的分类

根据排水体制不同，排水管道系统的组成也有所变化。城市污水和雨水汇集排出的方式，称为排水体制。排水体制分为合流制和分流制两种基本形式。

（1）合流制排水系统

将城市污水和雨水采用一个管道系统汇集排出的系统称为合流制排水系统。城市污水和雨水混合在一起称为混合污水。

合流制排水系统又分直流式和截流式两种。直流式排水系统是将未经处理的混合污水用统一管道系统就近直接排入水体。我国许多城市旧城区采用这种系统。由于混合污水未经处理直接排入水体造成的水源污染日益严重，目前一般不采用直流式排水系统。原有的直流式排水系统也已逐步改造。截流式排水系统在晴天时，管道中汇集的只是城市污水，总流量较小，可全部输送到污水处理厂，经处理后排入水体；雨天时，混合污水流量增大，当混合污水流量超过一定数量时，超出部分则通过溢流井直接排入水体，其余部分混合污水仍输入污水处理厂经处理后排入水体。因此，截流式排水系统虽然也会造成水体污染，但污染程度比直流式大大降低。这种排水体制目前应用较广。合流制排水系统通常指截流式排水系统。

（2）分流制排水系统

将城市污水和雨水采用两个或两个以上的排水管道系统汇集排出的系统称为分流制排水系统。

汇集和输送城市污水的管道系统称为污水排除系统。它将污水输入污水处理厂经处理后排入水体。汇集和排除雨水的管道系统称为雨水排除系统。某些较清洁而无须进行处理的生产废水有时也可通过雨水排除系统直接排入水体。

城市中只有污水排除系统而未建雨水排除系统的，称不完全分流制排水系统。不完全分流制的雨水沿天然地面、街道边沟及水渠等排入水体。在原有渠道的基础上修建部分雨水管道，也属不完全分流制排水系统。待城市进一步发展后建立的完善的雨水排除系统称为完全分流制排水系统。

合流制排水系统的主要优点是管系较简单，造价较低；主要缺点是仍会造成水体污染。分流制排水系统的主要优点是对水体造成的污染较轻；主要缺点是管系复杂，造价较高。

实际上，有的城市往往既有合流制排水系统，又有分流制排水系统，称为混合制排水系统。根据国家颁布的《城市污水处理及污染防治技术政策》，对于新城区应优先考虑采用完全分流制排水系统；对于改造难度很大的旧城区，可维持合流制排水系统，合理确定截流倍数（溢流井由上游转输至下游管段的雨水量与城市污水量之比）；在降雨量很少的城市，可根据实际情况采用合流制排水系统。实际上，两种排水体制的污染效应以及合流制排水系统的改造，仍有许多问题值得研究。

1.2.2.3　污水处理

（1）污水处理方法分类

1）按作用原理

污水处理方法按照其作用原理不同可分为物理法、生物法和化学法三种。

①物理法：主要利用物理作用分离污水中的非溶解性物质，在处理过程中不改变物质的化学性质。常用的方法有重力分离法、离心分离法、气浮法、超滤法、反渗透法等。

②生物法：利用微生物的新陈代谢功能将污水中呈溶解态或胶体态的有机物分解氧化为稳定的无机物质，使污水得到净化。生物法又可分为活性污泥法和生物膜法。生物法的处理程度比物理法要高。

③化学法：是利用化学反应来处理或回收污水中的溶解态物质或胶体态物质的方法。常用的方法有混凝法、中和法、氧化还原法、离子交换法等。化学法处理效果好、费用高，多用作生物法处理后的出水的进一步处理，以提高出水水质。

2）按处理程度

污水处理按照处理程度不同可分为一级处理、二级处理和三级处理。

①一级处理主要是去除污水中呈悬浮状态的固体物质，常用物理法。

②二级处理的主要目的是大幅去除污水中呈胶体态和溶解态的有机物，常用生物法。

③三级处理的目的是进一步去除某些特殊的污染物质，如氟、磷等，属于深度处理，常用化学法。

（2）常用污水处理方法

城镇生活污水处理一般采用的工艺是“格栅+沉砂+生物处理+沉淀+消毒”。近年来，由于城镇污水处理厂出水水质标准由原来的《城镇污水处理厂污染物排放标准》（GB 18918—2002）中的一级标准（B 标准）提升为一级标准（A 标准），沉淀工艺之后一般增加过滤、高级氧化等深度处理工艺，以提升出水水质。

活性污泥中存在大量的微生物，其主要功能是降解有机物，是有机物净化功能的核心。活性污泥通常为黄褐色絮绒状颗粒，也称为“菌胶团”或“生物絮凝体”。污水中细菌和真菌类的微生物、原生动物和后生动物等附着在填料或某些载体上生长繁育，并形成膜状生物污泥——生物膜。污水与生物膜接触后，污水中的有机污染物作为营养物质被生物膜上的微生物所摄取，污水得到净化，微生物自身也得到增殖。

1）氧化沟

氧化沟是一种改良型的循环流动式活性污泥法，一般采用低负荷延时曝气的方式运行，具有运行维护简便、处理效果稳定等特点。氧化沟在我国城镇污水处理厂应用十分广泛。早期采用的是奥贝尔氧化沟、卡鲁塞尔氧化沟，后期广泛应用的是采用鼓风曝气形式的微曝氧化沟，典型的微曝氧化沟工艺流程如图 1-4 所示。

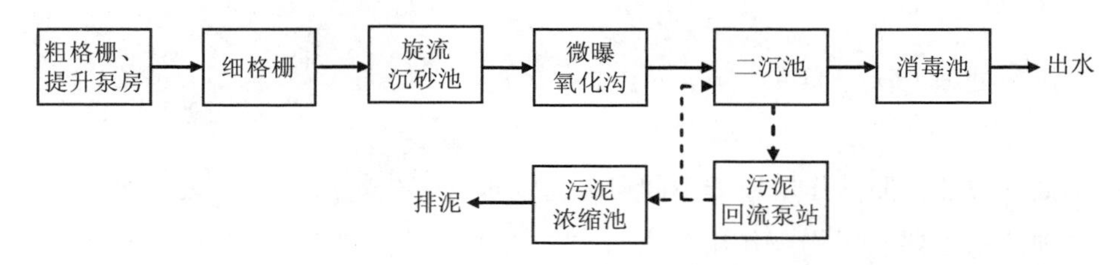

图 1-4 典型的微曝氧化沟工艺流程

2）序批式活性污泥法

序批式活性污泥法（sequencing batch reactor activated sludge process，SBR）是在同一反应池中，按时间顺序由进水、曝气、沉淀、排水和待机 5 个基本工序组成的活性污泥污水处理方法。工艺流程如图 1-5 所示。SBR 的主要特征是在运行上的有序和间歇操作，其核心是 SBR 反应池。SBR 池集均化、初沉、生物降解、二沉等功能于一体，无污泥回流系统，尤其适用于间歇排放和流量变化较大的污水处理。

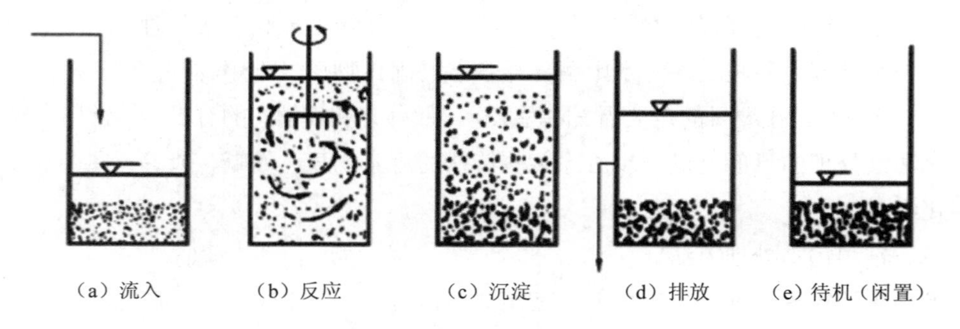

图 1-5 SBR 工艺流程

3）生物接触氧化法

生物接触氧化法是以附着在载体（俗称填料）上的生物膜为主来净化有机废水的一种高效水处理工艺，是具有活性污泥法特点的生物膜法，兼有两者的优点。该工艺因具有高效节能、占地面积小、耐冲击负荷、运行管理方便等特点而被广泛应用于各行各业的污水处理。

生物接触氧化池要求填料的比表面积大、空隙率大、水力阻力小、强度大且性能稳定。常见的填料类型有弹性填料和组合填料，如图 1-6 所示。弹性填料由纤维绳上绑扎的一束束丝状纤维组成，有庞大的生物膜支撑面积，具有不易堵塞、造价低、质量轻等优点。组合填料是将塑料圆片压扣改成双圈大塑料环，将醛化纤维或涤纶丝压在环圈上，使纤维束均匀分布；中心绳有塑料绳及纤维绳，内圈是雪花状塑料枝条，既能挂膜，又能有效切割气泡，可提高氧的转移速率和利用率。

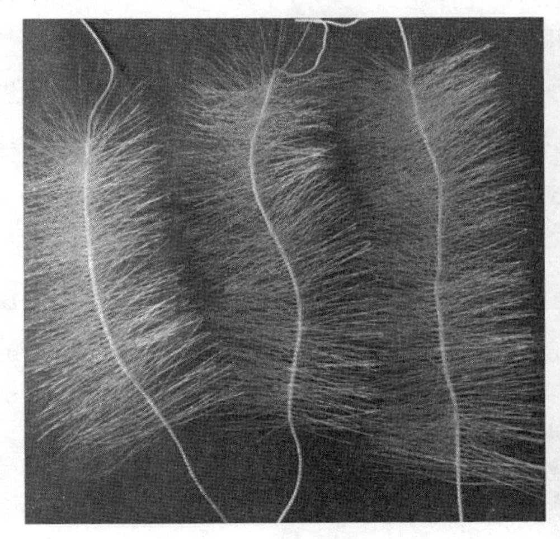

弹性填料

组合填料

图 1-6　生物接触氧化池常用填料

4）膜生物反应器

膜生物反应器（membrane bio-reactor，MBR）是一种结合了高效膜分离技术与传统活性污泥法的先进污水处理技术。独特结构的膜组件置于曝气池中，经过好氧生物处理后的水通过滤膜过滤后，由泵抽出。MBR 利用膜分离设备进行固液分离，省去了二沉池，出水水质稳定，悬浮物几乎为零。

膜组件是 MBR 的核心部分，常见的类型包括平板膜和中空纤维膜。其中又以中空纤维膜（图 1-7）应用最广。近年来，随着污水处理出水要求的提高和 MBR 膜的国产化，在一体化设备中 MBR 工艺的应用越来越广泛。

图 1-7　MBR 中空纤维膜

5）移动床生物膜反应器

移动床生物膜反应器（moving bed biofilm reactor，MBBR）依靠曝气池内的曝气和水流的提升作用使载体处于流化状态，进而形成悬浮生长的活性污泥和附着生长的生物膜，这就使得移动床生物膜占据了整个反应器的空间，充分发挥了附着相生物和悬浮相生物两者的优越性，兼具活性污泥法和固定式生物膜法的优点。

MBBR 的关键在于研究开发了密度接近于水、轻微搅拌下易于随水自由运动的生物填料，这种生物填料具有有效比表面积大、适合微生物吸附生长的特点，挂膜后的 MBBR 填料如图 1-8 所示。MBBR 既可用于新建的污水处理厂，也可用于现有污水处理厂的工艺改造和升级换代。

图 1-8　挂膜后的 MBBR 填料

1.3　城市水系统存在的问题

1.3.1　水资源短缺

我国水资源总量为 2.8 万亿 m^3，大约占全球水资源 6%。我国水资源总量虽然大，但水资源的时空分布很不均匀，与耕地、人口的地区分布不相适应。从南北来看，长江流域以南地区的土地面积占全国的 36.5%，耕地面积占全国的 36%，人口占全国的 54.7%，而水资源却占全国的 81%。从各个省（区、市）来看，我国水资源主要集中在西南和东南部地区的西藏、云南、江苏、浙江等，而宁夏、北京和天津等地的水资源严重贫乏。2017 年宁夏地区的水资源总量仅为 10.8 亿 m^3，还不到西藏地区的 1/40。

为解决水资源需求与供给之间的不平衡所导致的水资源短缺问题，我国开展了南水北调等系统工程。除实施大型水利工程，改善水环境、合理利用水资源、提高用水效率也是实现城市水资源可持续利用的关键。

1.3.2　洪涝灾害

洪涝灾害包括洪水灾害和雨涝灾害两类。其中，强降雨、冰雪融化、冰凌、堤坝溃决、风暴潮等原因引起的江河湖泊及沿海水量增加、水位上涨泛滥以及山洪暴发所造成的灾害称为洪水灾害；因大雨、暴雨或长期降雨量过于集中而产生大量的积水和径流，排水不及时，致使土地、房屋等渍水、受淹而造成的灾害称为雨涝灾害。由于洪水灾害和雨涝灾害往往同时或连续发生在同一地区，有时难以准确界定，往往统称为洪涝灾害。

由于我国降雨量时空分布不均，经常出现某个或某几个城市在短时间内雨水大量聚集的现象，如果这些雨水聚集的速度超过了城市的排水能力，就会引起洪涝灾害。我国洪涝灾害分布特点是东部多，西部少；沿海多，内陆少；平原湖区多，高原山地少；山脉东、南坡多，西、北坡少。其中最严重的地区主要是东南沿海地区、湘赣地区和淮河流域。

洪涝灾害主要是城市防洪和排水系统不完善造成的，其中主要有以下四个方面：①城市不透水面积的增加改变了水文径流过程，雨水不能渗入地下，地表径流汇流速度快，洪峰流量显著增加，峰现时间提前；②城市内部的河湖、湿地、池塘等天然调蓄场所逐渐消失，导致洪水或涝水无容身之所；③城市防洪排涝的设计标准偏低；④城市排水设施建设滞后和运行系统管理不善。

1.3.3　水体污染

水体污染是指废水或一些固体废弃物进入江河湖海等水体，超过水体自净能力，导致水体的物理、化学、生物等特征的改变，水质恶化，从而影响水的利用价值，危害人体健康或破坏生态环境。

水体污染主要来源于工业废水、生活污水、农业污水及其他等。①工业废水：工业生产过程的各个环节都会产生废水，影响较大的工业废水主要来自冶金、电镀、造纸、印染、制革等行业。工业废水是造成水体污染的主要原因。②生活污水：是指人们日常生活的洗涤废水和粪尿污水等。来自医疗单位的污水是一类特殊的生活污水，其主要危害是引起肠道传染病。③农业污水：污水中的污染物来源于化肥、农药、粪便，主要为氮、磷、钾、有机物及人畜肠道病原体等。④其他：工业生产过程中产生的固体废物中含有大量的易溶于水的无机物和有机物，受雨水冲淋造成水体污染。

事实上，水体不只受到一种类型的污染，而是同时受到多种性质的污染，并且各种污染互相影响，不断地发生着分解、化合或生物沉淀作用。尽管近年来我国江河湖泊和城市水体水质局部有所改善，但水环境质量整体恶化的趋势尚未得到根本遏制。水污染问题日趋复杂，水环境状况不容乐观。

1.3.4 公共安全危机

在城市水系统运行过程中，常出现由于系统本身故障或外力导致的影响城市正常供水的事件，如供水管网破裂、突发性水污染事故、供水设施损坏等。突发事件除了会影响城市水系统的正常运行、对城市供水产生影响，更重要的是如果对供水突发事件处理处置不当，容易产生不利的社会影响，甚至引发社会恐慌。

近年来，我国有关城市水安全的突发事件屡见不鲜。例如，2011 年杭州苯酚泄漏事件和 2014 年兰州自来水苯超标事件，均对社会生产、居民生活造成了一定影响。长期以来，我国工业布局尤其是石油、化工企业布局不合理，众多工业企业分布在江河湖库周边，导致饮用水水源地水污染事故隐患不断累积，突发性水污染事件频发。《水污染防治行动计划》强调全力保障水生态环境安全，保障饮用水水源安全，强化饮用水水源环境保护。

参考文献

[1] 詹忠华. 人类活动对水文水资源的影响分析[J]. 河南科技，2019（4）：106-108.

[2] 陈吉宁，董欣. 城市水系统规划的发展与挑战[J]. 给水排水，2007，33（9）：1，16.

[3] 邵益生. 城市水系统科学导论[M]. 北京：中国城市出版社，2015.

第 2 章　国内外水环境现状

水环境是指自然界中水的形成、分布和转化所处空间的环境，是指围绕人群空间、可直接或间接影响人类生存和发展的水体，是各种自然因素和有关的社会因素的总体。也指相对稳定的、以陆地为边界的天然水域所处空间的环境。在地球表面，水体面积约占地球表面积的 71%。水是由海洋水和陆地水两部分组成，分别占总水量的 97.28%和 2.72%。后者所占总量比例很小，且所处的空间环境十分复杂。在地球上水处于不断循环的动态平衡状态。天然水的基本化学成分和含量反映了它在不同自然环境循环过程中的原始物理化学性质，是研究水环境中元素存在、迁移和转化规律，进行环境质量（或污染程度）与水质评价的基本依据。水环境主要由地表水环境和地下水环境两部分组成。地表水环境包括河流、湖泊、水库、海洋、池塘、沼泽、冰川等；地下水环境包括泉水、浅层地下水、深层地下水等。水环境是构成环境的基本要素之一，是人类社会赖以生存和发展的重要场所，也是受人类干扰和破坏最严重的领域。水环境的污染和破坏已成为当今世界主要的环境问题之一。

2.1　我国水环境现状

我国水资源总量丰富，河川年径流量为（2.7～2.8）$\times10^{12}m^3$，居世界第 6 位，但人均占有水量仅约 2 400 m^3/a，列世界第 110 位，为世界人均占有水量的 1/4。而且，我国水资源时空分布极不均匀，洪涝、干旱灾害频发，可利用的水资源量占天然水资源量的比例小。

我国自“九五”时期开始，就集中力量对“三河三湖”等重点流域进行综合整治，“十一五”以来，大力推进污染减排，水环境保护取得积极成效。但是，水污染严重的状况仍未得到根本性遏制，区域型、复合型、压缩型水污染日益凸显，已经成为影响水安全的最突出因素，防治形势十分严峻。我国水环境现状具体表现为以下几个方面。

一是水环境质量差。目前，我国工业、农业和生活污染排放负荷大，全国化学需氧量排放总量为 2 294.6 万 t，氨氮排放总量为 238.5 万 t，远超环境容量。在全国地表水国控断面中，仍有近 1/10（9.2%）丧失水体使用功能（劣于Ⅴ类），24.6%的重点湖泊

（水库）呈富营养状态；不少流经城镇的河流沟渠黑臭。饮用水污染事件时有发生。全国 4 778 个地下水水质监测点中，较差的监测点比例为 43.9%，极差的比例为 15.7%。全国 9 个重要海湾中，有 6 个水质为差或极差。

二是水资源保障能力脆弱。我国人均水资源量少，时空分布严重不均。用水效率低下，水资源浪费严重。万元工业增加值用水量为世界先进水平的 2～3 倍；农田灌溉水有效利用系数为 0.52，远低于 0.7～0.8 的世界先进水平。局部水资源过度开发，超过水资源可再生能力。海河、黄河、辽河流域水资源开发利用率分别高达 106%、82%、76%，远远超过国际公认的 40%的水资源开发生态警戒线，严重挤占了生态流量，水环境自净能力锐减。全国地下水超采区面积达 23 万 km^2，引发了地面沉降、海水入侵等严重的生态环境问题。

三是水生态受损严重。湿地、海岸带、湖滨、河滨等自然生态空间不断减少，导致水源涵养能力下降。三江平原湿地面积已由中华人民共和国成立初期的 5 万 km^2 减少至 0.91 万 km^2，海河流域主要湿地面积减少了 83%。长江中下游的通江湖泊由 100 多个减少至仅剩洞庭湖和鄱阳湖，且持续萎缩。沿海湿地面积大幅度减少，近岸海域生物多样性降低，渔业资源衰退严重，自然岸线保有率不足 35%。

四是水环境安全隐患多。全国近 80%的化工、石化项目布设在江河沿岸、人口密集区等敏感区域；部分饮用水水源保护区内仍有违法排污、交通线路穿越等现象，对饮水安全构成潜在威胁。突发环境事件频发，1995 年以来，全国共发生 1.1 万起突发水环境事件，仅 2014 年环境保护部调度处理并上报的 98 起重大及敏感突发环境事件中，就有 60 起涉及水污染。

地表水与地下水是水文循环的重要环节，两者相互影响。受水文地质条件、土壤岩石结构等影响，地表水与地下水可以相互作用和转化。当满足水动力过程及水力梯度条件时，地表水可通过河床渗漏、侧渗补给浅层地下水，并可以越流补给深层地下水，污染物也会同时进入地下水；反之，在特定条件下，地下水也可以补给地表水。

国际经验表明，地表水与地下水污染协同控制科学有效。美国《清洁水法》要求同步改善地表水、地下水水质状况，要求每年同步提交五大湖区湖泊及地下水水质监测结果。欧盟充分考虑地表水和地下水污染协同控制，在《水框架指令》统一部署下，分别制定了地表水、地下水指令，要求避免彼此间的负面影响。经过治理，部分地表水和地下水环境质量状况已得到改善。

当前，我国地表水及地下水复合污染事件频发，华北平原渗井渗坑污染、辽宁阜新“绿茶水”等事件的主要原因是，受污染的地表水影响了地下水；广西龙江镉污染、重庆千丈岩水库污染等事件的主要原因是，受污染的地下水影响了地表水。针对这些新情况，《水污染防治行动计划》创新思路，要求系统考虑地表水和地下水污染防治工作，打破“头痛医头、脚痛医脚”的困局。

我国地表水与地下水协同控制需重点开展以下工作：一是完善水环境监测网络，同步监控地表水、地下水污染状况，统筹生态环境、自然资源、水利等部门的地表水、地下水监测断面（井），提升环境监测和风险防控能力；二是加强饮用水水源保护，特别是傍河地下水开采，控制地表水污染物向地下的运移；三是在岩溶地区等区域进行示范，研究地表水和地下水的相互转化及影响，并试点开展修复。

2.1.1 地下水环境与地表水环境

2.1.1.1 地下水环境

地下水（groundwater），是贮存于地表以下岩层中水的总称。广义地下水包括土壤、隔水层和含水层中的重力水和非重力水。狭义地下水指土壤、隔水层和含水层中的重力水。

地下水具有地域分布广、随时接受降水和地表水体补给、便于开采、水质好、径流缓慢等特点。地下水是生态系统的组成部分，直接影响生态环境状况。

（1）地下水资源分布

储存于地球的总储水量约为 1.386×10^{18} m^3，其中海洋水为 1.338×10^{18} m^3，约占全球总水量的 96.53%。在余下的水量中，地表水占 1.78%，地下水占 1.69%。人类主要利用的淡水在全球总储水量中只占 2.53%，它们少部分分布在湖泊、河流、土壤和地表以下的浅层地下水中，大部分则以冰川、永久积雪和多年冻土的形式储存。

地下水是我国工农业生产、人民生活以及生态用水的重要水源。尤其在北方干旱、半干旱地区和南方远离河流的地区，地下水更是人们赖以生存的水源。

我国地下水资源地域分布差异明显，南方地下水资源丰富，北方相对缺乏。南、北方地下淡水天然资源量分别约占全国地下淡水总量的 70%和 30%。绝大多数地下水都在岩石和地下物质之间的空隙里，更像海绵中的水。在地表以下一定深度处，土壤和岩石颗粒之间的空间完全被水填充，从而形成含水层，如果在这个含水层打一口井，就可以抽取地下水。

（2）地下水资源开发利用

我国是世界上最早开发利用地下水的国家之一。水井的开凿利用（浙江省余姚市河姆渡村的木结构水井）可上溯到距今 5 000～7 000 年的仰韶文化时期。汉朝四川自贡地区在中生代坚硬岩层中开凿了深达百米的自流井以汲取盐卤水，比 12 世纪法国和意大利出现的自流井至少要早千年。中国西北干旱地区的“坎儿井”有悠久的使用历史，至今仍不失为当地引用地下水灌溉的有效方法。20 世纪 50 年代以来，各地均不同程度地开发利用地下水作为城市生活用水和工农业用水的主要水源。

改革开放以前，许多地方地下水水位离地面只有几米，用手压井就可以取水。20 世纪 80 年代起，随着国民经济的快速发展，我国地下水资源开发利用量增长迅速，地下水水位每年下降 0.5～1 m，需用潜水泵提水。进入 21 世纪，情况急转直下，钻井深达几十 m，每年有 60 亿～80 亿 t 地下水超采，其中多数是难以恢复的深层地下水。

由于地下水易抽取、难补给的特殊性，经过近几十年的开发利用，全国有 20 多个省（区、市）存在地下水超采问题。地下水超采将会引发地下水水位下降、地面沉降、地裂缝、湖泊湿地萎缩、泉水干涸、海水入侵、地下水水质恶化等一系列生态环境问题。

2019 年年初，水利部、财政部、国家发展改革委、农业农村部联合印发了《华北地区地下水超采综合治理行动方案》，明确了“节、控、调、管”4 项治理措施，即强化节水、实行禁采限采、调整农业种植结构、充分利用当地水和外调水置换地下水开采。这 4 项措施相互配合，缺一不可。在这些措施中，强化节水是前提；禁采限采是保障；种植结构调整和外调水置换是关键，也最为迫切。其中，2019 年计划向 21 条河湖进行补水，已补水 21 亿 m^3，基本达到年度补水 22 亿 m^3 的目标。

（3）地下水环境污染问题

由于地下水污染具有隐蔽性、系统复杂性和难恢复性等特点，导致长期以来人们缺乏对其危害性和严重后果的认识，从而未制定有效的地下水污染监管机制，难以遏制地下水污染加剧的趋势。

当前，地下水污染已经扩展到我国大部分城市，由于地下水水质下降，全国近 300 个城市供水紧张，已经严重威胁到我国经济社会的可持续发展。地下水污染源主要是厂矿企业排放的废水、城镇生活污水和生活垃圾，化肥、农药也占有相当的比例，这些污染物经过地表水体入渗、降雨、灌溉和淋溶作用直接进入地下含水层，造成地下水污染。

《2018 中国生态环境状况公报》显示，全国 10 168 个国家级地下水水质监测点中，Ⅰ类水质监测点占 1.9%，Ⅱ类占 9.0%，Ⅲ类占 2.9%，Ⅳ类占 70.7%，Ⅴ类占 15.5%。超标指标为锰、铁、浊度、总硬度、溶解性总固体、碘化物、氯化物、“三氮”（亚硝酸盐氮、硝酸盐氮和氨氮）和硫酸盐，个别监测点铅、锌、砷、汞、六价铬和镉等重（类）金属超标。

全国 2 833 处浅层地下水监测井水质总体较差。Ⅰ～Ⅲ类水质监测井占 23.9%，Ⅳ类占 29.2%，Ⅴ类占 46.9%。超标指标为锰、铁、总硬度、溶解性总固体、氨氮、氟化物、铝、碘化物、硫酸盐和硝酸盐氮，锰、铁、铝等重金属指标和氟化物、硫酸盐等无机阴离子指标可能受到水文地质化学背景的影响。

（4）地下水环境其他问题

1）降落漏斗

长期过量开采地下水，导致采补失衡，造成区域性地下水位持续下降，形成降落漏斗。区域性地下水位下降带来的深层次危害是严重破坏了地下水原有补排平衡，损害了地下水生态系统健康。

2）海水入侵

临海的岩溶地下水富集地区常常是人们开发地下水的对象，长期过量开采地下水，改变了地下水动力条件，造成地下水位过分下降，形成漏斗，水力梯度有利于海水倒灌补给大陆的地下淡水，形成海水入侵。在我国，海水入侵主要分布在沿海城市地区，比较典型的城市有大连、秦皇岛、青岛、厦门、北海等。

海水入侵的根本原因在于地下水的不合理开发利用，而开采量和降雨量的大小是影响海水入侵的主要因素。

3）地面沉降

地面沉降是由于人为超量开采深层承压水造成地表土体压缩而出现的大面积地面标高降低的现象，具有生成缓慢、持续时间长、影响范围广、治理难度大等特点。在我国中东部平原和沿海地区，由于长期过量开采深层地下水或开采层位与空间布局不合理，诱发了严重的地面沉降灾害。由于这些地区的城市规模巨大，工农业集中，大量开采地下水使地下水压力降低，松散沉积物被压缩，即地下水与沉积物的压力失调，从而产生了地面沉降。

4）地面塌陷

地面塌陷在我国分布比较广泛，但总体上南方发生概率高于北方，北方岩溶塌陷以山东泰安、枣庄、临沂和河北唐山最为典型，而南方岩溶塌陷以西南地区的水城、遵义、咸宁等最为典型。在岩溶分布区，由于大规模集中开采地下水和矿山排水等，地面塌陷频繁发生。

5）地裂缝

改革开放以来，我国地裂缝发生的频率明显增高，主要分布在山西、河北、江苏、山东、河南、广西、陕西等省（区）。而开采地下水引起的地裂缝主要表现为地面沉降型裂缝与脱水干裂型裂缝。例如，陕西西安发育有七条明显的地裂缝和三条隐藏的地裂缝，从地裂缝的走向、形态来看，与西安—临潼断裂一致，说明构造活动是地裂缝发育的基础。但从大量抽汲地下水，造成地下水位下降，并与地裂缝快速发展在时间上的吻合情况来分析，超量汲取地下水是西安地裂缝发生和发展的直接诱因。

6）土壤盐渍化

过量开采地下水改变了地下水循环条件，进一步造成了土壤盐渍化、泉水枯竭、土地沙化等次生生态环境问题。人为活动形成的次生土壤盐渍化问题主要分布在我国黄河中游和西北内陆盆地大量引用地表水灌溉的农业区。

不少地区承压地下水可喷出地表，形成了许多著名的大泉，如济南趵突泉、北京玉泉、山西太原晋祠泉和河北邢台百泉等。由于过量开采地下水资源，目前有些泉已遭到不同程度的破坏。

此外，在干旱地区，由于地下水与地表水联系密切，当地下水资源过量开采时，就会造成区域地下水位大幅度下降，地表水消失，包气带增厚，草场、土地退化和沙化，导致绿洲面积减少。

2.1.1.2 地表水环境

《水污染防治行动计划》指出，当前，我国一些地区水环境质量差、水生态受损重、环境隐患多等问题十分突出，影响和损害群众健康，不利于经济社会持续发展。《2018中国生态环境状况公报》显示，全国地表水监测的1 935个水质断面（点位）中，Ⅰ～Ⅲ类比例为71.0%。

（1）流域

西北诸河和西南诸河水质为优，长江、珠江流域和浙闽片河流水质良好，黄河、松花江和淮河流域为轻度污染，海河和辽河流域为中度污染。

①长江流域：水质良好。干流水质为优，主要支流水质良好。

②黄河流域：轻度污染，主要污染指标为氨氮、化学需氧量和五日生化需氧量。干流水质为优，主要支流为轻度污染。

③珠江流域：水质良好。干流和主要支流水质良好，海南岛内河流水质为优。

④松花江流域：轻度污染，主要污染指标为化学需氧量、高锰酸盐指数和氨氮。干流水质为优，主要支流为中度污染，黑龙江水系、图们江水系和乌苏里江水系为轻度污染，绥芬河水质良好。

⑤淮河流域：轻度污染，主要污染指标为化学需氧量、高锰酸盐指数和总磷。干流水质为优，主要支流和山东半岛独流入海河流为轻度污染，沂沭泗水系水质良好。

⑥海河流域：中度污染，主要污染指标为化学需氧量、高锰酸盐指数和五日生化需氧量。干流 2 个水质断面，三岔口为Ⅲ类，海河大闸为劣Ⅴ类；主要支流为中度污染，滦河水系水质良好，徒骇—马颊河水系和冀东沿海诸河水系为轻度污染。

⑦辽河流域：中度污染，主要污染指标为化学需氧量、五日生化需氧量和氨氮。干流、主要支流和大辽河水系为中度污染，大凌河水系为轻度污染，鸭绿江水系水质为优。

（2）湖泊（水库）

2018年，在监测水质的111个重要湖泊（水库）中，Ⅰ类水质的湖泊（水库）7个，占6.3%；Ⅱ类34个，占30.6%；Ⅲ类33个，占29.7%；Ⅳ类19个，占17.1%；Ⅴ类9个，占8.1%；劣Ⅴ类9个，占8.1%。主要污染指标为总磷、化学需氧量和高锰酸盐指数。在监测营养状态的107个湖泊（水库）中，贫营养状态的10个，占9.3%；中营养状态的

66 个，占 61.7%；轻度富营养状态的 25 个，占 23.4%；中度富营养状态的 6 个，占 5.6%。

1）太湖

太湖轻度污染，主要污染指标为总磷。监测的 17 个水质点位中，Ⅲ类占 5.9%，Ⅳ类占 64.7%，Ⅴ类占 29.4%，无Ⅰ类、Ⅱ类和劣Ⅴ类。全湖平均为轻度富营养状态。环湖河流水质良好。

2）巢湖

巢湖中度污染，主要污染指标为总磷。监测的 8 个水质点位中，Ⅳ类占 50.0%，Ⅴ类占 50.0%，无Ⅰ类、Ⅱ类、Ⅲ类和劣Ⅴ类。全湖平均为轻度富营养状态。环湖河流水质良好。

3）滇池

滇池轻度污染，主要污染指标为化学需氧量和总磷。监测的 10 个水质点位中，Ⅳ类占 60.0%，Ⅴ类占 40.0%，无Ⅰ类、Ⅱ类、Ⅲ类和劣Ⅴ类。全湖平均为轻度富营养状态。环湖河流为轻度污染，主要污染指标为氨氮、总磷、化学需氧量和五日生化需氧量。

2.1.2　居民用水环境

居民用水的供应量和质量反映了当地城市发展水平、卫生状况和水资源可持续利用的水平。

根据《2018 中国生态环境状况公报》，按照监测断面（点位）数量统计，在 337 个地级及以上城市的 906 个在用集中式生活饮用水水源监测断面（点位）中，814 个全年均达标，占 89.8%。其中地表水水源监测断面（点位）577 个，534 个全年均达标，占 92.5%，主要超标指标为硫酸盐、总磷和锰；地下水水源监测断面（点位）329 个，280 个全年均达标，占 85.1%，主要超标指标为锰、铁和氨氮。

按照水源地数量统计，871 个在用集中式生活饮用水水源地中，达标水源地比例为 90.9%。

新修订的《中华人民共和国水污染防治法》新增或修改多项条款，切实保障饮用水安全，包括：开展饮用水水源区调查评估；建设应急或备用水源，完善供水模式；进一步明确饮用水供水单位对供水水质负责等。

2.1.3　海洋环境

海洋环境指地球上广大连续的海和洋的总水域，包括海水、溶解和悬浮于海水中的物质、海底沉积物和海洋生物。

海洋是生命的摇篮和人类的资源宝库。随着人类开发海洋资源的规模日益扩大，海洋环境已受到人类活动的影响和污染。

2.1.3.1 海洋资源

人类并不生活在海洋上，但海洋却是人类生产、生活所不可缺少的物质和能量的源泉。随着科学和技术的发展，人类开发海洋资源的规模越来越大，对海洋的依赖程度越来越高，同时海洋对人类的影响也日益增大。在古代，人类只能在沿海捕鱼、制盐和航行，主要是从海洋中索取食物。到了现代，人类不仅在近海捕鱼，还发展了远洋渔业；不仅捕捞鱼类，而且还发展了各种海产养殖业；不仅在沿岸制盐，还发展了海洋采矿事业，如在海上开采石油；此外，还开发了海水中各种可用的能源，如潮汐发电等。海洋已成为人类生产活动非常频繁的区域。20 世纪中叶以来，海洋事业发展极为迅速，已有近百个国家在海上进行石油和天然气的钻探和开采；每年通过海洋运输的石油超过 20 亿 t；每年从海洋捕获的鱼、贝近 1 亿 t。随着海洋事业的发展，海洋环境也受到人类活动的影响和污染。

世界上的海和洋相互沟通，连成一片，称为世界大洋，总面积约 3.61 亿 km^2 的海洋环境占地球总面积的 70.8%。除北纬 45°～70°和南纬 70°～90°的区间外，海面均大于陆面。海洋对人类和生物界的形成和发展起着巨大的作用。在大气圈中的臭氧层尚未完全形成以前，地球上的生命唯有在海水中才能避免紫外线辐射带来的伤害。海洋是地球水循环的起点，海水受热蒸发，水蒸气升到空中，再被气流带到陆地上，使陆地上有降水和径流。陆地上有了水，生命才得到发展。海洋对地球的气候也起着调节作用，使气温变化缓和。所以，海洋环境对陆地环境的形成也起着决定性的作用。

2.1.3.2 海洋环境

海洋具有巨大的自净能力。污染物进入海洋后，在物理、化学、生物和地质的综合作用下，不断地被扩散、稀释、氧化、还原和降解。但是，人类生产、生活中排出的污染物，或经河流的迁移，或通过大气的沉降，或由于人类在海洋上的活动（如船舶倾倒废物、油船事故、海底矿产开采）直接进入海洋，这些污染物一旦超过了海洋的自净能力，就会造成某些海域的污染。海洋污染使海洋生态平衡遭到破坏，并且不断发生危及人类健康的事件，海洋保护越来越引起人们的重视。

《2018 中国生态环境状况公报》显示，2018 年夏季，一类水质海域面积占管辖海域面积的 96.3%，劣四类水质海域面积占管辖海域面积的 1.1%。

全国近岸海域水质总体稳中向好，水质级别为一般，主要污染指标为无机氮和活性磷酸盐。在监测的 417 个点位中，优良（一类、二类）海水比例为 74.6%，三类为 6.7%，四类为 3.1%，劣四类为 15.6%。与 2017 年相比，优良海水比例上升 6.7 个百分点，三类下降 3.4 个百分点，四类下降 3.4 个百分点，劣四类持平。

渤海近岸海域水质一般，主要污染指标为无机氮；黄海近岸海域水质良好，主要污染指标为无机氮；东海近岸海域水质差，主要污染指标为无机氮和活性磷酸盐；南海近岸海域水质良好，主要污染指标为无机氮和活性磷酸盐。

沿海地区：海南、河北和广西近岸海域水质优，山东、辽宁和福建近岸海域水质良好，江苏和广东近岸海域水质一般，天津近岸海域水质差，浙江和上海近岸海域水质极差。

重要河口海湾：9 个重要河口海湾中，北部湾近岸海域水质优，胶州湾近岸海域水质良好，辽东湾、渤海湾和闽江口近岸海域水质差，黄河口、长江口、杭州湾和珠江口近岸海域水质极差。与 2017 年相比，北部湾水质好转，黄河口和辽东湾水质变差，其他重要河口海湾水质基本保持稳定。

入海河流：监测的 194 个入海河流水质断面中，无 I 类，II 类占 20.6%，III类占 25.3%，IV类占 26.8%，V 类占 12.4%，劣 V 类占 14.9%。主要污染指标为化学需氧量、高锰酸盐指数和总磷。

直排海污染源：453 个日排污水量大于 100 m^3 的直排海污染源监测结果显示，污水排放总量约 866 424 万 t，化学需氧量 147 625 t，石油类 457.6 t，氨氮 6 217 t，总氮 50 873 t，总磷 1 280 t，部分直排海污染源排放汞、六价铬、铅和镉等污染物。

2.2　国外水环境现状

国外水资源管理历史可追溯到工业革命，经过 200 多年的发展，美国、日本、法国、澳大利亚等发达国家的水资源管理大致经历了四个阶段。第一阶段是单目标开发阶段（1930 年以前），主要解决工业革命后水资源供不应求这一单一目标，水资源管理以工程手段为主，管理水平低下。第二阶段是多目标开发阶段（1930—1970 年），主要解决日益严重的水污染和水生态破坏问题，各个国家相继采取流域管理模式，开始运用非工程措施进行管理。第三阶段是流域综合治理发展阶段（1970—1990 年），水质、水量、水生态问题更加严重，各国加大立法力度，开始考虑水土保持与社会发展、综合经济效益和环境保护等多方面的目标。第四阶段是可持续及回归自然式再发展阶段（1990 年以后），这一阶段可持续发展观念逐步被人们接受，从宏观系统角度和微观机理过程研究水问题，按照水文、水生态的自然规律对流域水问题进行管理。

由于全球水资源紧缺、水污染严重和生态环境脆弱等突出矛盾和问题以及城市人口的快速发展，水环境的管理和保护日益成为各国关注的焦点和亟待解决的问题。

欧美发达国家从大规模治污到水环境质量明显改善，花费了 30 年甚至更长的时间。在技术上，基本做法是统筹考虑水资源、水环境、水生态，采取控源截污、生态修复、综合治理等措施。在管理上，值得借鉴的经验是立法为先导，法律体系较为完善；事权划分清楚，管理机构比较健全；重视行业自律，行业协会作用突出。

2.2.1 美国

美国地处北美洲中部，总面积 937 万 km^2，人口约 3 200 万。水资源特点可以概括为东多西少，人均丰富。多年平均降水量为 760 mm。以西经 95°为界，可将美国本土划分成两个不同区域：西部 17 个州为干旱和半干旱区，年降水量在 500 mm 以下，西部内陆地区只有 250 mm 左右，科罗拉多河下游地区不足 90 mm，是水资源较为紧缺的地区；东部年降水量为 800～1 000 mm，是湿润与半湿润地区。水资源总量为 29 702 亿 m^3，人均水资源量接近 12 000 m^3，是水资源较为丰富的国家之一。

美国的水污染治理需求始于经济蓬勃发展带来的水体污染问题和环境事件。20 世纪 50 年代前后，美国开始尝试系统性地管理并制定政策基础（发布《联邦水污染控制法》、水质法案等），70 年代确立了以水环境管理的职能主体——美国环境保护局（USEPA）为代表的全国性的环境管理，同时确立了适用于全国范围的基础性废水排放限值以及针对排污主体的排污许可制度。20 世纪 70 年代，《清洁水法案》出台，排污许可制度优化为基于国家污染物排放削减制度（NPDES）的排污许可制度，这一制度的优化使密西西比河流域的工业和市政等点源污染得到了有效控制。密西西比河干流沿岸 10 个州的污水处理厂数量占到全美的 29%。通过建设污水处理厂并实施排污许可制度，有效降低了废水的 BOD 浓度，促进了流域水质的改善。

此时，水污染治理思路也从对常规污染物的控制转为对“可游泳，可垂钓”（waters are safe for fishing and swimming）水环境的改善与追求。

进入 2000 年以后，美国的水污染防治政策和思路又有所补充和延伸。水环境管理的重心主要是城市及乡村雨水径流管理、近岸海域海水监测体系建设、特殊污染物的控制以及脱氮除磷等。

2000 年以来，USEPA 发布了一系列与脱氮除磷相关的技术文件，其核心在于进一步推动有水环境质量提升需求的区域的污水处理厂在营养物去除方面的低费用升级改造。

2.2.2 英国

英国国土面积 24.4 万 km^2，人口约 6 400 万，森林覆盖率 10.1%，年降水量 1 100 mm 左右，气候温暖潮湿。降水量年际、年内分布比较均匀。河川年径流量不大，但国土面积小，人口少，河流又分布在人口密集地区，人均水资源量相对较多，且地下水丰富，农田牧场灌溉较少，水资源的开发利用对象是生活用水、工业用水、水力发电和航运。

作为世界上第一个开展工业化和城市化的国家，早期的英国既缺乏对环境污染问题的充分认识，也缺乏可借鉴的环境治理经验，更谈不上先进的城市环境治理理念，这导致英国在近代以来的城市环境治理中走了不少弯路。然而，也是在这一过程中，在总结经验和吸取教训的基础上，英国创新形成了一系列先进的环境治理理念——综合治理、源头治理、长期治理、创新治理。在水资源管理中，英国从 20 世纪 60 年代开始关注生态环境用水，目前已经形成了比较完善的规范和保障体系。

值得一提的是，英国是最早制定水污染防治单行法规的国家，早在 1833 年就制定了《水质污染控制法》，但采取刑事手段的法律却较晚出台，即 1974 年的《污染控制法》。该法是一部最新、最全面的综合性法律。这部法律的第二章规定了水污染问题，包括整个内陆地面水、地下水和沿海水域污染的控制措施。其刑罚条款为罪行小的，处 3 个月以下的关押或 400 英镑以下的罚金，或者并罚两者；罪行大的，处两年的关押或罚金。

2.2.3 德国

德国位于欧洲中部，国土面积 35.7 万 km^2，总人口数约 8 180 万，是欧洲大陆除俄罗斯外，人口最多的国家。年降雨量 800 mm，季节分配均匀，人均水资源量达 2 600 m^3。

德国全境水量充足，水资源在空间上供给均匀，没有特别缺水的区域，拥有得天独厚的水资源优势。德国地势南高北低，大多数河流由南向北延伸，弥补了水量南多北少的差异。如发源于著名的阿尔卑斯山（德国南边）、终年流量比较均匀的莱茵河，常年均匀浇灌植物，营养生灵，滋润大地。

与英国一样，德国也曾经历过“先污染，后治理”的惨痛教训。第二次世界大战结束后，德国大力发展经济，却忽略了环境的承受能力。特别是莱茵河沿岸的企业把未经处理的工业废水直接排入河中，致使被视为“生命摇篮”的河流受到严重污染，占国土面积 40%的流域生态环境遭到破坏。20 世纪 70 年代初，一连串的环境污染灾难使政府和民众意识到，人们赖以生存的土地、湖泊和河流不可能无限度地向人类提供资源。

德国的治水战略主要体现在以下几个方面。

一是依法治水。德国政府严格执行《水资源管理法》，依法治水。《水资源管理法》对水资源管理和保护的规定详尽到具体技术细节，对城镇和企业的取水、水处理、用水和废水排放标准都有明确的规定，体现可操作性、实用性和长效性的特点。

二是经济护水。主要经济手段包括适当提高自来水价格、收取污水排放费、征收生态税以及对私营污水处理企业减税等。20 世纪 90 年代以来，德国水价一直在上涨，与此相对应的是居民用水量日益下降。

三是流域管水。德国境内许多河流与别国相连接，水资源与邻国共享，水患与邻国同罹。要保护好水资源，必须与邻国紧密合作。例如，成立于 1950 年的“保护莱茵河国际委员会”由莱茵河流域的瑞士、德国、法国、荷兰和卢森堡等国共同组成；博登湖的治理由德国、瑞士、奥地利三国相互协作。

四是全面节水。德国政府非常注重营造全社会节约用水的氛围，提高全体公民节约用水的意识；大力推广节水新技术，广泛采用各种节水设施全方位节水；发展节水灌溉，减少农业用水量和面源污染。值得一提的是，德国还投入了大量的人力和资金开发雨洪利用技术，目前已形成了比较成熟的雨水收集、处理、控制、渗透技术以及配套的法规体系，成为世界上雨水资源利用技术最先进的国家之一。

2.2.4 日本

日本森林资源丰富，年降雨量在全球各国中属于比较多的国家，约为全球平均降雨量的 2 倍。虽然日本在石油和天然气等化石燃料领域被认为是能源小国，但在水资源方面可是资源大国。

日本水环境变迁与治理的历程可分为四个阶段。

（1）第一阶段——水环境不断恶化，环境治理未得到重视

第二次世界大战时期日本经济曾受到重创，但在 10 年内就恢复到了战前水平，并于 20 世纪 60 年代正式步入工业化阶段。1961—1973 年日本经济总量迅速攀升，GDP 年均增长率为 8.78%，1973 年人均 GDP 达到 3 931 美元。日本以压缩式的进程完成了工业化。但随之而来的是工业废水、生活污水的大量排放，日本水环境质量不断恶化。水环境质量达标率于 1974 年达到最低点（54.9%），近 50%的水质处于不达标状态，水环境质量状况非常差。这一时期日本公害事件泛滥，日本米糠油事件和骨痛病事件震惊世界，并被列入世界八大公害事件行列。

（2）第二阶段——环境治理与经济发展并重，实施一系列环保政策，水环境质量得到改善

20 世纪 70 年代完成工业化后，资源环境约束及公害事件的频发，迫使日本开始寻求新的经济发展模式，并步入产业升级改造阶段。日本建立了一批具有竞争力的环境保护设备制造企业，实施了一系列环境保护政策。例如，1971 年颁布《水质污染防治法》，1972 年发布《环境污染控制基本法细则》，1978 年制定《濑户内海环境保全特别措施法》《促进水道水源水质保护法》《为防止特定水道用水危害、保护水道水源水质的特别措施法》等，规范了河川、湖泊标准，1979 年滋贺县政府制定的《琵琶湖富营养化防治条例》是日本首例限制氮磷排放的法规。

这一时期日本人均 GDP 从 1974 年的 4 281 美元迅速增加到 1995 年的 42 522 美元，发展模式从“先污染后治理”转变为“以防为主”。1993 年日本水环境质量达标率达 76.5%，比 1974 年（水质达标率 54.9%）提高了 21.6 个百分点。20 世纪 70 年代起，日本对东京湾、伊势湾、濑户内海 3 个封闭性海域实施水污染物总量控制，截至 2009 年，COD 排

放量完成总量减半的目标。

经济政策、能源环境政策以及技术发展政策的成功实施使日本成功克服了资源环境瓶颈，人均 GDP 不断增加的同时，水环境质量达标率呈波动性上升趋势，水环境质量逐渐改善。

（3）第三阶段——以环境治理技术为主导，蓬勃发展

20 世纪 90 年代，企业开始由“被动治污”转向“主动治污”，同时，十分重视开发水污染环境治理和控制污染排放技术，努力探索减少使用资源、减轻环境负担的生态环保发展之路。遵循循环经济减量化、再利用和再循环的“3R 原则”[减量化（reducing）、再利用（reusing）、再循环（recycling）]，在生产新产品开发阶段进行节水和污控等水生态环境保护技术设计，同时考虑商品使用后减少消费者家中废弃物的产生，有效控制生产废水和生活污水排放，运用先进的水生态环保技术进行污染减排，如水污染处理技术、中水回用技术、生活污水的系统化处理技术等环境技术水平不断提升。统计数据显示，以工业废酸和废碱为例，采用环保减排技术后，工业废酸从 1975 年的 $1.021\,9\times10^7$ t 下降到 2003 年的 2.662×10^6 t，下降了近 74%；工业废碱也从 1975 年的 $1.443\,5\times10^7$ t 下降到 2003 年的 1.942×10^6 t，下降了 87%；且随着技术的不断进步，排放强度不断下降，废酸和废碱排放强度分别从 1975 年的 0.19 t/万美元和 0.28 t/万美元降至 1990 年的 0.009 t/万美元和 0.005 t/万美元，分别下降了 95%和 98%。

20 世纪 90 年代后日本进入了经济衰退期，人均 GDP 增加趋势不明显，但仍然维持在较高的发展水平，2011 年日本人均 GDP 为 45 902 美元。同期城市化率超过 90%，属于世界上城市化水平较高的国家。这一时期由于日本经济处于衰退状态，经济发展带来的污染量相对较少，而环境技术水平的发展进一步提升了水环境质量。虽然受气候变化等因素的影响，20 世纪 90 年代中期水环境质量有所下降，但整体上仍呈波动性上升趋势，水质不断改善。2011 年，日本水环境质量达标率达 88.2%，水生态环境质量状况较好。

（4）第四阶段——调整产业结构，发展循环经济

进入 21 世纪后，随着环保投资的不断增加和环境治理技术水平的不断进步，日本对水环境的治理致力于产业结构的调整，朝着构建循环型社会的方向快速推进。有关分析表明，城市点源排放和农业面源排放是水污染的主要因素。工业化完成后，日本逐渐降低工业和农业增加值占比，2010 年工业和农业增加值占比分别为 27.38%和 1.16%，第三产业占比大幅提升，尤其是环保产业的开发，使水污染防治效果显著。

参考文献

[1] 石峰可. 近代以来英国城市环境治理的基本经验探析[J]. 经济研究导刊，2019（33）：132-134，153.

[2] 张明生. 德国水资源管理的启示[J]. 科技通报，2008，24（2）：192-197.

[3] 方洪斌. 日本水环境治理的发展历程研究[C]. 2016 第八届全国河湖治理和水生态文明发展论坛论文集，2016：334-339.

第 3 章　相关法律法规、政策规划及标准

3.1　水环境治理相关法律法规

3.1.1　《中华人民共和国水法》

《中华人民共和国水法》（以下简称《水法》）于 2016 年 7 月 2 日第二次修正，修正后的《水法》具有以下特点：

一是对水资源管理明确了八项制度，即取水许可制度、水资源有偿使用制度、水资源论证制度、水功能区划制度、饮用水水源保护区制度、河道采砂许可制度、对用水实行总量控制与定额管理相结合的管理制度、对用水实行计量收费与超定额累进加价制度。

二是水资源管理重心从开发利用管理转移到合理配置和节约保护，完成了重大转变。

明确了新时期水资源的发展战略，即要以水资源的可持续利用支撑经济社会的可持续发展，强调了水资源的合理配置，突出了水资源的节约和保护。

突出节水。国家新时期治水方针已把节水工作提到了前所未有的高度。明确提出“水资源可持续利用是我国经济社会发展的战略问题，核心是提高用水效率，把节水放在突出位置”。增补节约用水的条款总共有 19 条，占全部条款（77 条，不包括附则）的 25%，更加说明其重要性和紧迫性。

三是确定了水资源规划的法律地位，规定符合水资源规划是水资源开发利用的前提条件。

首先，规定开发、利用水资源的单位和个人有依法保护水资源的义务，即明确规定公民、法人有保护水资源的义务。其次，规定在开发、利用水资源时，应当注意对水资源的保护。包括“协调好生活、生产经营和生态环境用水”“开发、利用水资源，应当首先满足城乡居民生活用水，并兼顾农业、工业、生态环境用水以及航运等需要。在干旱和半干旱地区开发、利用水资源，应当充分考虑生态环境用水需要”等。再次，生态用水要进行科学论证，根据不同地区的水资源状况和自然特征，依据科学论证来确定。最后，明确水行政主管部门在水资源保护中的职责。规定水行政主管部门应会同有关部门

拟定水功能区划，提出限制排污总量的意见；对水功能区的水质状况进行监测；对在江河、湖泊新建、改建、扩建排污口的进行审查，未经审查同意建设的，水行政主管部门可以实施行政处罚。特别是在入河排污口的设置上，是对《中华人民共和国水污染防治法》的发展和完善。

四是采取必要措施，切实保护农村经济组织和农民的合法用水权益。

农民是弱势群体，农业是用水大户，农民的合法用水权益必须得到保障，这样才能保证社会主义新农村的建设，维护社会稳定，建设和谐社会，进而实现共同富裕目标。

五是加强执法监督检查力度，强化法律责任，可操作性大大增强。

对当事人违反《水法》的法律责任条款，从 3 条增加到 12 条，对违法行为的追究从 8 项增加到 22 项，采取行政措施或者实施行政处罚的种类从 5 种增加到包括限期补办手续、强制拆除违法建筑物、对不缴纳水资源费的行为进行追缴滞纳金和罚款以及吊销取水许可证等 9 种，罚款从没有规定数额到规定为 1 万～10 万元，比较明确、具体，可操作性大大增强。

将处罚主体从水利、公安部门增加到县级以上人民政府、水利、经济综合主管部门、县级以上有关部门和公安机关等，通过上述规定，可以看出《水法》不但是水利部门组织实施的法律，也是政府和有关部门予以保障实施的法律。

对水利等执法部门及其工作人员的违法行为的追究，也从 2 种增加到 8 种。法律讲究权利与责任、义务的平衡，《水法》赋予水利部门的职责权力多，对违法行为的追究也同样增多。

3.1.2 《中华人民共和国水污染防治法》

《中华人民共和国水污染防治法》（以下简称《水污染防治法》）于 2017 年 6 月 27 日第二次修正，共八章 103 条，其中的要点如下：

3.1.2.1 建立河长制

河长制是河湖管理工作的一项制度创新。一直以来，河流污染治理由于涉及领域、部门比较多，难以形成合力。第四条明确规定“地方各级人民政府对本行政区域的水环境质量负责”；第五条提出“省、市、县、乡建立河长制，分级分段组织领导本行政区域内江河、湖泊的水资源保护、水域岸线管理、水污染防治、水环境治理等工作”；第十七条规定“有关市、县级人民政府应当按照水污染防治规划确定的水环境质量改善目标的要求，制定限期达标规划，采取措施按期达标”。

3.1.2.2　加强农业、农村水污染防治

农村污水、垃圾集中处置。第五十二条规定“国家支持农村污水、垃圾处理设施的建设，推进农村污水、垃圾集中处理。地方各级人民政府应当统筹规划建设农村污水、垃圾处理设施，并保障其正常运行”。

加强化肥农药管理。我国是农业大国，农药、化肥的施用量大，造成了比较严重的农业面源污染。第五十三条中明确提出“制定农药、化肥等产品的质量标准和使用标准，应当适应水环境保护要求”；第五十五条提出“指导农业生产者科学、合理地施用化肥和农药，要推广测土配方施肥技术和高效低毒低残留农药”。

防治畜禽养殖污染。第五十六条第三款明确“畜禽散养密集区所在地县、乡级人民政府应当组织对畜禽粪便污水进行分户收集、集中处理利用”。

狠抓农田灌溉用水。第五十八条明确“农田灌溉用水应当符合相应的水质标准，禁止向农田灌溉渠道排放工业废水或者医疗污水”。

3.1.2.3　加强饮用水管理

《水污染防治法》对饮用水的安全增加了具体规定，并加大了对违法行为的处罚力度。加强信息公开的力度，要求供水单位应当加强监测，对入水口和出水口都要加强监测，地方政府每个季度至少公布一次饮用水安全的信息。同时，如果发生了突发水污染事件，也要及时向社会公开。

3.1.2.4　实施排污许可制度

《水污染防治法》第二十一条明确要求“直接或者间接向水体排放工业废水和医疗污水以及其他按照规定应当取得排污许可证方可排放的废水、污水的企业事业单位和其他生产经营者，应当取得排污许可证；城镇污水集中处理设施的运营单位，也应当取得排污许可证。排污许可证应当明确排放水污染物种类、浓度、总量和排放去向等内容”。

排污许可制度旨在约束企业排污行为，全国统一的排污许可证申领和发放正在全面开展。《水污染防治法》从顶层设计方面实现了对接。这是进一步规范我国废水、污水排放标准的举措，也是根据水污染治理工作进度作出的政策调整，从而完善法律体系。

3.1.2.5　加大处罚力度

针对持续性的违法行为，实施按日计罚。第九十五条规定“企业事业单位和其他生产经营者违法排放水污染物，受到罚款处罚，被责令改正的，依法作出处罚决定的行政机关应当组织复查，发现其继续违法排放水污染物或者拒绝、阻挠复查的，依照《中华

人民共和国环境保护法》的规定按日连续处罚”。

针对违法排污等影响恶劣的行为，加大了处罚力度，提高了罚款的上限，最高可达 100 万元（第八十三条、八十四条、八十五条）。

3.1.2.6 从重点治理走向综合防治

从河长制的确立到建立联防联控机制，我国水环境治理的大方向正朝着综合防治转变。《水污染防治法》提出了构建流域水环境保护联合协调机制要求，实行“四个统一”措施，即统一规划、统一标准、统一监测、统一的防治措施（第二十八条）；提出了相关部门组织开展流域环境资源承载能力监测、评价要求，旨在提高流域环境资源承载能力（第二十九条）。

3.1.3 《水污染防治行动计划》

为全面实施大气、水、土壤治理三大战略，国务院发布了《水污染防治行动计划》（国发〔2015〕17 号）。

结合全面建成小康社会的目标要求，《水污染防治行动计划》（以下简称“水十条”）确定的工作目标是：到 2020 年，全国水环境质量得到阶段性改善，污染严重水体较大幅度减少，饮用水安全保障水平持续提升，地下水超采得到严格控制，地下水污染加剧趋势得到初步遏制，近岸海域环境质量稳中趋好，京津冀、长三角、珠三角等区域水生态环境状况有所好转；到 2030 年，力争全国水环境质量总体改善，水生态系统功能初步恢复。到 21 世纪中叶，生态环境质量全面改善，生态系统实现良性循环。

主要指标：到 2020 年，长江、黄河、珠江、松花江、淮河、海河、辽河等七大重点流域水质优良（达到或优于Ⅲ类）比例总体达到 70%以上，地级及以上城市建成区黑臭水体均控制在 10%以内，地级及以上城市集中式饮用水水源水质达到或优于Ⅲ类比例总体高于 93%，全国地下水质量极差的比例控制在 15%左右，近岸海域水质优良（一、二类）比例达到 70%左右。京津冀区域丧失使用功能（劣于Ⅴ类）的水体断面比例下降 15 个百分点左右，长三角、珠三角区域力争消除丧失使用功能的水体；到 2030 年，全国七大重点流域水质优良比例总体达到 75%以上，城市建成区黑臭水体总体得到消除，城市集中式饮用水水源水质达到或优于Ⅲ类比例总体为 95%左右。

按照“节水优先、空间均衡、系统治理、两手发力”的原则，为确保实现上述目标，“水十条”提出了 10 条 35 款，共 238 项具体措施。可分为四大部分：第 1～3 条为第一部分，提出了控制排放、促进转型、节约资源等任务，体现治水的系统思路；第 4～6 条为第二部分，提出了科技创新、市场驱动、严格执法等任务，发挥科技引领和市场决定性作用，强化严格执法；第 7～8 条为第三部分，提出了强化管理和保障水环境安全等任务；第 9～10 条为第四部分，提出了落实责任和全民参与等任务，明确了政府、企业、公众各方面的责任。

第一条，全面控制污染物排放。针对工业、城镇生活、农业农村和船舶港口等污染来源，提出了相应的减排措施。包括依法取缔“十小”企业，专项整治“十大”重点行业，集中治理工业集聚区污染；加快城镇污水处理设施建设改造，推进配套管网建设和污泥无害化处理处置；防治畜禽养殖污染，控制农业面源污染，开展农村环境综合整治；提高船舶污染防治水平。

第二条，推动经济结构转型升级。调整产业结构、优化空间布局、推进循环发展，既可以推动经济结构转型升级，也是治理水污染的重要手段。包括：加快淘汰落后产能；结合水质目标，严格环境准入；合理确定产业发展布局、结构和规模；以工业水循环利用、再生水和海水利用等推动循环发展等。

第三条，着力节约保护水资源。实施最严格水资源管理制度，严控超采地下水，控制用水总量；提高用水效率，抓好工业、城镇和农业节水；科学保护水资源，加强水量调度，保证重要河流生态流量。

第四条，强化科技支撑。完善环保技术评价体系，加强共享平台建设，推广示范先进适用技术；要整合现有科技资源，加强基础研究和前瞻技术研发；规范环保产业市场，加快发展环保服务业，推进先进适用技术和装备的产业化。

第五条，充分发挥市场机制作用。加快水价改革，完善污水处理费、排污费、水资源费等收费政策，健全税收政策，发挥好价格、税收、收费的杠杆作用。加大政府和社会投入，促进多元投资；通过健全“领跑者”制度、推行绿色信贷、实施跨界补偿等措施，建立有利于水环境治理的激励机制。

第六条，严格环境执法监管。加快完善法律法规和标准，加大执法监管力度，严惩各类环境违法行为，严肃查处违规建设项目；加强行政执法与刑事司法衔接，完善监督执法机制；健全水环境监测网络，形成跨部门、区域、流域、海域的污染防治协调机制。

第七条，切实加强水环境管理。未达到水质目标要求的地区要制定实施限期达标的工作方案，深化污染物总量控制制度，严格控制各类环境风险，稳妥处置突发水环境污染事件；全面实行排污许可证管理。

第八条，全力保障水生态环境安全。建立从水源到水龙头全过程监管机制，定期公布饮水安全状况，科学防治地下水污染，确保饮用水安全；深化重点流域水污染防治，对江河源头等水质较好的水体保护；重点整治长江口、珠江口、渤海湾、杭州湾等河口海湾污染，严格围填海管理，推进近岸海域环境保护；加大城市黑臭水体治理力度，直辖市、省会城市、计划单列市建成区于 2017 年年底前基本消除黑臭水体。

第九条，明确和落实各方责任。建立全国水污染防治工作协作机制。地方政府对当地水环境质量负总责，要制定水污染防治专项工作方案。排污单位要自觉治污、严格守法。分流域、分区域、分海域逐年考核计划实施情况，督促各方履责到位。

第十条，强化公众参与和社会监督。国家定期公布水质最差、最好的10个城市名单和各省（区、市）水环境状况。依法公开水污染防治相关信息，主动接受社会监督。邀请公众、社会组织全程参与重要环保执法行动和重大水污染事件调查，构建全民行动格局。

3.2 水环境治理相关政策规划

3.2.1 《国务院办公厅关于推进海绵城市建设的指导意见》

海绵城市是指通过加强城市规划建设管理，充分发挥建筑、道路和绿地、水系等生态系统对雨水的吸纳、蓄渗和缓释作用，有效控制雨水径流，实现自然积存、自然渗透、自然净化的城市发展方式。为加快推进海绵城市建设，修复城市水生态、涵养水资源，增强城市防涝能力，国务院办公厅发布了《国务院办公厅关于推进海绵城市建设的指导意见》（国办发[2015]75号）（以下简称《指导意见》）。

《指导意见》的工作目标：通过海绵城市建设，综合采取“渗、滞、蓄、净、用、排”等措施，最大限度地减少城市开发建设对生态环境的影响，将70%的降雨就地消纳和利用。到2020年，城市建成区20%以上的面积达到目标要求；到2030年，城市建成区80%以上的面积达到目标要求。

《指导意见》的基本原则：

坚持生态为本、自然循环。充分发挥山水林田湖等原始地形地貌对降雨的积存作用，充分发挥植被、土壤等自然下垫面对雨水的渗透作用，充分发挥湿地、水体等对水质的自然净化作用，努力实现城市水体的自然循环。

坚持规划引领、统筹推进。因地制宜确定海绵城市建设目标和具体指标，科学编制和严格实施相关规划，完善技术标准规范。统筹发挥自然生态功能和人工干预功能，实施源头减排、过程控制、系统治理，切实提高城市排水、防涝、防洪和防灾减灾能力。

坚持政府引导、社会参与。发挥市场配置资源的决定性作用和政府的调控引导作用，加大政策支持力度，营造良好发展环境。积极推广政府和社会资本合作（PPP）、特许经营等模式，吸引社会资本广泛参与海绵城市建设。

《指导意见》提出要统筹有序建设海绵城市，具体如下：

统筹推进新老城区海绵城市建设。从2015年起，全国各城市新区、各类园区、成片开发区要全面落实海绵城市建设要求。老城区要结合城镇棚户区和城乡危房改造、老旧小区有机更新等，以解决城市内涝、雨水收集利用、黑臭水体治理为突破口，推进区域整体治理，逐步实现小雨不积水、大雨不内涝、水体不黑臭、热岛有缓解。各地要建立海绵城市建设工程项目储备制度，编制项目滚动规划和年度建设计划，避免大拆大建。

推进海绵型建筑和相关基础设施建设。推广海绵型建筑与小区，因地制宜采取屋顶绿化、雨水调蓄与收集利用、微地形等措施，提高建筑与小区的雨水积存和蓄滞能力。推进海绵型道路与广场建设，改变雨水快排、直排的传统做法，增强道路绿化带对雨水的消纳功能，在非机动车道、人行道、停车场、广场等扩大使用透水铺装，推行道路与广场雨水的收集、净化和利用，减轻对市政排水系统的压力。大力推进城市排水防涝设施的达标建设，加快改造和消除城市易涝点；实施雨污分流，控制初期雨水污染，排入自然水体的雨水须经过岸线净化；加快建设和改造沿岸截流干管，控制渗漏和合流制污水溢流污染。结合雨水利用、排水防涝等要求，科学布局建设雨水调蓄设施。

推进公园绿地建设和自然生态修复。推广海绵型公园和绿地，通过建设雨水花园、下凹式绿地、人工湿地等措施，增强公园和绿地系统的城市海绵体功能，消纳自身雨水，并为蓄滞周边区域雨水提供空间。加强对城市坑塘、河湖、湿地等水体自然形态的保护和恢复，禁止填湖造地、截弯取直、河道硬化等破坏水生态环境的建设行为。恢复和保持河湖水系的自然连通，构建城市良性水循环系统，逐步改善水环境质量。加强河道系统整治，因势利导改造渠化河道，重塑健康自然的弯曲河岸线，恢复自然深潭浅滩和泛洪漫滩，实施生态修复，营造多样性生物生存环境。

《指导意见》还指出，要创新建设运营机制、加大政府投入、完善融资支持。城市人民政府是海绵城市建设的责任主体，各有关部门要按照职责分工，各司其职，密切配合，共同做好海绵城市建设相关工作。

3.2.2 《城市黑臭水体整治工作指南》

为贯彻落实“水十条”要求，加快城市黑臭水体整治，住房城乡建设部和环境保护部印发了《城市黑臭水体整治工作指南》（建城〔2015〕130 号）（以下简称《指南》），并于 2015 年 8 月正式发布。内容包括城市黑臭水体的排查与识别、整治方案的制订与实施、整治效果的评估与考核、长效机制的建立与政策保障等。

3.2.2.1 百姓全程参与监督黑臭水体治理

城市黑臭水体是百姓反映强烈的水环境问题，不仅损害了城市人居环境，也严重影响城市形象。近几年“让市长下河游泳”的呼声反映了百姓对解决和治理城市黑臭水体的强烈愿望。

城市黑臭水体整治工作系统性强，工作涉及面广。“水十条”明确，城市人民政府是整治城市黑臭水体的责任主体，由住房城乡建设部牵头，会同环境保护部、水利部、农业部等部委指导地方落实并提出目标：2020 年年底前，地级以上城市建成区黑臭水体均控制在 10%以内；到 2030 年，全国城市建成区黑臭水体总体得到消除。

城市黑臭水体识别主要针对感官性指标，百姓不需要任何技术手段就能判断。因此，《指南》特别要求注重百姓的监督作用，让百姓全过程参与城市黑臭水体的筛查、治理、评价，监督地方政府对城市黑臭水体整治的成效，切实让百姓满意。《指南》规定，60%的百姓认为是黑臭水体就应列入整治名单，至少 90%的百姓满意才能认定达到整治目标。住房城乡建设部将会同环境保护部等部门建立全国城市黑臭水体整治监管平台，定期发布信息，接受公众举报。

3.2.2.2 城市黑臭水体识别标准

《指南》中对于城市黑臭水体给出了明确定义。一是明确范围为城市建成区内的水体，也就是居民身边的黑臭水体；二是从“黑”和“臭”两个方面界定，即呈现令人不悦的颜色和（或）散发令人不适气味的水体，以百姓的感观判断为主要依据。

从现实情况看，城市黑臭水体很多是流动性差甚至封闭的水体、断头浜，就是所谓的“死水一潭”，也有的是季节性河流。水体黑臭的主要原因往往是水体自净能力降低，有机污染物排入水体，微生物好氧分解使水体中耗氧速率大于复氧速率，溶解氧逐渐被消耗殆尽，造成水体缺氧。在缺氧水体中，有机污染物被厌氧分解，产生不同类型的黑臭类物质，呈现水体黑臭。有些黑臭物质阈值很低，微量即可产生强烈黑臭。因此，黑臭的主要原因是有机污染物过量排入水体，使溶解氧降低。

城市黑臭水体可遵循政府部门预判、公众调查两个阶段进行识别。政府主管部门根据排查掌握的水质监测资料及百姓投诉情况，初步对建成区的水体界定“无黑臭”、“局部黑臭”和“全部黑臭”，并征求社会意见；对可能存在争议的水体要通过公众问卷调查等形式进一步识别。

《指南》明确了黑臭等级的划分，透明度 10～25 cm、溶解氧 0.2～2.0 mg/L、氧化还原电位–200～50 mV，氨氮指标 8.0～15 mg/L，可视为轻度黑臭；透明度低于 10 cm、溶解氧低于 0.2 mg/L、氧化还原电位低于–200 mV、氨氮指标高于 15 mg/L，可视为重度黑臭。划分等级的目的是为城市黑臭水体整治优先顺序以及年度计划制订提供参考，同时也为整治效果评估提供重要依据。

3.2.2.3 群众满意是界定“消除黑臭”的标准

城市黑臭水体整治是一个很复杂的事情，因为污染物的来源和影响因素比较多，在城市政府层面涉及的管理部门也比较多。

很多地方的水体整治存在周期性反复问题，如果治理工程不到位，治理后的水体很快又会恢复到黑臭状况，因此，整治效果评估不是仅仅看工程完工后这段时间的效果，更重要的是看其持续性的效果，看其受不同环境条件影响之后的效果。

城市黑臭水体整治效果评估，最重要的是要看公众满意程度和长效机制建设情况，只有周边群众满意了，才能认为治理工作到位了；城市黑臭水体整治不是“一次性”工程，“碧水蓝天”需要地方政府长期的持续性投入，长效机制是周边群众长期满意的基础和前提。

城市黑臭水体整治工程非常复杂，因此，地方政府可以考虑引入第三方评估机构，全程参与整治方案制订、工程实施、监测机构选择等工作，协助地方政府完成水体整治效果的评估工作，作为政府支付整治实施方费用的依据。

3.2.2.4　四类技术手段进行整治

城市黑臭水体整治技术的选择应遵循“适用性、综合性、经济性、长效性和安全性”原则。《指南》根据各种技术的功能将其划分为四类。

第一类，控源截污技术。即防止外来的各种污水、污染物等直接或随雨水排入城市水体，主要包括截污纳管和城市面源污染控制两项技术，其中最有效的措施是铺设污水管道收集污水。控源截污是城市黑臭水体治理的根本措施，也是采取其他技术措施的前提，但实施起来难度大、周期长，需要城市规划建设整体统筹考虑。

第二类，内源治理技术。顾名思义，内源就是水体“内部”的污染物，通过清淤和打捞等措施清除水中的底泥、垃圾、生物残体等固态污染物，实现内源污染的控制。

第三类，生态修复技术。即通过生态和生物净化措施，消除水中的溶解性污染物。例如，通过曝气向水中增加氧气，促进水中的各种好氧微生物“吃掉”有机污染物。还可以通过种植水生植物吸收水中的氮、磷等污染物。还包括对原有硬化河（湖）岸带的修复技术，利用人工湿地、生态浮岛、水生植物的生态净化技术以及人工增氧技术。

第四类，其他治理措施。包括活水循环、清水补给、就地处理和旁路处理。例如，清水补给技术是通过向城市黑臭水体中补入清洁水，从而促进水的流动和污染物的稀释、扩散与分解。清水的来源包括地表水和城市再生水，其中城市再生水是污水经过多重处理后达到景观利用标准的回用水，利用这种水符合资源再生利用的原则，对于北方缺水城市尤其重要。再如，就地处理和旁路处理技术，即把城市黑臭水净化后再排入水体，适用于不具备截污条件时的城市黑臭水体治理，也适用于突发性水体黑臭污染事件的应急处理。

3.3 水环境治理相关标准

3.3.1 水环境质量标准

水环境质量标准是为控制和消除污染物对水体的污染，根据水环境长期和近期目标而提出的质量标准。

水环境质量标准按水体类型划分，有地表水环境质量标准、海水水质标准、地下水质量标准；按水资源用途划分，有生活饮用水卫生标准、城市供水水质标准、渔业水质标准、农田灌溉水质标准、生活杂用水水质标准、景观娱乐用水水质标准、各种工业用水水质标准等。

除制订全国水环境质量标准外，各省、自治区、直辖市人民政府还可参照实际水体的特点、水污染现状、经济和治理水平，按水域主要用途，对国家水环境质量标准中未规定的项目，制订地方补充标准。

我国目前水环境质量标准主要有《地表水环境质量标准》（GB 3838—2002）、《海水水质标准》（GB 3097—1997）、《地下水质量标准》（GB/T 14848—2017）。

依据地表水水域环境功能和保护目标，《地表水环境质量标准》按功能高低依次将水体划分为五类：Ⅰ类主要适用于源头水、国家自然保护区；Ⅱ类主要适用于集中式生活饮用水地表水源地一级保护区、珍稀水生生物栖息地、鱼虾类产卵场、仔稚幼鱼的索饵场等；Ⅲ类主要适用于集中式生活饮用水地表水源地二级保护区、鱼虾类越冬场、洄游通道、水产养殖区等渔业水域及游泳区；Ⅳ类主要适用于一般工业用水区及人体非直接接触的娱乐用水区；Ⅴ类主要适用于农业用水区及一般景观要求水域。

《海水水质标准》按照海域的不同使用功能和保护目标，将海水水质分为四类：第一类适用于海洋渔业水域、海上自然保护区和珍稀濒危海洋生物保护区；第二类适用于水产养殖区、海水浴场、人体直接接触海水的海上运动或娱乐区以及与人类食用直接有关的工业用水区；第三类适用于一般工业用水区和滨海风景旅游区；第四类适用于海洋港口水域和海洋开发作业区。

《地下水质量标准》依据我国地下水水质现状、人体健康基准值及地下水质量保护目标，并参照了生活饮用水、工业、农业用水水质最高要求，将地下水质量划分为五类：Ⅰ类，主要反映地下水化学组分的天然低背景含量，适用于各种用途；Ⅱ类，主要反映地下水化学组分的天然背景含量，适用于各种用途；Ⅲ类，以人体健康基准值为依据，主要适用于集中式生活饮用水水源及工、农业用水；Ⅳ类，以农业和工业用水要求为依据，除适用于农业和部分工业用水外，适当处理后可作生活饮用水；Ⅴ类，不宜饮用，其他用水可根据使用目的选用。

3.3.2 污染物排放标准

3.3.2.1 《城镇污水处理厂污染物排放标准》

城镇污水是指城镇居民生活污水，机关、学校、医院、商业服务机构及各种公共设施排水，以及允许排入城镇污水收集系统的工业废水和初期雨水等。《城镇污水处理厂污染物排放标准》（GB 18918—2002）根据城镇污水处理厂排入地表水域环境功能和保护目标，以及污水处理厂的处理工艺，将基本控制项目的常规污染物标准值分为一级标准、二级标准、三级标准。一级标准分为 A 标准和 B 标准。一类重金属污染物和选择控制项目不分级。

一级标准的 A 标准是城镇污水处理厂出水作为回用水的基本要求。当污水处理厂出水引入稀释能力较小的河湖作为城镇景观用水和一般回用水等用途时，执行一级标准的 A 标准。

城镇污水处理厂出水排入国家和省确定的重点流域及湖泊、水库等封闭、半封闭水域时，执行一级标准的 A 标准；排入《地表水环境质量标准》（GB 3838—2002）Ⅲ类功能水域（划定的饮用水水源保护区和游泳区除外）和《海水水质标准》（GB 3097—1997）二类功能水域时，执行一级标准的 B 标准；排入 GB 3838—2002 地表水Ⅳ、Ⅴ类功能水域或 GB 3097—1997 海水三、四类功能海域，执行二级标准。非重点控制流域和非水源保护区的建制镇的污水处理厂，根据当地经济条件和水污染控制要求，采用一级强化处理工艺时，执行三级标准。但必须预留二级处理设施的位置，分期达到二级标准。

3.3.2.2 《污水综合排放标准》

《污水综合排放标准》（GB 8978－1996）根据污水中污染物的危害程度把污染物分为两类。第一类污染物能在环境或动植物体内积累，对人类健康产生长远的不良影响。含此类污染物的污水，不分行业和污水排放方式，也不分受纳水体的功能类别，一律在车间或车间处理设施排放口采样，并且其含量必须符合相应规定；第二类污染物的长远影响小于第一类，一般在排污单位总排放口采样，最高允许排放浓度要按地面水使用功能的要求和污水排放去向，分别执行相应标准。

《污水综合排放标准》规定地表水Ⅰ类、Ⅱ类、Ⅲ类水域中划定的保护区和海洋水体中的第一类海域，禁止新建排污口，现有排污口应按水体功能要求，实行污染物总量控制，以保证受纳水体水质符合规定用途的水质标准。

3.3.2.3 行业排放标准

综合性排放标准与行业性排放标准不交叉执行。即：有行业排放标准的执行行业排放标准，没有行业排放标准的执行综合排放标准。

有关污水排放的行业标准包括：《医疗机构水污染物排放标准》（GB 18466—2005）、《畜禽养殖业污染物排放标准》（GB 18596—2001）、《肉类加工工业水污染物排放标准》（GB 13457—92）、《味精工业污染物排放标准》（GB 19431—2004）、《啤酒工业污染物排放标准》（GB 19821—2005）、《淀粉工业水污染物排放标准》（GB 25461—2010）、《制糖工业水污染物排放标准》（GB 21909—2008）、《生物工程类制药工业水污染物排放标准》（GB 21907—2008）、《中药类制药工业水污染排放标准》（GB 21906—2008）、《提取类制药工业水污染排放标准》（GB 21905—2008）、《电镀污染物排放标准》（GB 21900—2008）、《制浆造纸工业水污染物排放标准》（GB 3544—2008）、《制革及皮毛加工工业水污染排放标准》（GB 30486—2013）、《纺织染整工业水污染物排放标准》（GB 4287—2012）、《油墨工业水污染排放标准》（GB 25463—2010）、《橡胶制品工业污染物排放标准》（GB 27632—2011）、《陶瓷工业污染物排放标准》（GB 25464—2010）、《汽车维修业污染物排放标准》（GB 26877—2011）、《煤炭工业污染物排放标准》（GB 20426—2006）、《合成氨工业水污染物排放标准》（GB 13458—2013）、《钢铁工业水污染物排放标准》（GB 13456—2012）、《电池工业污染物排放标准》（GB 30484—2013）等。

第 4 章　水环境治理实施模式

流域水环境治理具有系统性、复杂性、持续性和高投入性的特点。目前，我国一些流域水环境治理项目存在“反复治理、反复污染”的状况，究其原因，主要是对流域水环境系统性梳理和分析不足、采取的项目投融资模式不够成熟。

从技术体系看，以污水处理厂和截污管网建设消除点源污染为主导的传统水环境治理模式和技术体系，无法系统性和持续性地解决流域水环境反复治理、反复污染的问题。流域水环境综合治理涉及水利、环保、市政、生态、景观等多个专业，包括防洪排涝、截污治污、生态修复等多项子工程。各专业虽有丰富高效的技术措施和较为完备的技术体系，但目前对这些技术的集成能力较弱，流域水环境治理的综合技术体系尚未形成。若各专业配合不利，难以保证各单项技术的运行效果，也无法实现系统的长期稳定，从而导致流域水环境治理短期效果尚可，长期恶化反复。单一专业企业实施水环境项目难以成功，以施工企业为主导来实施更是如此。因此，流域水环境治理中要注重多专业的配合，并重视各专业的技术整合，形成适宜于流域水环境治理的集成技术，实现水环境治理的最优设计、强化管理和长效运行。

从责任主体看，水环境治理跨行政区域、跨政府部门，导致条块分割、各自为政、多头治水，责任边界不清晰。在政府主导的投资模式下，项目从设计、投资、建设到运营各个环节独立操作，没有终极责任人。设计方以投资基数收费，直接导致设计的投资超前、概算偏大；建设方仅需按照施工图施工，无须对设计不合理之处进行调整优化，建设质量也不需对后期运营负责，从而增加后期维护难度，运营成本居高不下。水环境治理项目中，设计方、建设方和运营方，常出现责任推诿的现象。

从市场融资和管理效率看，20 世纪 90 年代中后期，我国水环境治理所需资金以政府，尤其是城市政府的财政收入、借贷以及由政府主导的行政事业性收费为根本支撑。由于各地区工业化和城市化进程的加快，近年来流域水环境治理出现了巨大的投融资缺口，投资不足仍是水环境保护面临的重要问题。政府平台公司外在缺乏监督压力，内在缺乏技术进步和管理改革的动力，投资及管理效率低下成为政府主导投资模式下的顽疾。

4.1 投资模式

4.1.1 政府作为投资主体投资模式

政府投资主体，是指经国务院授权，代表中央政府行使投资和资产运营管理职能，具有法人地位的经济实体。地方政府授权，代表地方政府行使投资职能，具有法人地位的经济实体，是地方政府投资主体。

政府投资主体以政府财政为后盾，其主要资金来源为政府财政预算，同时辅以资本市场筹措资金。无论是在资本主义市场经济环境中，还是社会主义市场经济体制下，政府投资主体都以财政预算收入为主要资金来源，这是政府投资经济活动职能的具体体现。国家预算收入主要来源于税收，其特点为无偿性和相对固定性。运用资本市场筹措资金，是政府投资主体资金的重要补充，以体现政府投资主体的投资导向作用。

通过资本市场筹措资金，通常采取发行国债以及地方政府债的方式。政府通过资本市场筹措资金，是国家信用活动的形式，在不改变资金所有权的前提下，依据政府债券的信誉实现社会资金使用权的暂时让渡，弥补政府投资主体资金的不足。政府投资主体从事投资经济活动所形成的资产归政府所有。在投资资金运用方式上，政府投资主体主要采取无偿投入、有偿投入、参股、控股等形式。

所谓无偿投入，则属于不直接形成投入产出的资金循环。但是，从整个社会投资运动角度考察，政府投资主体无偿投入会产生重要的社会效益，其产出体现为间接性。例如，政府投资主体无偿投资于社会公共事业，促进社会公益事业的发展，进而促进社会经济发展；政府投资主体投资于大江大河治理、森林资源的保护及其他生态环境的治理和再造，从投资项目的财务效益分析，不直接体现投入产出的效益关系，但是对整个社会经济发展所产生的效益是重要的，也是宏观的。所谓有偿投入，即指财政投资贷款，通过贷款支持符合政府产业政策优先发展行业的发展。政府与借款者之间存在着借贷关系。参股、控股是政府投资主体的又一种主要投资资金运用方式。政府投资主体依据政府产业政策和投资政策的要求，参股、控股，直接或间接地发挥着引导社会投资流向的作用。参股、控股投资，政府投资主体直接参与或主持投资经济活动的管理，包括投资经济活动决策和实施以及形成企业生产活动后的正常经营管理。

4.1.2 政府与企业合作投资模式

4.1.2.1 BOT

BOT（build-operate-transfer）即建设—经营—转让。是私营企业参与基础设施建设、向社会提供公共服务的一种方式。

中国一般称之为“特许权”，是指政府部门就某个基础设施项目与私营企业（项目公司）签订特许权协议，授予签约方的私营企业来承担该项目的投资、融资、建设和维护，在协议规定的特许期限内，许可其融资建设和经营特定的公用基础设施，并准许其通过向用户收取费用或出售产品以清偿贷款，回收投资并赚取利润。政府对这一基础设施有监督权和调控权，特许期满，签约方的私营企业将该基础设施无偿或有偿移交给政府部门。

4.1.2.2 TOT

TOT（transfer-operate-transfer）即移交—经营—移交。TOT 是 BOT 融资方式的新发展，近些年来在国际上较为流行。它是指政府部门或国有企业将建设好的项目在一定期限的产权和经营权有偿转让给投资人，由其进行运营管理；投资人在约定的时间内通过经营收回全部投资和得到合理的回报，并在合约期满之后，再交回给政府部门或原单位的一种融资方式。

4.1.2.3 ROT

ROT（renovate-operate-transfer）即重构—运营—移交。是指特许经营者在获得特许经营权的基础上，对过时、陈旧的基础设施项目的设施、设备进行更新改造，在此基础上，由特许经营者经营约定年限后再转让给政府。

ROT 与 TOT 的主要区别是特许经营项目是否需要修复更新。ROT 模式是政府在 TOT 模式的基础上增加改扩建内容的项目运作方式，通常包含项目立项及报审程序，ROT 合同期限一般为 20～30 年。

4.2 项目管理模式

水环境治理工程集供水、水资源保护、污水处理与回用、水土保持等于一体，内容较多，既有经营性项目，又有非经营性项目。项目管理模式主要有以下几种。

4.2.1 平行承（发）包模式

平行承（发）包模式即设计—招标—建造模式（design-bid-build），是指业主将项目的设计、施工以及设备和材料的采购任务分别发包给设计单位、施工和材料供应商，并分别与各家单位签订合同，与业主签订合同的各单位之间的关系是平行的。

它是一种在国际上比较通用且应用最早的工程项目发包模式之一。这种模式最突出的特点是强调工程项目的实施必须按照“设计—招标—建造”的顺序进行，只有一个阶段全部结束，另一个阶段才能开始。

该模式的优点表现在：管理方法较成熟；有利于业主择优选择承包商；采用各方均熟悉的标准合同文本，且合同内容单一、合同价值小，有利于合同管理、风险管理；由于承包商之间的相互制约，有利于项目的质量控制。

相应地，该模式也存在一定的缺点：一是项目周期较长，工程造价控制难度大；二是设计的可施工性差，工程师控制项目目标能力不强；三是不利于工程事故的责任划分，由于图纸问题产生争端多、索赔多等；四是业主与设计、施工方分别签约，业主管理和协调的难度大。

4.2.2 EPC 模式

EPC（engineering-procurement-construction）即设计—采购—建设，是指工程总承包企业按照合同约定，承担工程项目的设计、采购、施工、试运行服务等工作，并对承包工程的质量、安全、工期、造价全面负责，是我国目前推行的总承包模式中最主要的一种。

在 EPC 模式中，设计不仅包括具体的设计工作，而且可能包括整个建设工程内容的总体策划以及整个建设工程实施组织管理的策划和具体工作；采购也不是一般意义上的建筑设备材料采购，而更多的是指专业设备、材料的采购；construction 应译为“建设”，其内容包括施工、安装、试车、技术培训等。通常在总价合同条件下，公司对所承包工程的质量、安全、费用和进度负责。

早期水环境治理主要采取的是 EPC 模式。由于水环境综合治理项目具有开放性、综合性、系统性等特点，而在 PPP（public-private partnership，即政府与社会资本合作）运作方式上也较其他类别项目更为复杂，因此，随着水环境 PPP 项目的推进及落地过程中一些问题的暴露，水环境治理 EPC 模式再次回到大众视野。

4.2.2.1 EPC 模式的优势

在 EPC 模式下，业主把工程的设计、采购、施工和开工服务工作全部托付给工程总承包商负责组织实施，业主只负责整体的、原则的、目标性的管理和控制，在设计等过程对接快，变更少，工期较短；总承包商更能发挥主观能动性，能运用其先进的管理经验为业主和承包商自身创造更多的效益。

此外，由于采用的是总价合同，基本上不用再支付索赔及追加项目费用，项目的最终价格和要求的工期具有更大程度的确定性。

4.2.2.2 EPC 模式需关注的问题

尽管 EPC 模式相对成熟，但对于体量大、内容多的水环境项目，不管是地方政府还是承接企业，都有不少需要关注的问题。

（1）资金

水环境 EPC 项目体量较大，需要地方政府有着充足的资金，不能涉及融资，且 EPC 结束后政府还需要自己或委托第三方对工程进行运营维护。因此，该类项目对地方财力有很高要求，实际可能会加重财政支付压力，甚至形成隐形债务。

（2）施工质量

水环境 EPC 项目对于以工程见长的施工型企业有很大吸引力。但即使是大型企业，在工期短、任务重的项目面前，也面临较大的验收压力。因此，边画图、边施工、边移交的情况出现，施工质量就无法得到保证。

（3）运营质量

EPC 模式后的运营服务及其质量，也是项目后期的重要内容之一。例如，清徐县白石河流域水环境综合治理，在 EPC 总承包项目结束后，再进行委托运营的招标，负责白石河污水处理厂和厂外余热管网、挡水坝、引水涵等的运营、维护、管理，运营期限为 5 年。对于这种方式，如何通过交易方式设定，将付费与效果挂钩以把握运营质量，是采购方需要重点考虑的问题。

4.2.3 EPCO 模式

在前期水环境治理项目中，多采用建设与运营工作分开实施的手段，建设工作按照 EPC 模式实施，运营环节按照 OM（operation manager）模式实施（多交由地方平台公司或下属企业）。

而水环境运营事项繁杂，在精细化及效果导向的前提下，施工和运营的分割在一定程度上会造成运营环节的被动。在工程 EPC、运营 OM 分割的情况下，运营企业被看作对最终效果负责的一方，但它无法参与到前期环节，对于设计、建造不合理之处只能被迫接受；一旦运营效果欠佳，难免引起建设方与运营方责任的相互推诿。

EPCO（engineering-procurement-construction-operation）即设计—采购—施工—运营，是

在 EPC 模式基础上的创新组合模式，将 EPC 项目总包后的运营环节一并打包。在同一主体下，施工与运营之间形成配套，从而规避了不同主体衔接造成的资源浪费及效率损失。

4.2.3.1 EPCO 模式的优势

EPCO 模式的优势主要体现在以下几个方面。

（1）无资金压力

一波 PPP 项目过后，大小环境企业均开始高度关注现金流及负债数据，谋求轻资产转型。在 EPCO 模式下，企业不用考虑融资，能够更好地发挥专业化优势。

对于地方政府来说，在考核期限之前完成目标任务是当务之急。EPCO 不需要走 PPP 流程，不受“财承”10%红线的约束，可控性强，见效快，在水环境治理时间紧、任务重的地区如一剂良药。EPCO 项目合作期限一般为 3～5 年，也能够避免资金缺口过大的情况出现。

在 EPCO 模式下，专业企业轻装上阵、回归初心，能更好地达到“借助企业提高效率”的预期目标。同时，政府融资要比企业融资有着更低的融资成本，在新增专项债额度大幅增加且扩大专项债做资本金适用领域的背景下，地方部分水环境项目资金压力得到一定缓解。

（2）效果导向，参与企业专业化

从项目实际效益的发挥来看，EPCO 结合了 PPP 的多项优点，包括从效果出发、联动专业化公司等。

在 EPC 模式下的水环境项目，对以工程见长的施工型企业有更大的吸引力。在前期的水环境 EPC 项目中，承接项目的多为大型施工企业；在 EPCO 模式下，由于运营效果的导向作用，项目基调转变，水环境项目不再是单纯的施工项目。这也有效调动了环境企业的积极性，专业的环境企业取代施工企业成为主导。出于对运营效果的重视，项目招标方甚至可以要求联合体必须由运营单位牵头。

2019 年 11 月，北京首创股份有限公司牵头拿下的 67 亿元的中山市未达标水体综合整治工程（五乡、大南联围流域）EPCO 项目，中标价为 46.99 亿元，费用包括工程建安费为 37.56 亿元、总运营费为 8.30 亿元、设计费为 0.76 亿元、勘察费为 0.37 亿元，中标联合体包含北京首创股份有限公司、北京市市政工程设计研究总院有限公司、中国葛洲坝集团股份有限公司、陕西工程勘察研究院有限公司，由产业企业北京首创股份有限公司牵头；在广东省江门市英洲海水道（城区段）黑臭水体综合整治 EPCO 项目中，中标联合体包括启迪环境科技发展股份有限公司、中铁广州工程局集团有限公司、北京市市政工程设计研究总院有限公司、浙江山川有色勘察设计有限公司，由启迪环境科技发展股份有限公司牵头。

（3）更优的绩效考核方式

在效果导向的逻辑下，对于专业企业的绩效考核必不可少。在不少水环境 EPCO 项目中，绩效考核倾向项目全周期考核，如通过调整设计、施工等环节费用的支付比例和支付时间，依据运营期效果按比例支付运营费用等手段，确保工程质量，实现工程与运营的最优配套。这也促使社会参与方从运营效果出发，对前期各环节进行优化。

在英洲海水道（城区段）黑臭水体综合整治工程 EPCO 项目中，根据公开的招标文件显示，竣工验收通过后，项目的工程款、设计费仍保留 5%待支付，这部分费用将在 4 年的运营期内，依据运营效果按年平均支付。运营期内，若当月度绩效考核得分低于 60 分（不含），当月的这部分费用将扣除 50%（因政府方原因或不可抗力因素造成的除外）。除工程款的保留支付，运营费用的绩效考核也对运营效果起到了较大的监督作用。在该项目中，每月依据配套设施运营维护保养考核、水质检测分析考核、公众参与运营维护管理质量等进行打分，根据打分情况按比例支付当月运营费用，支付比例分 100%、80%、70%、暂停支付四档。

也有部分项目选择用试运营的方式来检验工程效果。如临澧县乡镇污水处理设施建设 EPCO 项目，据公开信息显示，该项目整体项目运营期 10 年（1 年的试运营期+9 年正式运营期），试运营期内不支付运营费及相关费用。

4.2.3.2 EPCO 模式的不足

在财政支付能力允许或有专项债等融资空间的情况下，EPCO 模式能够更快速地开展水环境治理，解除行业企业的融资压力，并配有确保运营效果的强制手段。而在新模式的探索过程中，也不可避免地存在待完善之处。

（1）综合管理角色缺位

在 EPCO 模式中，项目综合管理角色缺位、内部运作机制的不完善都可能给项目带来一定风险。从近期水环境 EPCO 项目的运作实践来看，中标方通常是勘察企业、设计企业、施工企业、运营企业的联合体，加上政府方承担的出资责任，各自承担一段职责。

但水环境综合治理项目的突出特点是系统性和综合性强，强调项目全周期的统筹管理。在 PPP 项目中，社会资本作为出资方既承担了项目的管理责任，也承担了项目的主要风险。在目前的水环境 EPCO 项目中，一个较明显的问题是项目综合管理角色的缺位，勘察、设计、施工、运营企业在项目全程中各自为营，各自按收入比例承担绩效风险，人为割裂了项目的系统性，协调统筹难度较大。

（2）内部运作机制不完善

在 EPCO 项目中，政府方往往要求勘察、设计、施工等工程费用的部分（高的可能会达到 40%～60%）要与项目绩效结果直接挂钩，如果项目未能达到预期效果，联合体的参与各方可能会受到较大的损失。

环境企业在其中往往充当两个角色，即运营方或牵头方。而在 EPCO 项目的实际操作中，“牵头方”往往没有明确的职责边界。“牵头人”能否充当起水环境治理项目整体管理的角色，既考验环境企业的综合实力、责任担当，也取决于 EPCO 项目内部运作机制的合理设计。

（3）前期设计环节有待真正纳入项目整体

目前，对于大多水环境 EPCO 项目的前期设计环节，运营企业难以深度参与。在当前体制机制下，为了预算顺利批复，水环境 EPCO 项目通常是附带设计方案进行招标。中标方能够参与的部分，只能称为设计优化，可改动的范围有限。希望未来随着模式、机制的完善成熟，企业能够从设计环节开始介入，从全生命周期视角提升项目效率。

参考文献

[1] 庞洪涛，薛晓飞，翟丹丹. 流域水环境综合治理 PPP 模式探究[J]. 环境与可持续发展，2017，42（1）：77-80.

[2] 李艳茹. 最近火热的水环境 EPC 项目，想说爱你不容易[EB/OL]. 北极星水处理网.（2019-04-02）. http：//huanbao.bjx.com.cn/news/20190402/972402.shtml.

[3] 李艳茹. 水环境 EPCO≈PPP-融资？有人说还更有效率更省钱…[EB/OL].中国水网.（2019-12-03）. http：//www.h2o-china.com/news/299665.html.

第二篇

工程治理篇

第 5 章　国内外水环境治理经验

5.1　TMDL 计划

5.1.1　制定背景

20 世纪六七十年代，美国十分重视工业点源和城市生活污染源，实施了基于污染物排放标准的总量控制以及“污染物排放削减计划”（national pollutant discharge elimination system，NPDES），该计划的推行有效地控制了点源污染，但是水质状况并未得到根本改善。70 年代后期，通过大量的实践，美国政府开始认识到面源污染才是造成河流、湖泊及河口地区水污染的主要原因，同时也是导致地下水污染以及湿地生态环境退化的重要原因，于是开始将重心转向面源污染控制，制定了控制面源污染的条款，并列入法律法规，同时给实施面源污染控制的各州提供技术和财政支持。

此外，美国早期的水污染控制技术只强调水体中污染物的削减，忽视了水体的整体生态功能，虽然部分水体中的污染物得到了有效的控制，但水体的整体生态功能却没有恢复。因此，联邦水质监测委员会提出 NPDES 计划应在流域基础上实施，水质管理的重点是保护水体的生物、化学和物理的总体功能，而不仅仅局限于减少水体的化学污染物，水体污染情况的评价范围不仅包括水体中化学污染物是否超标，还应包括整个流域的生态系统功能是否正常。

随后，USEPA 于 1972 年修订的《清洁水法》303（d）条款中提出了最大日负荷总量（total maximum daily load，TMDL）计划，然而计划提出后由于实施费用相对较高，一直未实施该计划。直至 2000 年 7 月 13 日，USEPA 才正式颁布了 TMDL 计划的实施条例，由于给予了法律法规的支持，该计划才得到真正的应用。总之，在对水质管理模式不断摸索的进程中提出的 TMDL 计划，开创了一种针对目标水体水质，以实现水质达标为最终目的的综合性流域环境管理措施。

5.1.2　主要内容

TMDL 指在满足湖泊、河流或者河口等水质标准的条件下，水体能够容纳某种污染物的最大日负荷量。包括污染负荷在点源和非点源之间的分配，同时考虑安全临界值和季节性的变化。污染负荷可以表示为单位时间的质量、毒性和其他可测量的指标。该计划的总体目标是判别某个流域的污染区域和污染源，计算这些区域污染物的负荷（包括点源和面源），并提出污染物总量控制措施，进一步引导该流域执行最佳的污染物控制管理计划。

污染负荷分配的计算公式为：

$$\text{TMDL} = \sum \text{WLAs} + \sum \text{LAs} + \sum \text{MOS}$$

式中，TMDL——水体的最大日负荷量，kg/d；

WLAs（waste load allocations）——可分配的点源负荷量，kg/d；

LAs（load alloeatios）——可分配的面源负荷量，kg/d；

MOS（margin of safety）——安全临界值，kg/d。

5.1.2.1 基本内容

TMDL 计划包括以下基本内容：水质受限水体的识别；确定需优先实施 TMDL 计划的区域；制定污染物削减措施；执行控制措施；评价水质控制措施。其基本流程如图 5-1 所示。

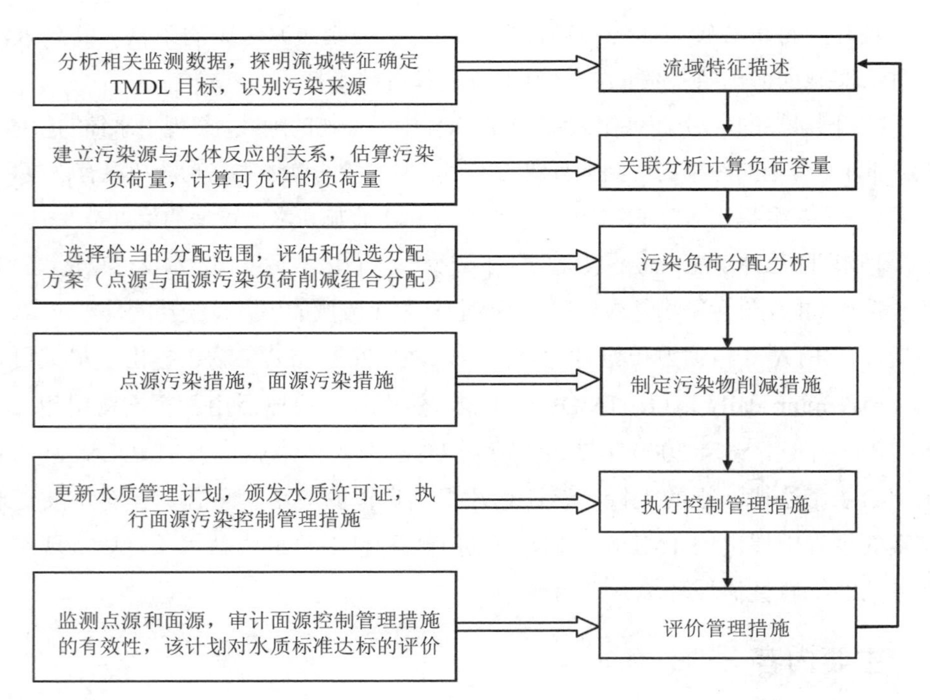

图 5-1 TMDL 计划基本流程

①流域特征描述：即水质受限水体的识别，主要是收集、分析与水质相关的流域、水体、气候及相关的监测数据，这些数据有水体水质、流量、流速等跟水体相关的资料，以及流域的土地利用、气候、地形等自然条件情况，只有获得这些资料才能了解流域的基本情况，进而确定流域的污染源以及水质标准。

②关联分析计算负荷容量：该步的主要目的是计算水体的负荷容量，包括现有和允许的负荷容量。采用的方法有简单的经验估算法和复杂的模型法，每种方法都各有差异，由于各流域的基本情况不同，能获得的资料也不同，可根据流域特征和资料选择最优的方法。

③污染负荷分配分析：计算完水体的负荷容量后须将负荷容量分配至各污染源，这一步是 TMDL 计划实施的关键技术环节，选用的分配方法对以后的 TMDL 计划实施影响较大。因此须根据每个层次，选择公平合理的污染物削减分配方案，最后还需对这些方案进行评估，最终确定最优的方案。

④制定污染物削减措施：分别制定点源和面源污染削减措施，经实践证明，实施点源与点源、面源与面源、点源与面源之间的排污交易，对于控制点源和面源污染具有显著的环境效益和经济效益。

⑤执行控制管理措施：对各污染物的削减量分配后，须采用一定的污染物削减措施，这些措施主要针对各污染源。主要的措施有经济手段和技术手段，以及政府部门的管理手段。同时须制定翔实的计划和各措施分步实施的时间，这是一个持续实施、持续改善的过程，因此后续须有监测计划以监督各部门的工作，并评价控制方案的效果。

⑥评价管理措施：执行控制管理措施之后，应对其进行评价，水质监测是评价管理措施的关键组成部分，有了监测数据，才能审计 TMDL 计划和控制措施对水质保护和环境改善的有效性，同时还应评价 TMDL 计划水质标准达标情况。

最后，TMDL 计划还包括公众参与和建立管理档案。公众关注和参与 TMDL 计划常常是至关重要的。同时，在开发 TMDL 计划时应准备一个管理档案，这个档案应包括实施 TMDL 计划所需的资料、科学与技术上的参考书等，这个档案有利于公众对 TMDL 计划进行评论和改进。

5.1.2.2　制定过程

TMDL 制定的一般过程如下：

①分析流域特征。收集并分析流域水体数据，描述流域状况和受损状态，获取水体基本信息和流域受损因素，确定河流水质标准及 TMDL 目标，识别潜在污染源。

②计算污染负荷容量。建立污染负荷和水质关联模型，评估现有污染负荷，计算最大容许污染负荷总量。

③确定污染负荷分配。兼顾地理特征、时间序列和污染源，选择最合适、最可行的污染负荷分配方案。

④提交 TMDL 报告。起草 TMDL 报告，准备 TMDL 文档，编制 TMDL 报告。

5.1.3 发展现状

TMDL 计划的发展包括三个阶段：

第一阶段为 1972—1990 年，该阶段美国针对工业点源和城市生活污染源实施了基于污染物排放标准的总量控制，并提出了 TMDL 计划的概念，重点推行污染物减排体系许可证制度，针对点源执行浓度控制的排放限值标准，使点源得到了有效控制。1972 年 USEPA 在《清洁水法》303（d）条款中提出了 TMDL 计划的概念，并先后下发了《水质监测与污染负荷分配指南》和《提供污染负荷分配应用的河流采样手册》两个文件，各州开始加强对重要水体的监测。但后来 TMDL 计划基本没有进展，主要原因是资金、人力投入较大，现有的技术仅仅可治理点源污染，并且没有面源污染防控的法律法规。

第二阶段为 1991—1999 年，该阶段 USEPA 基于 TMDL 计划下发了一系列重要的技术文件，同时提出了“TMDL 项目的实施战略”。期间，由于监测数据、水质资料的积累以及计算机技术和航空遥感技术的普及应用，USEPA 和各州开发的 TMDL 项目逐年增加，使得该技术逐渐成熟，为其全面展开打下了坚实的基础。

第三阶段为 2000 年至今。该阶段是 TMDL 计划的快速发展时期，TMDL 项目开始全面发挥作用，仅 2000 年一年，USEPA 各州就建立了 1 561 项 TMDL 项目，几乎是以往 27 年的总和。在以后的几年中 TMDL 计划实施数量逐年上升，从 1999 年的 500 个上升到 2002 年的大约 3 000 个。据相关报道，在今后的 10～15 年，美国预计将实施并批准 4 000 个 TMDL 计划。此后将是 TMDL 计划真正发展的阶段，水质管理将步入又一个全新的阶段。

5.1.3.1 国外研究进展

美国 TMDL 计划经历了近 40 年的发展，已逐步成为一套系统完整的水污染控制计划方案，取得了很多显著的研究成果。有关这方面的研究文献最早出现在 20 世纪 90 年代后期。例如利用 TMDL 计划分析了 TMDL 的组成及实施过程，同时分析了实施过程中每个步骤的用途和含义，并采用 TMDL 的管理体系评估湿地处理渗滤液系统中国家污染物排放消除系统（NPDES）计划方案的优缺点。

随后的几年是 TMDL 计划不断推广的几年，其研究不再只针对单一的污染物，对于不同污染物的 TMDL 计划也进行了相应的研究和实践，尤其是对 N、P 的研究较为深入广泛，通过研究 N、P 的最大日负荷量考查扩散机制对水体水质的影响，提出污染物输移的主要原因是短时间的暴雨冲刷，建议 TMDL 的建立应考虑污染物的瞬时输入和扩散作用等自然条件的影响。

随着 TMDL 计划的不断研究和实践，人们开始尝试用模型模拟预测各种污染物的最大日负荷量，取得了预期的效果，开始研究 TMDL 贡献的模型。通过比较水质模型的输出结果和实际监测数据之间的区别，用多元回归方法对输出结果重新计算，改进模型的预测精度，推动 TMDL 模型的发展。在建立水体监测分析数据库（WMAD）基础上，并运用数据结构分析方法，对 TMDL 中的面源监测数据的精确性进行了评估。并在分析监测数据的基础上，建立了模拟水体中氮的输移和转化的模型，同时评估了之前建立的 TMDL，指出在实施 TMDL 计划时，要根据水体自身的特征选用适合其特性的模型。TMDL 计划可通过 SWAT 模型与 GIS、RS 相结合的方法，模拟了灌溉区的水质和水量的平衡。

5.1.3.2　国内研究进展

国内近年才开始接触 TMDL 水污染控制计划方案，TMDL 的实施案例较少，对 TMDL 的研究和认识尚属于起步阶段，因此对这方面的研究文献较少。2002 年有关 TMDL 水污染控制计划方案的相关报告，简单阐述了 TMDL 研究的三个基本步骤以及其未来的研究方向。详细地介绍美国 TMDL 计划的背景、组成框架、发展进程和主要内容以及估算污染负荷容量的方法，通过参考 TMDL 计划中可借鉴的方法，对我国面源污染的控制管理提出了相关的建议。美国 TMDL 计划与我国总量控制有一定的差异，在小流域污染综合治理思路和 TMDL 计划之间存在差异，TMDL 水污染控制计划方案中的按贡献率方式进行的点源总量分配可能存在一定的不合理、不公平因素。通过比较 TMDL 水污染控制计划和我国污染物总量控制制度，我国水污染总量控制制度存在的问题，可以借鉴 TMDL 计划的成功经验，根据我国的现状，开发适合中国的 TMDL 计划实施框架。

目前，国内对 TMDL 水污染控制计划的研究还只局限于介绍和分析比较，对其具体的实施方法和实施案例较为少见。刘赣明分析了 TMDL 计划中污染负荷分配的方法，在此基础上提出了博弈论的负荷分配法和层次分析负荷分配方法，并给出了较为全面系统的理论依据。沙健等简要介绍了 TMDL 计划以及其模型体系，结合纽约杰斐逊县的月亮湖的 TMDL 计划案例，分析了水质模型的发展趋势，为中国水环境管理提供了有价值的参考。丁京涛利用 LDC 法，借鉴 TMDL 水污染控制计划方法，确定了大宁河上游巫溪水文站控制流域的总磷的最大日负荷，并对其进行了相应的初始分配，最后利用 SWAT 模型研究了流域污染物负荷的时空分布特性，并利用模型模拟的结果细化了流域内面源污染负荷的分配。此外，莫营在研究了鄱阳湖流域污染物分布特性的基础上，结合 TMDL 计划的内容，估算了鄱阳湖流域中的几个易污染区域的 COD、NH_3-N、TP 的最大日负荷，并计算了污染物的削减量，提出污染控制措施，为鄱阳湖流域的可持续发展提供科学的依据。

TMDL 作为国际先进的流域水环境管理技术，以流域水体为研究对象，综合考虑了点源污染和面源污染，并预留了一定的安全临界值，对我国流域水质管理的改善具有重大的应用意义。

5.1.4 存在问题

在 TMDL 计划的实施中，一般用水质模型计算各污染物的负荷，但是水质模型由于参数的不确定性会导致估算污染负荷时产生偏差。另外，目前我国的污染物负荷研究主要是针对点源污染，往往设置最枯月设计流量，忽略了面源污染的影响，实际上面源污染往往发生在丰水期。这样的核算方法很难满足当前以面源污染为主的水环境污染现状，因此，建立“分期”理念的水环境计算方法是水污染控制的必然要求。

我国的水质监测工作开展较晚，大部分的河流缺少长期的水质监测数据，限制了更复杂模型的应用以及模型中参数的率定，降低了污染物负荷的准确度。而我国的水文资料相对较丰富，具有长时间序列的水文数据，但是缺乏同时间序列的水质资料，导致参数的率定以及污染物负荷估算所设定的条件具有水文水质条件的差异，污染物降解系数不能真实反映实际的现状，使得最终的计算结果有所偏差。

污染物负荷具有动态变化的特征，在 TMDL 计划的实施中，所应用的模型方法往往缺乏动态变化特征，导致总量控制目标的单一性，无法体现污染负荷的季节性变化，使得分配不均，而不同的水文年采用相同的总量控制指标使得水体保护不合理。因此，不仅要计算污染物的负荷，还需研究其动态变化特征，分别制定月度、季度、水情期和年度等不同时间频度的负荷分配方法。

5.2 《欧盟水框架指令》

5.2.1 制定背景

1986 年莱茵河污染事件发生，处于莱茵河上游的瑞士一化工厂失火，含有 10 t 有毒化学物质的废水流入莱茵河，造成下游长达约 500 km 的严重污染，致使莱茵河内的物种遭受了灭顶之灾。污染事故促进了莱茵河流域 9 国的联合治污，制订了莱茵河“鲑鱼—2000 计划”。

2000 年 10 月 23 日，欧洲议会和欧盟理事会制定了《欧盟水框架指令》（EU Water Framework Directive，WFD），并于 2000 年 12 月 22 日正式实施。该指令是近几十年来欧盟在水资源领域颁布实施的最重要的指令。所有欧盟成员国以及准备加入欧盟的国家都必须使本国的水资源管理体系符合 WFD 的要求，并引入共同参与的流域管理。

经过 13 年的努力，莱茵河又恢复了生机，成为一条生态良好的河流。莱茵河、多瑙河等欧洲大型河流的成功治理经验，成为制定《欧盟水框架指令》的背景和基础。所以，当我们寻找欧洲成功治理水域环境的答案时，就不能不研究 WFD。

5.2.2　主要内容

WFD 主要内容共有 26 个条款和 11 个附件，每一条都有比较详细的内容（图 5-2）。水框架指令的条目包括：

①框架与计划。

②水体功能。渔业用水指令、饮用水水源指令、贝类养殖用水指令、沐浴用水指令、饮用水指令。这些指令针对特定水体功能设定了水质控制目标，而贝类养殖和渔业用水指令则使水体功能更为明晰。

③优先控制物质。危险物质指令及其子指令要求成员国采取适当措施，对杀虫剂、重金属以及其他 33 种有害化学物质在地表水中的浓度进行限制。其中汞、镉等 13 种有毒、难降解或容易在生物体内积累的“重点有害物质”禁止排放，苯等其他 20 种“重点物质”必须减少排放。子指令确定了水质目标和统一的排放标准。

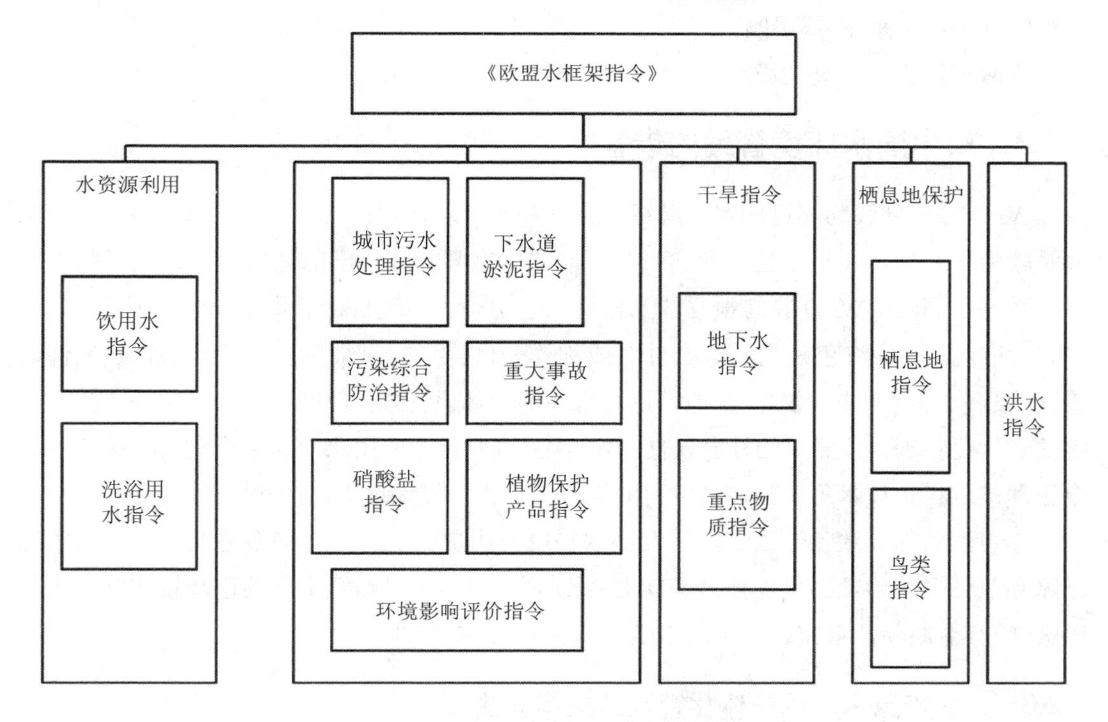

图 5-2　《欧盟水框架指令》中的关键指令的示意

④污染源。城市废水指令、硝酸盐指令、杀虫剂指令、综合污染防治（IPPC）指令。城市废水指令用来控制人口规模在 2 000 人以上社区的污水和废水排放，以及工业废水排放。硝酸盐指令主要用来保护水体不受农用硝酸盐的污染，其目的是减少农用硝酸盐对水体的污染并防止这类污染的进一步加重。杀虫剂指令同样关注农业，该指令规定，禁止将含有某些活性物质的植物保护产品投放市场。植物保护产品只有通过“正确使用不会对人体健康和环境产生危害”这一鉴定才能被批准投放市场。IPPC 指令适用于比较大的工业装备，要求采用最先进的环保技术，否则，将可能受到更严格的环境税负制约。

⑤其他有关指令。环境影响评价指令，环境安全指令，环境信息指令，关于大气和自然保护的指令等。

另外，WFD 还包含一些经济措施，涉及家庭用水、农户用水和工业用水水价的征收，且三者之间不得进行交叉补贴。WFD 的关键目标是到 2015 年要使欧洲的所有水域达到良好状态。WFD 的总体目标是：

①减少污染，防止水生态系统（包括湿地）的恶化并改善其状况；

②促进水资源的可持续利用；

③减少有害物质造成的污染；

④逐步减少地下水污染；

⑤减少洪灾与旱灾的影响。

5.2.3 对中国水环境管理的借鉴

WFD 是一部较为先进的水资源综合管理和水环境保护的法律。从立法角度看，其法理是较为严密的，在科学性方面它吸收了现代生态学和环境学的新成果，建立了科学的评估系统。同时，WFD 具有很强的操作性，它明确了实现目标的步骤和时间表。

WFD 的重要特色是它的综合性，或称“一体化”的思维方法。按水的自然属性，WFD 强调地表水—地下水—湿地—近海水体的一体化管理，以及水量—水质—水生态系统的一体化管理；按照水的社会属性，WFD 强调各行业的用水户和各个利益相关者的综合管理；从科学技术角度强调多学科的综合与合作，以保证立法的科学性。

在自然条件、政治制度、经济发展水平以及历史文化传统等诸多方面，中国与欧洲国家存在许多差异，不可能把 WFD 照搬过来。但是可以结合中国的水环境实际，借鉴 WFD 的有益经验，来完善中国的水资源水环境的管理工作。

5.2.3.1 水资源水环境一体化管理的主体立法

WFD 的制定过程对原有多项法律进行了清理，通过简化、废除和取代等不同方式，形成了水资源一体化管理的最高层次的主体法律。WFD 涵盖了水资源利用（含饮用水、地下水等）、水资源保护（含城市污水处理、重大事故处理、环境影响评价、污染防治等）、防洪抗旱和栖息地保护等，几乎涵盖了水资源水环境管理的全部领域。对比中国的涉水法律，有《中华人民共和国水法》《中华人民共和国防洪法》《中华人民共和国水土保持法》《中华人民共和国水污染防治法》《中华人民共和国环境影响评价法》等多部。内容有所侧重，但也有交叉、重叠，局部内容有冲突；更重要的是不同法律的执法主体是不同的政府部门，使水资源水环境的管理工作出现诸多脱节和分割现象。从长远看，借鉴 WFD 经验，应该制定一部中国水资源水环境管理的综合性主体法律。从近期看，可以考虑在《中华人民共和国水法》修订中开宗明义指出“水资源的内涵包括水量、水质、水能、水温（地热）和水生态系统”，水资源的综合管理就是对于这五方面的一体化管理。

5.2.3.2　水量、水质和淡水生态系统的一体化管理

目前，中国水环境治理的重点在污染控制上，环保部门全力以赴抓排放总量控制。针对中国当前污染的严重情况，抓污染控制无疑是正确的。但是，水环境治理不能“单打一”。我们必须认真研究在水域环境保护方面的国际先进经验，不能墨守 20 年前的陈旧理念。近 20 余年欧洲的水域环境保护政策发生了战略性的转变。上述莱茵河治理规划战略目标不再局限于污染控制，而把目标定位在将莱茵河恢复成为“一条完整的生态系统中枢”。在 WFD 中，进一步明确了对于水质、水量和淡水生态系统实行一体化管理。河流、湖泊的环境保护战略目标，不仅包括污染控制和水质保护，还包括水文条件的恢复、河流地貌多样性的恢复、栖息地的加强以及生物群落多样性的恢复，也就是水量、水质和淡水生态系统全方位的综合管理。我们在 WFD 中可以看到，河流状况的评估体系包括生物质量、水文情势、物理化学指标三大类。而中国当前对于水环境的评估体系还仅限于各项水质指标。欧洲国家的经验表明，清洁的水不是孤立存在的，而是存在于健康的河流生态系统之中。欧洲国家的经验对我们的启示是：水环境治理和保护的尺度需要放大到淡水生态系统，实施有效的综合管理战略。

5.2.3.3　建立涉水政府部门的协调机制

实行水量、水质和淡水生态系统的一体化管理，在中国还存在着体制方面的障碍。中国涉水的政府部门职能各有分工，涉及水利、生态环境、农业农村、交通、市政、自然资源、林业等诸多部门。

WFD 要求欧盟成员国指定有能力的主管机构负责执法，实施规划，安排资金，并且实行问责制。限于中国的具体国情，由一个部门负责水资源水环境的一体化管理，目前尚不具备条件。但是在国家层面上建立涉水政府部门的协调机制，在制定法律、战略和

水资源水环境战略规划中发挥协调作用，目前看来不是没有可能的。国家防汛抗旱总指挥部的架构和运行经验可供借鉴。在流域层面上实行流域管理机构理事会制度，也是值得探索的。

5.2.3.4 打破属地界限，建立完备的流域管理法律体系和流域管理机构

从中国水资源管理现状可以看出，各地虽然做了大量的工作，但由于没有整个流域管理的法律体系和机构，往往是你地不顾我地，上游不顾下游，水资源不能得到整体保护。

欧盟国家从 2000 年 12 月实施了 WFD，这标志着欧盟国家从此有了统一的水资源管理法律文件。该指令为改善欧洲水源状况制定了非常详尽的时间表，规定启动 9 年后，所有河流改善计划都要得到实施，并在启动 13 年后实施完毕。《欧盟水框架指令》规定河流从源头到入海口是一个整体流域系统，局部河段与整个流域是紧密相关的；所有河流改善计划的细节都要公布，让民众发表各自的看法；所有国家都要定期向欧盟报告工作进展；制定非常严格的惩罚条例，对无法完成指令的国家进行处罚。《欧盟水框架指令》启动以来，尽管欧盟各国在水资源管理和保护领域面临着巨大的困难和挑战，各国的进展不一，但由于有详尽的时间表和可操作的实施方案，加上有严格的监督措施，欧盟各国在水资源管理和保护领域还是取得了举世瞩目的成就。

5.2.3.5 流域管理中的公众参与

WFD 对于流域管理的公众参与问题做了明确的规定，指出公众参与是让公民影响规划结果和工作过程。WFD 规定了公众参与的基础是向公众提供信息，通过咨询和更为积极的方式实现参与。公众参与水资源保护有如下优势：①信息渠道更畅通，决策更有创造力；②决策得到更多的公众支持和更好的贯彻实施；③政府更加开明；④更加民主；⑤增强公众的水资源意识。不断扩大公众的知情权、参与权和监督权，是中国和谐社会建设的重要组成部分。当然，应当对公众参与进行有效组织；否则，公众的反映将是片面的，不具有代表性，或者受误导、受利益集团胁迫。而且，如果没有履行关于公众参与的承诺，或者公众的意见没有得到认真考虑，就可能导致公众失望，降低对政府的信任度，削弱公众的接受能力，增大执行难度。

5.3 低影响开发

低影响开发（low impact development，LID）指在场地开发过程中采用源头分散式措施维持场地开发前的水文特征，也称为低影响设计或低影响城市设计和开发。其核心是维持场地开发前后水文特征不变，包括径流总量、峰值流量、峰现时间等（图 5-3）。

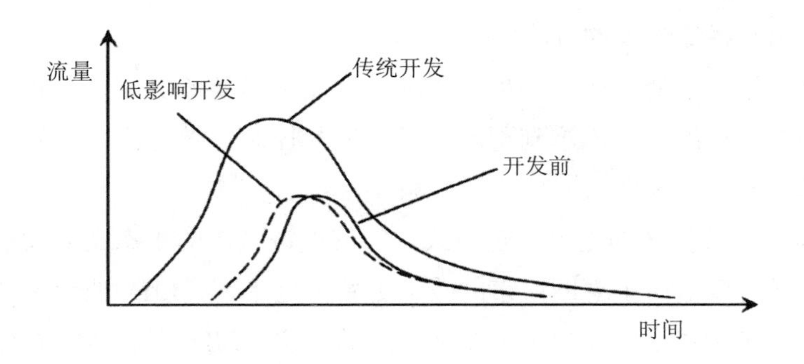

图 5-3　低影响开发水文原理示意图

低影响开发在城市开发建设过程中采用源头削减、中途转输、末端调蓄等多种手段，通过渗、滞、蓄、净、用、排等多种技术，实现城市良性水文循环，提高对径流雨水的渗透、调蓄、净化、利用和排放能力，维持或恢复城市的“海绵”功能。其主要指的是针对城市水环境保护以及城市雨洪管理的可持续发展等问题所提出的致力于环保开发目标的新战略途径，这项新策略能够达到有效地实现控制洪峰流量、更高效地削减雨水径流污染以及实现良好水文循环等目的，所以这项策略在城市化进程中释放环境压力的能力已经获得业内的一致肯定。LID 以尽可能恢复或维持场地原有的自然水文特征，有效缓解因不透水面积增加而带来的不利影响为目的，为我国水域和水环境工作提供了有效的应对方案。不同于传统场地利用大规模雨水传输管道和末端集中处理雨水的雨洪管理方法，LID 旨在通过源头控制的方法来避免城市化或大面积的场地开发对水环境带来的负面影响。其最核心的内容是利用更多小型且分散的生态基础设施以及广泛分布的源头机制有效控制暴雨径流污染，尽可能修复水文循环系统，使其能够恢复到开发前的良好状态，从而更加经济、稳定和高效地解决雨水系统问题。

5.3.1　制定背景

20 世纪末期，LID 在美国马里兰州产生，之后经过发展和扩散，已经在美、日、德等国得到了成功应用。这些国家从法律、技术方法、经济等诸多方面构建合理完善的雨水利用管理模式，充分发挥雨水的功能属性，促进水资源的可持续利用。不同国家的雨水管理模式存在很多相似点，也会基于各国的本土情况而做出相应的调整。结合这些国家的水管理方法的研究，能够得到各国的雨水管理实践思路，具有非常重要的意义。

美国起初为提升水环境的质量，采取解决农村水资源污染和控制城市雨水径流总量的办法来实现，提出最佳管理措施（best management practices，BMP）。主要针对城市的建设开发用地区域，这种措施的设置是为了预防城市内涝、减少雨水污染，以实现可持续发展。后来这一措施逐渐从最初的工程性和非工程性的措施发展为旨在运用自然生态的规律来进行雨水径流管理的方法。

20 世纪 90 年代末期，在工程实践中对 LID 的研究逐渐完善，这种模式就是通过在源头利用多种途径对雨水从入渗到蓄流的过程进行控制，进而让城市的径流排量减少，尽可能减少城市开发对场地水文功能的影响。

LID 作为一种可持续的雨水管理模式，能够促进城市的生态文明发展，既可以用于城市的建造，又可以适用于老旧城市的改造更新。近年来，LID 理念逐渐从对小场地的生态保护上升到应对整个城市的生态发展挑战的地位。LID 理念能够充分利用和保护城市的资源，减少城市建设中人对城市空间场地的破坏，注重场地的合理开发；将其应用到居住区，能提升居住区的环境质量，增强居民的幸福感。

5.3.2 主要内容

LID 是一种针对场地的设计策略，其贯穿于整个场地规划设计过程中。它不仅具备良好的景观效应，而且成本低廉，因此 LID 在日本、美国和新西兰等发达国家被积极地应用到城市基础建设中。在实际项目中，要根据场地特征和功能需求来确定建设目标。一般情况下都会把用于实现雨水滞留和渗透等目标的工程技术结合到园林景观设计中，进而有效地应对项目中所面临的污染负荷问题、径流量以及洪峰时间等控制问题，最终实现全面优化城市水环境质量和进一步有效地控制城市排水压力的目标。与此同时，在环境和城市微气候条件得到提升的前提下，实现对城市景观环境的提升。针对设计具有特色的水域景观、调节和有效利用与雨洪资源以及维护水文系统生态环境这三个方面的工作内容，所设计的低影响城市景观必须包含以下三个基本的体系内容：

（1）雨洪管理技术体系

为确保城市的水生态安全和可持续发展，必须关注和重视城市雨洪管理环节的设计工作。城市雨洪管理系统的主要目标以及核心作用是有效维护场地自然水文环境的过程和功能，通过低影响开发技术设计的雨洪管理系统能够有效支持和实现上述目标。

（2）水体水质保障体系

城市水空间所包含的核心要素即水域资源，因此对水质进行维护和净化处理是城市水空间开发过程中必须包含的一项重要内容，在雨水的维护和动态管理工作中，应当综合有效地运用雨水生态塘、生物滞留技术以及水岸湿地系统等具体方式来保护水质不受污染且有效净化水质。

（3）景观形态设计体系

LID 倡导的新型雨洪管理模式，结合城市特点与地理位置，用具有良好的美学价值的景观设计技艺来设计和建造完善的雨洪系统，是城市景观项目设计和开发中的一项重要工作。因此，现代城市小区的规划设计应结合径流量、水质、景观美学和生态价值等，体现 LID 理念的应用价值。

5.3.3 发展现状

5.3.3.1 国外 LID 研究

国外 LID 理论研究在近 30 年的发展过程中，城市雨水的利用与管理进入了快速发展时期，德国、日本、美国、英国、澳大利亚、以色列等多个国家与地区都针对雨水利用加大了研究与实践的投入力度，构建了一大批雨水利用系统，不同的系统呈现出不同的特征，同时，在雨水利用技术较为先进的城市中，还构建了完整的法律法规以及相应的技术规范。美国在 20 世纪 80 年代初期所有新开发区构建了“原地防洪水库”。1987 年，美国国会授权 EPA 修订《清洁水法》，并按照国家污染物排放控制标准实施淘汰不合格的雨水排放的最后一个系统。美国华盛顿、马里兰州、弗吉尼亚州等多个市、州将 LID 设计概念在雨水控制与水库工程等各种工程中使用，如城市滞留系统规划设计和施工井，波特兰的生物保留系统性的展览，西雅图社区街道改造项目等，都是实现了雨洪控制、道路设计、使用概念和建筑设计模型的组合。德国对城市绿地系统早期雨水控制与利用方面的效果展开了研究。20 世纪 80 年代之后，雨水管理思想开始不断变化，1989 年，《雨水利用设施标准》出台，这一举措代表着“第一代”雨水利用技术已经趋于成熟，1992 年，自控技术不断提升，雨水利用技术也开始朝着集成化的“第三代”发展，至此，德国的雨水系统实现了雨水利用与城市绿地二者的良好结合。英国利用雨水管理系统对城市的雨水进行收集与存储，以便对雨水展开重复性的使用。这一系统能够有效地缓解缺水压力，控制径流，降低河网排水压力。20 世纪 80 年代初，日本实施了“雨水渗透战略”，以解决城市“过度使用地下水导致地面下沉”的问题。政府从渗透性战略逐步发展到“绿色凝固+渗透性水泥混凝+铺设渗透性路面”，并在城市建设的多个方面都融为一体。另外，日本政府对于雨水利用的重要性提出了明确的意见，并基于系统结构的层面对城市的雨水管理展开了全面的规范管理。除此之外，为了对 LID 模式之下，雨水措施在各个环境下所形成的效益进行评估，发达国家科研机构利用不同的软件模型，借助于不同的 LID 试验研究，针对雨水措施成本与效益、控制效果以及其实施的规模等展开了大量的研究。

5.3.3.2 国内 LID 研究

随着国内城市化建设的不断深入，城市中的建筑物越来越密集，城市的地面硬化区覆盖率越来越高，在此情形之下，城市面源污染严重，最终对城市的水环境造成了直接影响。虽然中国城市雨洪管理的核心目标或问题是怎样“排”，但是，内涝、径流污染等越来越严重，基于实际的生态需求，政府对于 LID 生态效应的开发措施也加强了重视，增加城市海绵建设成为城市建设的核心内容，也是全面发展 LID 发展措施的大好机会。另外，发达国家所提供的经验越来越多，中国一方面可以从国外学习先进的管理经验与方法，另一方面可以从实际国情出发，构建一套具有中国特色的雨水控制与利用体系。近十年，中国的一些专家一直在探索城市雨水系统的发展路径。然而，国内关于 LID 措施在城市街区设计中的应用的研究相对较短，仅在近几年才得到关注，还未形成 LID 全面和系统的研究，这种分散且不系统的研究无法充分发挥 LID 的真正作用。通过不懈的努力，LID 措施逐渐在全国范围内得到应用。特别是 2015 年，中国出现了 16 个海绵城市建设试点城市，以海绵城市为其城市发展的核心内容，建设海绵城市三年，这对于我国雨水管理与建设而言具有突破性的意义。这些试点的全面建设，将推动我国 LID 措施在更多地方高效地发挥作用。

5.4 海绵城市建设

海绵城市是将城市形象地比喻成海绵，面对环境变化和自然灾害有很好的适应能力。降雨时吸水、蓄水、渗水、净水，需要时再将蓄存的水加以利用。改变传统城市建设理念，实现与资源环境协调发展是海绵城市的本质目的。海绵城市强调人与水环境和谐共处、人与自然和谐相处的模式。传统的城市建设以粗放型为主，严重破坏了水生态平衡；而海绵城市则是保护自然原有生态环境，减少对原有水生环境的干扰，降低对周边环境的破坏。

城市雨洪利用是海绵城市的核心。建设海绵城市，可以有效地收集利用雨水，减少地表径流，因此也可以将海绵城市称作低影响设计与开发城市。

海绵城市强调优先利用绿色、环保、生态化的设施，与传统设施进行有效衔接。通过低影响开发与设计，增加和完善城市的“海绵体”，减少城市径流雨水的排放，从而实现缓解城市内涝、削减径流污染、提高雨水资源利用效率、降低控制内涝成本的目的，又可以改善城市景观风貌，最终构建起健康持续发展的生态城市。

海绵城市的建设注重顺应自然，强调人与自然和谐相处，保护原有生态绿地，结合物理、生物和生态等技术措施，使其水文特征和生态功能得到修复，提升城市生态多样性，减少对原有生态环境的干扰和破坏，以自然环境为基础，推行低影响开发设计。海绵城市建设应统筹低影响开发系统、城市雨水管渠系统和超标雨水径流排放系统，这三个系统之间并不是孤立的，而是相互补充、相互依存的关系，是海绵城市建设重要的基础要素。

5.4.1 制定背景

城镇化是保持经济持续健康发展的强大引擎，是推动区域协调发展的有力支撑，也是促进社会全面进步的必然要求。然而，快速城镇化的同时，城市发展也面临巨大的环境与资源压力，外延增长式的城市发展模式已难以为继。

城市发展伴随着两大矛盾：一方面水资源短缺制约城市发展，不得不开采地下水，导致采补失衡，造成地面沉降；另一方面城市硬化面积增大，每逢暴雨，雨水通过管网直接排走，超出管网承受能力就会内涝成灾。降落的雨水不能收集利用，反而要耗费人力、财力从其他地方调水，这样的两大矛盾引人深思。城市既干旱缺水又容易发生内涝，根本原因是忽视了对水资源的生态保护。一些城市为了快速发展而破坏水系统平衡，为扩大建设用地而占用河湖池塘，围湖造田、过度开采地下水、将污水排放到河流中等一系列破坏水生态的做法使得水资源问题越来越严峻。现阶段提出建设海绵城市的举措，可以有效解决城市发展与水生态环境之间的问题。

2012年4月，在“2012低碳城市与区域发展科技论坛”上，“海绵城市”概念被首次提出；2013年12月12日，习近平总书记在中央城镇化工作会议上的讲话强调：“提升城市排水系统时要优先考虑把有限的雨水留下来，优先考虑更多利用自然力量排水，建设自然存积、自然渗透、自然净化的海绵城市。”仇保兴发表的《海绵城市（LID）的内涵、途径与展望》则对“海绵城市”的概念给出了明确的定义，即城市能够像海绵一样，在适应环境变化和应对自然灾害等方面具有良好的“弹性”，下雨时吸水、蓄水、渗水、净水，需要时将蓄存的水“释放”并加以利用。提升城市生态系统功能和减少城市洪涝灾害的发生。在此背景下，2014年11月，住房和城乡建设部出台了《海绵城市建设技术指南——低影响开发雨水系统构建》。同年12月，住建部、财政部、水利部三部委联合启动了全国首批海绵城市建设试点城市的申报工作。

《国家新型城镇化规划（2014－2020年）》明确提出，我国的城镇化必须进入以提升质量为主的转型发展新阶段。为此，必须坚持新型城镇化的发展道路，协调城镇化与环境资源保护之间的矛盾，才能实现可持续发展。党的十八大报告明确提出，“面对资源约束趋紧、环境污染严重、生态系统退化的严峻形势，必须树立尊重自然、顺应自然、保护自然的生态文明理念，把生态文明建设放在突出地位”。建设具有自然积存、自然渗透、自然净化功能的海绵城市是生态文明建设的重要内容，是实现城镇化和环境资源协调发展的重要体现，也是今后我国城市建设的重大任务。

5.4.2 建设理念、途径与内容

5.4.2.1 建设理念

海绵城市建设应遵循生态优先等原则，将自然途径与人工措施相结合，在确保城市排水防涝安全的前提下，最大限度地实现雨水在城市区域的积存、渗透和净化，促进雨水资源的利用和生态环境保护。在海绵城市建设过程中，应统筹自然降水、地表水和地下水的系统性，协调给水、排水等水循环利用各环节，并考虑其复杂性和长期性（图 5-4）。

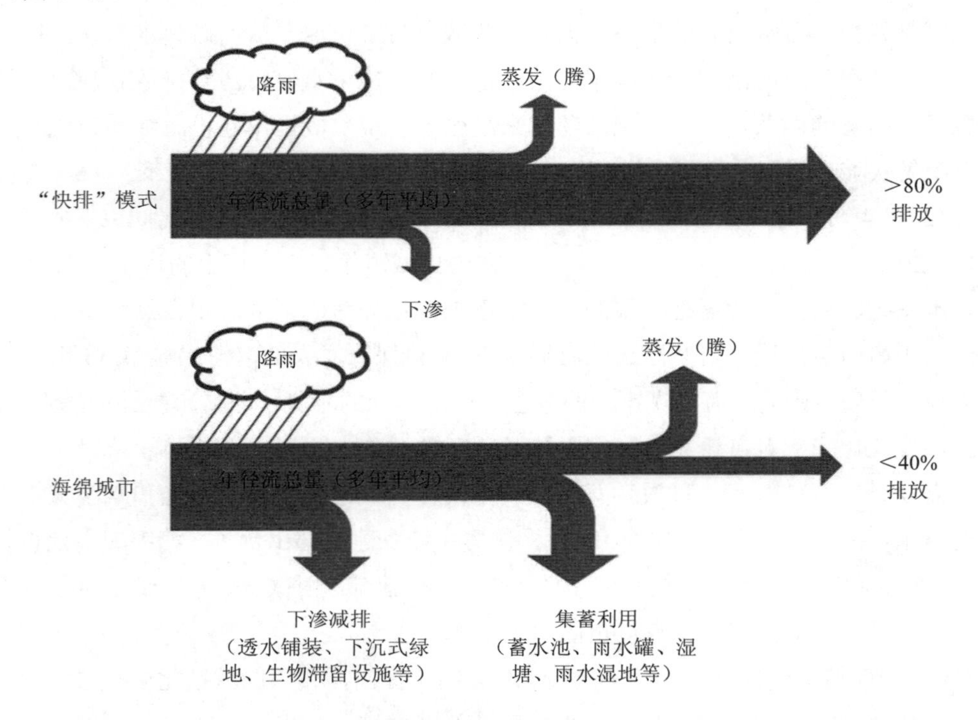

图 5-4 海绵城市转变传统排洪防涝思路

5.4.2.2 建设途径

海绵城市建设强调综合目标的实现，注重通过机制建设、规划统领、设计落实、建设运行管理等全过程、多专业的协调与管控，利用城市绿地、水系等自然空间，优先通过绿色雨水基础设施，并结合灰色雨水基础设施，统筹应用“滞、蓄、渗、净、用、排”等手段，实现多重径流雨水控制目标，恢复城市良性水文循环。

（1）海绵城市建设应采用优先保护和科学开发相结合的低影响开发方法

第一，应最大限度地保护城市开发前的海绵要素，如原有的河流、湖泊、湿地、坑塘、沟渠等水生态敏感区，并留有足够涵养水源、应对较大强度降雨的林地、草地、湖泊、湿地，维持城市开发前的自然水文特征。第二，合理控制开发强度，并通过低影响开发设施建设，控制城市不透水面积的比例，促进雨水的渗透、储存和净化，最大限度地维持或恢复城市开发前的自然水文循环。

（2）海绵城市建设应统筹低影响开发雨水系统、城市雨水管渠系统及超标雨水径流排放系统

狭义的低影响开发雨水系统主要控制高频率的中小降雨事件，以生物滞留设施（雨水花园）、绿色屋顶等相对小型、分散的源头绿色雨水基础设施为主；广义的低影响开发雨水系统还包含湿塘、雨水湿地、多功能调蓄设施等相对大型、集中的末端绿色雨水基础设施，以实现对高重现期暴雨的控制。雨水管渠系统主要控制 1～10 年重现期的降雨，主要通过管渠、泵站、调蓄池等传统灰色雨水基础设施实现，也可结合狭义的低影响开发雨水系统来提升其排水能力。而高于管渠系统设计重现期的暴雨，则主要通过超标雨水径流排放系统（也称大排水系统）和广义的低影响开发雨水系统实现，包括自然水体、地表行泄通道和大型多功能调蓄设施等，并通过叠加狭义的低影响开发雨水系统与雨水管渠系统，共同达到 20～100 年一遇的城市内涝防治目标。因此，这三个子系统不能截然分割，需通过综合规划设计进行整体衔接。

（3）海绵城市建设应在明确责任主体的前提下多部门、多专业高度协作才能实现

城市人民政府作为落实建设海绵城市的责任主体，应统筹协调规划、国土、排水、道路、交通、园林、水文等职能部门，在各相关规划编制过程中落实低影响开发雨水系统的建设内容；城市建筑与小区、道路、绿地与广场、水系低影响开发雨水系统建设项目，应以相关职能主管部门、企事业单位作为责任主体，落实有关低影响开发雨水系统的设计。城市规划、建设等相关部门在进行具体设计时应在施工图设计审查、建设项目施工、监理、竣工验收备案等管理环节加强审查，确保海绵城市——低影响开发雨水系统相关目标与指标的落实。

5.4.2.3　主要内容

海绵城市建设统筹低影响开发雨水系统、城市雨水管渠系统及超标雨水径流排放系统。低影响开发雨水系统可以通过对雨水的渗透、储存、调节、传输与截污净化等功能，有效控制径流总量、径流峰值和径流污染；城市雨水管渠系统即传统排水系统，应与低影响开发雨水系统共同组织径流雨水的收集、传输与排放。超标雨水径流排放系统，用来应对超过雨水管渠系统设计标准的雨水径流，一般通过综合选择自然水体、多功能调

蓄水体、行泄通道、调蓄池、深层隧道等自然途径或人工设施构建（图 5-5）。

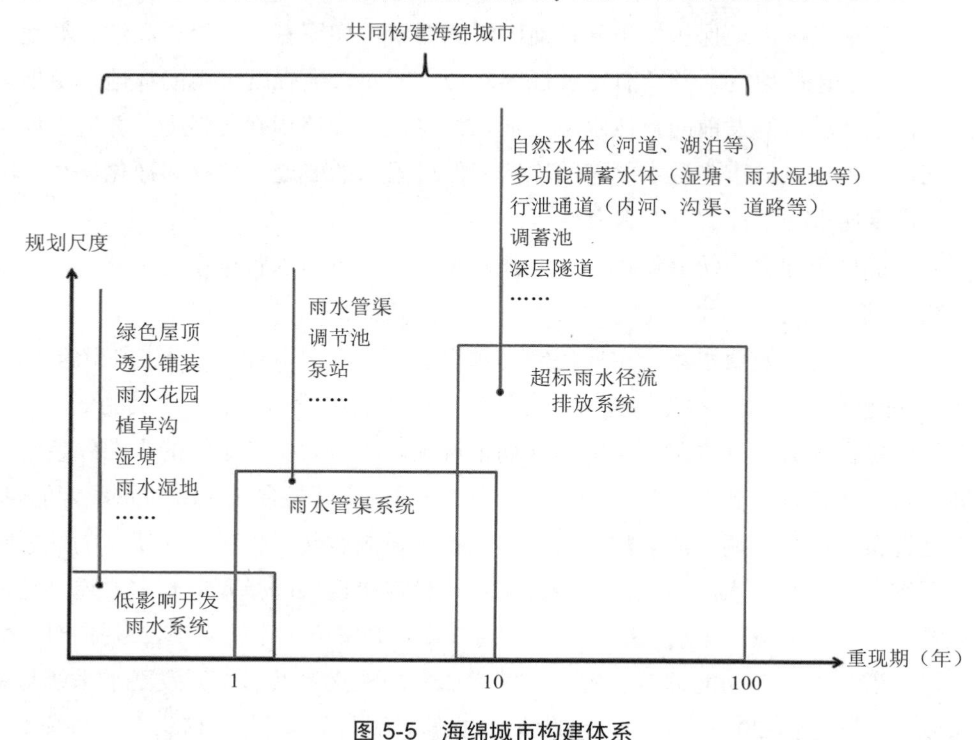

图 5-5　海绵城市构建体系

5.4.3　发展与展望

2015 年 1 月，财政部发布《关于开展中央财政支持海绵城市建设试点工作的通知》（简称《通知》）。《通知》称，根据习近平总书记关于“加强海绵城市建设”的讲话精神和中央经济工作会议的要求，经研究，财政部、住房城乡建设部、水利部决定开展中央财政支持海绵城市建设试点工作。

全国 130 多个城市参与竞争，最后经过筛选有 34 个进入初步名单。2015 年 3 月 4 日，3 部委确定 22 个城市参与国家海绵城市建设试点城市竞争性评审答辩，最后有 16 个获得海绵城市的资格。根据竞争性评审得分，排名在前 16 位的城市分别是：迁安、白城、镇江、嘉兴、池州、厦门、萍乡、济南、鹤壁、武汉、常德、南宁、重庆、遂宁、贵安新区和西咸新区。

海绵城市建设尽管在我国已经起步，但是建设海绵城市还是一个长期的过程，需要在当前实践经验的基础上，长时间的积极探索，才能日趋完善。在未来，海绵城市是我国城市规划建设发展的方向，因此，除了设计、规划之外，还应该做好以下几个方面的工作。

（1）引入弹性城市与垂直园林设计理念

弹性城市（resilient city）是目前国际上非常流行的概念。所谓弹性城市，是指城市能够及时、准确地影响灾害并能够从灾害中恢复，将自然灾害对公共安全及经济损失的影响降到最低的建设理念。从水资源利用的角度看，弹性城市就是促进水资源的循环多次利用，以此解决水危机。如果一旦建设起来弹性城市，每利用一次就相当于增加了一倍的水资源，如果通过建设反渗透技术，就可以达到水资源的 N 次利用，这样城市发展与水资源的矛盾就可以解决，实现了水资源的“弹性”发展。其次，要引入垂直园林设计理念。这种理念要求将中水与雨水在建筑中得到充分利用，将园林搬到建筑上，使得建筑整体呈现海绵状态，雨水吸收后再利用，中水回收后再利用，排到自然界的污水几乎为零，所有的雨水营养素均在建筑内循环完毕。雨养型屋顶绿化系统就是这种设计理念。

（2）做好海绵城市（社区）结合水景观再造工作

海绵建筑推而广之就是海绵社区。快速城镇化到来之前，我国许多地方曾经有过良好的城市水景观，被称为“山水城市”，当代城市规划师应该传承历史文化，回归社区魅力，增加社区的凝聚力。通过“由下而上”的再设计，将社区水的循环利用和景观化、人性化相融合，并结合特定的历史文化，开展海绵社区建设。

（3）在海绵城市建设中引入碳排放测算机制

海绵城市建设能够减少碳排放，因此可在建设过程中引入碳排放测算机制。如果把海绵城市建设模式引发的碳减排拿到碳交易市场进行交易，变成现金，则可以有效减少项目的投资，形成稳定持久的投资回报，扩大海绵城市建设的融资渠道。

（4）促进海绵城市智慧化进程

当前我国海绵城市建设可以与正在开展的智慧城市建设相结合，实现海绵城市的智慧化，重点放在社会效益和生态效益显著的领域，以及灾害应对领域。智慧化的海绵城市建设，能够结合物联网、云计算、大数据等信息技术手段，使原来难以监控的变量变得容易起来。在未来，智慧排水系统不仅可以实现智能排水与雨水收集，可以实现智能化水资源的循环利用，减少碳排放，节约水资源。

参考文献

[1] Smith D W，Craig J . Protocol for developing sediment TMDLs[M]. Washington DC：National Service Center for Environmental Publications（NSCEP）.1999.

[2] 王彩艳，彭虹，张万顺，等. TMDL 技术在东湖水污染控制中的应用[J]. 武汉大学学报（工学版），2009（5）：665-668.

[3] 夏建新，任华堂，陶亚. 基于 TMDL 的深圳湾海域水污染防治规划研究[C]. 中国环境科学学会 2009

年学术年会论文集（第一卷）. 2009.
[4] 沙健，李青，石春力，等.基于美国 TMDL 计划下的湖库流域模型化管理概述[C].中国环境科学学会学术年会论文集，2009：263-267.
[5] 罗阳.流域水体污染物最大日负荷总量技术研究[D]. 杭州：浙江大学，2010.
[6] 丁京涛，许其功，席北斗，等.历时曲线法在 TMDL 计划中的应用[J].环境科学与技术，2009，32（6）：393-396.
[7] 吴知行，孟昭春. TMDL 技术适用于可持续性流域管理[C].全球华人科学家环境论坛. 中国环境科学学会，2010.
[8] 孟伟，张楠，张远，等. 流域水质目标管理技术研究（Ⅰ）——控制单元的总量控制技术[J]. 环境科学研究，2007，20（4）：1-8.
[9] Novotny V . Integrated water quality management[J]. Water ence & Technology，1996，33（4-5）：1-7.
[10] 叶兴平，张玉超. TMDL 计划在污染物总量控制中的应用初探[J]. 环境科学与管理，2008（08）：13-16.
[11] 杨龙，王晓燕，孟庆义. 美国 TMDL 计划的研究现状及其发展趋势[J]. 环境科学与技术 2008，31（9）：5.
[12] 施维荣.《欧盟水框架指令》简介及对中国水资源综合管理的借鉴[J]. 污染防治技术，2010，23（6）：41-45.
[13] 谭伟. 欧盟水框架指令及其启示[C].水资源可持续利用与水生态环境保护的法律问题研究——2008 年全国环境资源法学研讨会（年会）论文集. 2008.
[14] 谭伟.《欧盟水框架指令》及其启示[J]. 法学杂志，2010，31（6）：118-120.
[15] 马丽娜，于丹，李慧，等. 欧盟水框架指令对我国水环境保护与修复的启示[J]. 城市环境与城市生态，2016，29（5）：6.
[16] 陈宏亮. 基于低影响开发的城市道路雨水系统衔接关系研究[D]. 北京：北京建筑大学，2013.
[17] 仇保兴. 海绵城市（LID）的内涵、途径与展望[J]. 建设科技，2015，1（2）：11-18.
[18] 张旺，庞靖鹏. 海绵城市建设应作为新时期城市治水的重要内容[J]. 水利发展研究，2014，14（9）：5-7.
[19] 王二松，黄静岩，李俊奇. 海绵城市建设规划设计要点简析[J]. 中国勘察设计，2015（7）：52-55.
[20] 牛聪聪. 基于海绵城市的雨水花园应用研究[D]. 石家庄：河北师范大学，2016.
[21] 中华人民共和国住房和城乡建设部组织编制. 海绵城市建设技术指南——低影响开发雨水系统构建（试行）[M]. 北京：中国建筑工业出版社，2015.

第6章　水污染成因分析

水是地球上所有生命赖以生存的重要资源，农业、工业和人类的日常生活离不开水。《2018年世界水资源开发报告》指出，随着全球范围内人口、经济的快速增长，人类对水资源的需求以每年4 600 km^3的速度持续增长，并在过去的100年内增加了6倍。随之而来的是越来越严重的水环境问题：大量废水未经处理就被直接排放，导致水质恶化，威胁人类和生态系统健康。

在经济建设高速发展背景下，我国的江河湖泊也面临着严重的水污染问题。《2018中国生态环境状况公报》显示，全国地表水监测的1 935个水质断面（点位）中，Ⅰ～Ⅲ类比例为71.0%，比2017年上升3.1个百分点；劣Ⅴ类比例为6.7%，比2017年下降1.6个百分点。长江、黄河、珠江、松花江、淮河、海河、辽河七大流域和浙闽片河流、西北诸河、西南诸河监测的1 613个水质断面中，Ⅰ类占5.0%，Ⅱ类占43.0%，Ⅱ类占26.3%，Ⅳ类占14.4%，Ⅴ类占4.5%，劣Ⅴ类占6.9%。与2017年相比，Ⅰ类水质断面比例上升2.8%，Ⅱ类上升6.3%，Ⅲ类下降6.6%，Ⅳ类下降0.2%，Ⅴ类下降0.7%，劣Ⅴ类下降1.5%。各大流域存在不同程度的污染，西北诸河和西南诸河水质为优，长江、珠江流域和浙闽片河流水质良好，黄河、松花江和淮河流域为轻度污染，海河和辽河流域为中度污染。自1980年以来，太湖、巢湖、滇池等大中型湖泊和城市湖泊呈现富营养化趋势，蓝藻水华事件频发；截至2016年年底，全国地级以上城市共排查出2 026个黑臭水体，广东省和安徽省的黑臭水体数量均超过200个；长江、珠江等江河入海口与海湾港口污染严重，300多个入海排污口中仅有55%左右达到污染排放标准。可见水污染问题已经愈演愈烈，若不及时加以治理，民众的生命财产安全将难以得到保障。对此，我国一向予以高度重视，2011年“十二五”规划提出：“治理农药、化肥和农膜等面源污染，全面推进畜禽养殖污染防治”；2015年《水污染防治行动计划》提出：“控制农业面源污染，制定实施全国农业面源污染综合防治方案”；2017年党的十九大提出：“加快水污染防治，抓好重点流域、近岸海域污染防治，实施流域环境综合治理和管理”。

水体外源输入的污染负荷可分为点源污染和非点源污染（或面源污染）。点源污染指由具有可识别排放点的污染源引起的污染，主要包括企业工厂、规模化养殖场、城镇居民等产生的废水污水经城市污水处理厂或管渠排放口进入水体而造成的污染。在发达国家，经过大量的投资和几十年的治理，点源污染已经得到有效控制，非点源污染成为水体污染的主要原因。非点源污染指由没有固定排放点的污染源引起的污染，以农业面源污染为主，即土壤泥沙颗粒、化肥农药、散养畜禽粪便污水、水产养殖饵料、农村居民生活污水和粪尿等污染物通过地表径流、大气沉降、农田排水、地下淋溶等方式进入水体造成的污染。与点源污染相比，面源污染具有范围广、随机性强等特点，难以监测和评估。点源与非点源污染的特征比较见表 6-1。

表 6-1　点源与非点源的特征比较

污染源	非点源污染	点源污染
特征对比	①高度动力学的，且具有随机性、间歇性、变化范围常超过几个数量级	①较稳定的水流和水质
	②最严重的影响是在暴雨之中或之后，即洪水时期	②枯水期影响最严重
	③入水口一般不能测量，不能在发生之处进行监测，真正的源头难以或无法追踪	③入水口可以测量，其影响可以直接评价
	④受雨量、雨强、降雨时间、降雨水质等水文参数影响，历时一般有限	④与流域水文、气候关系不大，历时一般较长
	⑤受流域下垫面特征影响	⑤与流域下垫面特征基本无关
	⑥几乎所有的水体受非点源污染的影响	⑥一定范围的水体受到影响
	⑦污染物以扩散方式排放，时断时续	⑦污染物以连续方式排放
	⑧污染物种类几乎包括所有的污染物	⑧污染物的种类不如非点源污染广泛
	⑨污染发生在广阔的土地上，发生径流的地区即为发生非点源污染的地区	⑨在连续使用的小单元土地上不断发生
	⑩污染物的迁移转化很复杂，与人类的活动有直接关系	⑩污染物的迁移相对简单

6.1　外源污染

6.1.1　点源污染

点源污染，是由可识别的单污染源引起的空气、水、热、噪声或光污染。点源具有可以识别的范围，可将其与其他污染源区分开来。USEPA 将“点源污染”定义为“任何由可识别的污染源产生的污染，‘可识别的污染源’包括但不限于排污管、沟渠、船只或者烟囱”。由于在数学模型中，该类污染源可被近似视为一点以简化计算，因此被称为点源。对水污染而言，点源污染主要包括工业废水污染和城市生活污水污染，通常由固定的排污口集中排放，非点源污染是相对点源污染而言的。

点源入河污染物的分析评价最重要的是入河排污口的调查和监测。但是大部分人分不清点源与入河排污口之间的关系，有的认为点源就是入河排污口，但对水质目标起贡献的应该是入河排污口（不排除入河排污口就是点源），但点源不一定是入河排污口（后面实例中会证明），所以明确点源、入河排污口、水质目标的概念及三者之间的关系，对正确评价污水入河量及污染物对水质目标的影响至关重要。

入河排污口，是污染源的废水排入目标河流的入口。《入河排污口监督管理办法》、《入河排污口管理技术导则》（SL 532—2011）将入河排污口定义为："直接或者通过管道等设施向江河、湖泊（含运河、渠道、水库等水域）排放污水的口门"。《地表水和污水监测技术规范》（HJ/T 91—2002）中入河排污口指："向江河、湖泊、水库和渠道排放污水的直接排污口，包括支流、污染源和市政直接排污口"。全国水利普查入河排污口调查对象为县域范围内江河湖库上的所有入河排污口，但不包括不与外界联系的死水坑塘的排污口，入河雨水排放口，农田沥水及排涝水、灌溉退水排放口，以及未作为排污用的截洪沟以及导洪沟汇入口等，其他一些学术研究报告将入河排污口定义为："企事业单位或个体工商房以及家庭单元直接或者间接通过沟、渠、管道等设施或天然沟、渠向江河、湖泊排放污水的出口"。

入河排污口具有如下特征：

①入河排污口有明确的主体；

②废、污水必须是通过沟、渠或管道等排放；

③污水排放去向必须是江河、湖泊和水库。

6.1.2　非点源污染

6.1.2.1　非点源污染定义

通常狭义的非点源污染是与降水过程伴随进行的地表径流污染，定义为溶解的或固体污染物从非特定的地点，在降水淋溶和径流冲刷作用下，通过径流过程而汇入受纳水体如河流、湖泊、水库、海湾等所引起的水体污染。其主要来源包括水土流失、农业化学品过量施用、城市径流、畜禽养殖和农业与农村废弃物等。非点源污染造成大量的泥沙、氮磷营养物、有毒有害物质进入江河、湖库，引起水体悬浮物浓度升高、有毒有害物质含量增加，溶解氧减少，水体出现富营养化和酸化趋势，不仅直接破坏水生生物的生存环境，导致水生生态系统失衡，而且还影响人类的生产和生活，威胁人体健康。水是人类社会得以存在和发展的基础和命脉，21 世纪是水的世纪，与地表水环境改善密切相关的非点源污染研究就显得更加重要。

从地表透水性的角度，非点源污染可以分为两种，即透水性地表径流污染和不透水性地表径流污染。其中透水性径流污染包括矿山污染、耕地污染、农村生活污染、林区污染等；不透水径流污染包括城市地表污染、城市屋面污染以及公路路面污染等。从污染地域的角度，非点源污染可以分为农村非点源污染和城市非点源污染。其中城市非点源污染的来源包括大气干湿沉降、城市道路交通和一些分散来源，农业非点源污染的来源包括过量施用的化肥、大量施用的农药、畜牧养殖产生的排泄物以及大量排放的农村生活污水。

非点源污染的危害是多方面的：污染区域地下水和地表水，破坏水体中动植物、微生物的生存条件，导致水体富营养化，最终破坏流域生态环境。因为非点源污染具有时间不确定、方式不确定、数量不确定三个特征，所以仅通过传统治污手段难以对非点源污染形成控制。近几十年以来，非点源污染成为海内外科研人员关注的热点问题。

非点源污染的产生由自然过程引发，并在人类活动影响下得以强化的，它与流域降雨过程密切相关，受流域水文循环过程的影响和支配，其中降雨径流过程是造成非点源污染的最主要的自然原因，而人类的土地利用活动才是非点源污染的最根本原因。一方面，人类开垦土地、砍伐森林使其成为农田、牧场、旅游区、工业区等，从而改变了地表的植被覆盖，改变了土壤的质地、成分，改变了土地的渗透和蒸发特征以及影响径流汇集的地形特征，其结果就是改变了流域的水文和侵蚀过程，加剧了水土流失，对水体水质造成威胁；另一方面，人类在进行农业活动时，大量施用化肥、农药等农业化学品，这些化学品中只有很少的一部分被农作物吸收，其余大部分残留在土壤中，成为潜在的污染源。非点源污染与点源污染相比，具有不同的污染特性，具体表现在：

①随机性。从非点源污染的起源和形成过程分析，非点源污染与区域的降水过程密切相关。此外，非点源污染的形成还受其他许多因素影响，如土壤结构、农作物类型、气候、地质地貌等。降水的随机性和其他影响因子的不确定性，决定了非点源污染的形成具有较大的随机性。

②广泛性。随着世界经济的发展，人工生产的许多为自然环境所无法接受的化学物质逐年增多，在地球表层分布广泛，随着径流进入水体的污染物遍地可见，其所产生的生态环境影响更是深远而广泛。

③滞后性。农田中农药和化肥的施用造成的污染，在很大程度上是由降雨和径流决定的，同时也与农药和化肥的施用量有关。当刚刚施用化肥后，若遇到降雨，造成的非点源污染将会十分严重。并且农药和化肥在农田存在的时间也将决定非点源污染形成的滞后性。通常，一次农药或化肥的施用所造成的非点源污染将是长期的。

④模糊性。影响非点源污染的因子复杂多样，由于缺乏明确固定的污染源，因此在判断污染物的具体来源时存在一定的难度。以农业非点源污染为例，农药和化肥的施用

是非点源污染的主要来源，但当农药施用量、生长季节、农作物类型、使用方式、土壤性质和降水条件不同时，所导致的农药和养分的流失将会有巨大的差异，而不同因子之间又相互影响，因而使得非点源污染的形成机理具有较大的模糊性。

⑤潜伏性。以农药、化肥施用为例，施用之后，在无降水或灌溉时，形成的非点源污染十分微弱，在更多的情况下，农业非点源污染直接起因于降水和灌溉的时间。城市地表径流污染也有同样的特点，在无降水条件下，散落在城市空间的许多固体污染物、垃圾对水体的危害十分有限，但在降水时，它们随着径流进入水体将会形成严重的非点源污染。

⑥隐蔽性。由于点源活动是人类活动的直接产物，故一般情况下，点源负荷会随着人类活动的加剧而急剧增加，因此，点源负荷更容易引起人们的注意。而非点源污染并非单一的人类活动所致，其负荷随人类活动的变化也不像点源污染那样剧烈，所以，不易引起人类的注意。

6.1.2.2 非点源污染机理研究

几十年来，国内外在非点源污染的机理和模型方面进行了大量的研究和实践，取得了长足的进展。

非点源污染按来源可以分为城市非点源和农业非点源。城市非点源污染包括城市地表径流污染、大气干湿沉降、城市水土流失及河流底泥的二次污染，其中地表径流污染是城市非点源污染最主要的类型，主要包括城市垃圾和大气降尘中的各种污染物质在降雨形成的地表径流的作用下，进入受纳水体形成的污染。由于城市地表污染物在晴天时累积，在雨天随地表径流排放，所以表现出间歇式排放的特征。城市非透水性地面所占比例较大，加速了地表径流的形成，使得流量和污染物浓度峰值提高，降低了受纳水体水质；其次，城市的热岛效应使得大气中的污染物不易扩散，而且悬浮在大气中的颗粒物粒径较小，这些物质一旦进入水体不易沉降，危害较大。城市地表径流污染受土地利用类型、降雨量、降雨强度、降雨历时、两场降雨的时间间隔、气温、道路的交通强度和清扫方式等众多因素的影响，且各因素表现出很强的随机性，所以研究城市地表径流污染需要进行大量现场测试，对各种影响因素进行统计分析。

农业非点源污染是指在农业生产活动中，农田中的泥沙、营养盐、农药及其他污染物，在降水或灌溉过程中，通过农田地表径流、壤中流、农田排水和地下渗漏，进入水体而形成的非点源污染。这些污染物主要来源于农田施肥、农药、畜禽及水产养殖和农村居民。自20世纪80年代以来，随着国民经济的快速发展，人多地少的矛盾日益突出，农业化肥施用量一直以较快速度增长。而不同土壤条件、耕作制度和管理水平下的模拟和野外实验结果都证明土壤施肥量与径流中各种形态营养盐含量呈显著相关关系，可见，农业非点源污染将随化肥施用量的增加呈不断上升的态势。因此，有关农业非点源污染物产生、转化和迁移的机理研究已成为国内外学者关注的焦点。

（1）城市非点源污染发生机理的研究

欧美等发达国家在 20 世纪 70 年代就对城市地表径流污染开展了大量的研究工作，主要集中在以下几个方面：①城市地表沉积物的污染特性；②城市地表径流水质特征；③城市地表沉积物累积冲刷规律；④城市地表径流污染负荷模型。

城市地表沉积物是城市地表径流污染物的主要来源。不同土地利用类型的地表沉积物的来源不同，主要包括固体废弃物、空气沉降物、车辆排放物等。USEPA 于 1972 年对 5 个城市的路面沉积物采用多种清扫技术取样，并进行颗粒级配分析后发现，粒径大于 840μm 的颗粒含量最大，而美国密歇根州东南区议会于 1976—1977 年对排水管道沉积物的颗粒级配分析表明，75%～90%的颗粒粒径小于 53 μm，说明一般的清扫能够去除较大粒径的颗粒，但对小颗粒的清除效果不好，Sator 等的研究成果也证明，常规的路面清扫最多只能去除 30%的污染物。Sator 等于 1972 年对路面沉积物污染特性的研究表明，只占总重量似的极细小颗粒具有相对较大的污染潜力。Viklander 等对路面沉积物特性的研究结果表明，沉积物中的重金属污染物浓度呈现随粒径增大而减小的趋势。赵剑强等对我国高速公路路面沉积物重金属的测定也表明铅、锌含量随粒径减小略有增大。路面沉积物的有机污染也表现出相似的特征，同时，对不同粒径沉积物颗粒的 COD 测定表明，COD 含量随粒径减小逐渐增大，但其变化规律受沉积物来源的显著影响。

国外早在 20 世纪 70 年代就开展了针对城市地表径流水质特征的分析和研究工作。在欧美进行的城市地表径流测试结果表明，城市地表径流中 COD 和 BOD 等溶解性污染物的年平均浓度比城市生活污水低。Stanley 于 1996 年对美国和加拿大有关城市地表径流研究结果的总结发现，城市地表径流的污染以 SS 为主，有机污染物、总氮和总磷含量均低于城市生活污水，且其浓度变幅很大，这与不同地区的地表污染状况和气象条件等因素密切相关。Collins 等在研究城市地表径流中各种污染物的相关性时发现，BOD、氨氮、有机氮和总磷与 SS 有较好的相关性。我国从 20 世纪 80 年代开始进行了一些地表径流污染特性的研究。夏青在 1982 年对北京地表沉积物累积量和污染物含量进行了测定，评价北京地表径流污染状况。刘爱蓉等在 1990 年对南京城北地区地表径流中的污染物浓度进行了测定，并预测了相应的排污负荷。车武等对北京市建筑屋面径流水质的研究发现，屋面初期径流的污染很严重，主要污染物为 COD 和 SS。

城市路面径流是城市地表径流的重要组成部分，由于其污染强度大，近年来逐渐发展成为一门独立的研究领域。路面径流污染与汽车交通密切相关，而汽车排放的污染物质，如 NO_x、SO_2、HC、醛类、有机酸和颗粒物等，在沉降和雨水冲淋作用下，大部分将通过地表径流迁移至地表水体中。Drapper 等的研究发现，路面径流污染物的组成包括固体物质、重金属、毒性有机物、氮磷营养物和农药，而公路交通活动是上述污染物的主要来源。路面径流对受纳水体水质的影响很大，Ellis 的研究表明，受纳水体中 35%～75%的重金属来源于路面径流：Stotz 认为路面径流中 PAHS 的含量是未受污染水体的 50～60 倍。国外针对路面径流污染的影响因素也开展了大量研究，Young 等的研究证明，交通状况、大气降尘、道路周边的土地利用方式、降雨状况和路面清扫状况等因素对路面径流中的污染物浓度有很大的影响，其中交通状况的影响最大。Chui 等对 500 多场降雨径流的测试结果表明，总悬浮固体 TSS 与降雨期间的累积交通量成正比。Wu 等的研究也表明，TSS 与降雨过程中的交通量有较强的相关。但另一些研究结果显示，交通量与路面径流污染物浓度间并非简单的正相关，Lee 的研究发现，交通量的变化不会显著影响径流中的污染物浓度。Drapper 等的研究也表明，某些交通量小于 30 000 辆/d 的测点的污染物浓度远远大于 Driscoll 测得的交通量大于 30 000 辆/d 的路面污染物浓度，并且交通量与路面径流污染物浓度间的相关性较差。Stotz 的研究更加明确地指出，路面污染物的数量不直接与交通量有关，而与地理特征和气象条件有关，交通车辆产生的污染物只有 5%～20%随地表径流排放。可见，随机性因素的数量较多是造成这些差异的主要原因。除了交通量，路面类型对污染物浓度也有很大的影响。Barrett 等研究认为沥青路面径流中 Pb、Zn、COD 和 TOC 的浓度是混凝土路面径流的 3～5 倍。此外，Stotz 等的研究都表明，多孔沥青路面可以大大减少路面径流中污染物的浓度。Pagotto 等的研究也显示，即使在交通量增大的情况下，多孔沥青路面径流中碳氢化合物、Pb、Zn 和 TSS 等污染物的浓度和总量也显著低于普通沥青路面。

城市地表污染物具有放大积累、随雨水径流排放的特点，其排放规律的研究是地表径流污染定量化研究的重要方面。Whipple 于 1977 年首先提出了累积—冲刷模型用以描述地表径流的排污规律。众多研究者对污染物在不透水地表的累积速率进行了大量研究，结果表明流域内污染物在晴天的累积过程可以表示为时间的线形、幂指数或其他函数形式。Metcalf 于 1971 年提出不透水地表的污染物和沉积物的冲刷速率与污染物质量和雨水径流量成正比。许多学者从这一思想出发，推导得出径流污染物浓度随累积径流量呈指数递减的公式，同时根据监测数据，采用回归分析方法，建立了污染物浓度与累积径流量的相关关系，取得了满意的效果。但是随着研究的深入，某些径流测试结果却表明，当降雨强度变化较大时，污染物浓度不随径流时间单调递减，Deletic 在分析其原因时指出，模式没有考虑降雨期间污染物的积累是原因之一，特别是对于主要由车辆产生的路面径流污染更是如此。例如，Chui 等针对路面径流的研究，发现 TSS 含量与降雨期间的交通量有较强的相关性。可见，在地表径流，特别是路面径流的排污模拟中，雨天的污染物排放是不可忽略的因素之一。

（2）农业非点源污染发生机理的研究

对非点源污染的产生、迁移及转化机理的研究主要采用如下几种方法：

①选择代表性小流域进行小区实验。由于降雨径流形成的非点源污染物来源于地表，各种地理特征及耕作制度都将影响污染物的流失过程，所以选择有代表性的实验小区，分析研究在自然降雨条件下非点源污染的产生、迁移及转化规律的方法已被广泛应用。

②人工降雨模拟非点源污染物的产生、迁移及转化。在现场或实验室进行人工降雨条件下，污染物流失规律的研究，这种方法多用于模拟暴雨条件下径流中污染物的流失规律。

③研究受纳水体水质的变化。各种非点源污染物最终要汇入河流等天然水体，通过研究受纳水体的水质变化规律可以反映出非点源污染的影响。

农业非点源污染物来自土壤圈中的农业化学物质，因而，农业非点源污染的产生迁移转化过程实质上是污染物从土壤圈向其他圈层尤其是水圈扩散的过程。农业非点源污染本质上是一种扩散污染，对其机理的研究包括两个方面：一是污染物在土壤圈中的行为；二是污染物在外界条件下（降水、灌溉等）从土壤向水体扩散的过程。前者是研究的基础，后者是研究的重点和关键。近年来，许多学者从动态过程的角度对农业非点源污染进行了深入研究。作为一个连续的动态过程，农业非点源污染的形成主要由以下几个过程组成，即降雨径流、土壤侵蚀、地表溶质溶出和土壤溶质渗漏，这四个过程相互联系相互作用，成为农业非点源污染的核心内容。

1）降雨径流的研究

径流与非点源污染关系紧密，对径流的量化研究作为水文学的重要组成部分发展较早，理论及模型较成熟。无论是农业非点源引起的地下水污染还是地表水污染，都与土壤水文过程有着密切的关系。

在一次降雨中，并非流域内的所有地区都能产生地表径流而带来非点源污染，因此许多学者从水文学、水动力学的角度出发，研究作为暴雨事件响应的径流动力形成的产汇流特性，重点是对其产流条件的空间差异性进行研究，有助于深刻揭示农业污染的形成。代表性的有美国水土保持局在20世纪50年代提出的径流曲线数（SCS）法，由于综合考虑了影响径流形成的下垫面的雪间差异性（土壤前期含水量、土地利用类型、土壤渗透性、降雨量大小），广泛用于非点源污染研究。CREAM、AGNPS和SWAT等模型都采用了SCS法。Lutz对SCS法进行了修正，Lutz法考虑了包括基流因子的前期土壤水分状况，使得Lutz法比SCS法能更好地模拟水文参数。后来一些学者在模型使用中将SCS法改为Lutz法。我国在这方面的工作主要是对该模型的应用。20世纪60年代初期以来，我国学者还从具体国情出发，提出了许多有特色的产流计算方法。其中代表性的有蓄满产流模型、流域平均下渗率流域分配曲线相结合的蓄满产流、超渗产流，以及综合产流等理论。由于适合我国国情，因而也被用于区域农业非点源污染的计算，此外我国学者赵人俊建立了著名的新安江模型，但还未应用到非点源污染的研究中。

在流域汇流计算方面，国内外提出了各种各样的模型与方法。其中，单位线类方法是我国目前应用最广泛的方法之一，特别是 Nash 瞬时单位线模型在全国各地得到了广泛的应用。但是 Nash 模型也存在一些明显的不足，如在物理概念上不尽合理（假定净雨全部集中在流域顶端），用于北方干旱地区时出现的峰值偏小。

流域水文模型是 20 世纪 50 年代以后逐步发展起来的新的水文技术，它是计算机技术和系统理论发展的产物，其主要特点是把流域降雨径流形成过程作为一个系统，降雨是输入，流域出流过程、实际蒸散发过程及土壤含水量过程是输出，这类模型在人类活动对水文影响等研究中，已逐步成为一个重要的工具。已涌现出了大量的流域水文模型。如著名的 Stanford 模型，它是 1966 年由斯坦福大学开发的一种机理模型。该模型可模拟降雨、融雪、植物截流、入渗、蒸散发、坡面漫流、壤中流、地下径流、土壤蓄积、河槽流等一系列自然过程。Sacramento 模型可以用来模拟降雨后流域出口断面的径流形成过程，对产流部分的模拟是该模型的核心部分，由于模型运算所需的数据量较大，应用上还不是很广泛。SHE（System Hydrologique European）模型属于连续的分散机理模型，它可用于模拟融雪过程、蒸发散、地下水流和沟道水流、饱和及非饱和产流的地表径流。SHE 模型在欧洲应用相当广泛。我国学者也开始将上述国外流域水文模型应用到非点源污染研究中去，如郑丙辉利用 Sacramento 模型建立了流域非点源污染负荷模型，应用到湖泊生态效应的研究中。

2）土壤侵蚀的研究

土壤侵蚀过程是农业非点源研究的重要内容。土壤侵蚀的研究历史很久，但是真正从非点源污染角度出发的土壤侵蚀研究，是 20 世纪 60 年代后期用于坡地侵蚀模拟估算长期平均土壤流失的美国通用土壤流失方程 USLE（Universal Soil Loss Equation）。该方法综合考虑了影响土壤侵蚀的五大因素（降雨因子、土壤侵蚀因子、地形因子、作物因子和管理因子），并被不断地修正和扩展为 RUSLE（Revised Universal Soil Loss Equation）方程，与 USLE 相比，RUSLE 方程模拟的精度和范围有了大幅度提高。由于并非所有侵蚀的泥沙都会进入受纳水体，国外学者采用“黑箱”方法，提出基于统计和经验基础上的泥沙传输比（DR）的概念。直到 20 世纪 80 年代后期，对土壤侵蚀、沉降过程机理的研究得到了较大的发展，开发出了 WEPP（Water Erosion Prediction Project）模型，WEPP 是一种基于物理过程的模型，被称为“新一代土壤侵蚀预报模型”。

我国对土壤侵蚀的研究做了大量的工作，代表性的有黄土高原的水土保持研究工作，并利用资料提出了较为实用的经验型区域性土壤侵蚀模型。此外，还对 USLE 模型修正后进行运用，如杨艳生等、阮伏水等分别利用该模型对我国南方花岗岩侵蚀的土壤流失进行了研究。

3）地表溶质溶出的研究

国内外学者均对地表土壤溶质随径流流失过程做了有益的探讨和研究，提出了一系列的概念和理论。最早提出的概念是有效混合深度（EDI）概念，随后出现了等效迁移深度概念，并建立了其确定方法。国外早期研究主要是针对农业非点源污染物氮、磷元素在农田中的径流流失量及对水体的影响。后期的研究主要是从减少污染输出的角度研究氮、磷元素从农田中的径流流失机理和规律。

化肥和农药是短期内保证农业生产和提高农作物产量的无法替代的物质，它们的使用规模直接决定总氮、总磷、有毒有机物和无机物的产生量。对水环境非点源污染贡献较大的是氮肥和磷肥。耕作方式通过干扰水文系统对非点源污染产生作用。翻土耕作容易造成土壤结构破坏、表层土质疏松，从而使得水土流失现象严重。保土耕作能有效地控制水土流失，减少泥沙结合态磷的流失，但有可能增加生物有效磷和可溶性磷的流失。水肥管理的科学程度同样影响非点源污染，如污水灌溉、农田漫灌都可能在农田径流的过程中把污染物质转移汇入水体。Gaynor 等研究农田耕作方式对磷和土壤流失的影响，表明休闲耕作的农田，其磷的流失小于不休耕作的农田，但土壤的流失量要大得多。同时通过对翻耕地的麦田研究表明，在免耕的麦田总磷的流失量为 2.3 kg/（hm^2·a），且 49%的总磷通过沉积物流失；而在翻耕的农田，总磷的流失量达 6.8 kg/（hm^2·a），且 98%的总磷通过沉积物流失。

氮、磷的流失受降雨的影响较大。很多研究显示，氮、磷的大部分流失发生在少数几次大暴雨中，施用化肥到出现暴雨的时间间隔越短，流失量越大，其中氮的流失量可高达施用量的 15%。在于桥水库流域内，通过人工降雨试验发现，氮、磷的输出浓度随降水强度的增大而增大，反映出强度大的降水侵蚀作用强烈，随水土流失的氮磷量也大，但氮、磷的输出浓度随降雨径流过程减小而减小。

大部分氮、磷是以溶解态形式随地表径流流失，如 Benoit Jackson 等早期的研究表明，磷基本上通过地表径流流失。Sharpep 等研究结果显示径流中 75%～95%的总磷处于非溶解状态下。Culley 等对连续种植玉米的田地的研究表明，每年沉积物和总磷的流失分别达 407 kg/hm^2 和 0.88 kg/hm^2，作物覆盖率和化肥施用量大大增加溶解态磷的流失。Ng 等研究发现，磷的流失形式与径流量无关，但在径流初期，颗粒态磷的流失比例高于溶解态。Sharpley 研究了地表径流量与径流中 P 浓度两者之间的相互关系，显示出二者之间具有较好的相关关系。地表径流也是影响土壤养分 P 流失的重要因子。

土地利用方式不合理是非点源污染关键成因。氮、磷流失与土地利用方式、化肥的投入集约程度等有关。Zampella 的研究表明，流域内土地利用的集约度越高，氮、磷输出水平也越高。单保庆等以人工模拟降雨的试验方法，对巢湖六叉间小流域非点源污染磷的输出动态进行了研究，结果表明，雨强同为 0.79 mm/min 下，产流量顺序为：森林坡地＞水稻田＞村庄场院＞油菜地，村庄是各种磷污染物的最大输入者，菜地次之。黄丽等选择 5 个区域，说明三峡库区土壤养分流失多少与土地利用的关系为：免耕城区＞农区，梯地＞坡耕地。土地利用类型深刻地影响着总氮和总磷的输出特征。有研究表明，氮和磷输出量耕地最高，林地最少，荒坡草地中等。

4）土壤溶质渗漏的研究

对土壤溶质的下层渗漏过程的研究，是目前农业非点源污染研究中的又一热点。研究对象主要是施入农田中的氮和磷，对氮的研究主要表现在对硝态氮淋失量的估算，对影响其淋失的因素包括施肥量、生物固氮、氮肥形态、土壤种类、降水量和施肥技术等的研究；对磷素的研究主要集中在淋失的形态、影响因素、可能机理等。

影响硝态氮淋失的土壤性质主要是土壤的物理性质，如质地、孔性、结构性以及水分状况等；过量的氮很容易在砂质土壤上淋失，并且砂质土壤的通气性好，易发生氮素的矿化与硝化，而不易发生反硝化，积累的硝态氮以气态的形式损失较少。在对灌溉果园的研究表明，在沙壤土中大约 50%的肥料氮被淋失，而黏壤土上淋洗只占 12%，沙壤土和黏壤土硝态氮的淋失比例大约为 5∶1。

降水影响可溶态氮素的向下迁移，只有饱和水流才能引起显著淋失。通常情况下氮淋失和降雨量呈正相关。Bauder 土柱模拟试验表明，尿素在一次使用和过度灌溉时淋失最大，而分次使用和适度灌溉时淋失最小，灌溉量对氮素淋失的影响甚至比施肥量更明显。

氮肥施用量和土壤中硝酸盐的积累与淋失量密切相关，土壤中的硝酸盐累积量随着施氮量的增加而增加，秋季土壤中硝态氮积累和施氮量呈线性或非线性相关。但在正常合理的施肥水平下一般不会造成硝酸盐大量的积累，过量的或不当的施肥才会导致硝酸盐在土壤中大量的积累进而淋失的现象。积累是潜在的淋溶氮库，在土壤水分不受土壤侵蚀五大影响因素限制的地区过量施肥能明显导致硝酸盐淋失。许多研究显示，施肥量与氮素淋失率呈正相关。

影响农田土壤磷素淋溶的因素很多，也很复杂。对澳大利亚南部牧草地磷素淋溶的研究表明，磷素淋溶损失量与降水量有极强的相关性，而且，淋溶高峰与降水强度关系密切。曾红平等认为磷在土壤中移动与土壤质地有关，质地细、难淋移。一般在细质地土壤上，磷吸附能力强，施用矿质肥料只有很小的磷移动发生。Addiscott 等认为，耕作可以增加土壤表面粗糙度，使土壤饱和导水率增大，从而增加磷素的淋溶损失量；但是，耕作能减小土壤容重，减少淋溶量。当然，耕作时农机轮子可以使土壤形成裂缝，容易形成优先流而促进淋溶。另外，耕作还可以压实亚表层土壤而促进土壤磷素的亚表层径流（淋溶）等。有研究证明对土壤的扰动会增加颗粒附着态磷（TPP）的比例而减小可溶态反应性无机磷（MRP）的比例。

磷淋失最基本的条件是磷源、水分运动和运输途径。地表径流长期以来被认为是磷从土壤到水体的主要途径，而亚表层径流可以是某些地区磷运移的重要途径。研究认为，土壤 Olsen-P 浓度超过一定值时（约 60 mg/kg），磷就会通过亚地表径流损失，机理可能是优先流或磷以不易吸附的形态快速移动而最终以铝酸盐反应磷（MRP）的形态被测出。磷向地表水的损失由于引进了人工排水体系而更容易了，它在亚表土大孔隙与地表水之间提供了横向的通道。Kleinmain 研究了土壤黏土膜样品的磷含量，许多黏粒膜样品磷的饱和度高于相对应的本体样品，为磷从优先流途径淋失提供了进一步的证据。

6.2 内源污染

6.2.1 内源污染定义

河道内源污染主要是指河道底部底泥的污染。底泥是河湖的沉积物，是自然水域的重要组成部分，其污染状况直接影响到上覆水的水质、生境环境质量和水生态系统健康。当水域受到污染后，水中部分污染物可通过沉淀或颗粒物吸附而蓄存在底泥中，近年来，随着城市化程度提高、区域社会经济的快速发展和人口数量的急剧增加，工业废水和生活污水排放量不断增加，同时环境基础设施建设相对落后，大量未经有效处理的污水排入河流，河流水体和底泥的污染状况日益严峻。

目前我国大部分河道综合整治多采用沿岸截污，已存在一定成效，但河道中底泥内源污染不容忽视。研究表明，受污染底泥与河道底泥含有大量污染物，截污后污染物在泥水界面上的累积和释放平衡过程可能出现逆转，使表层底泥中的污染物向上覆水体释放，形成内源污染。北运河大部分河道肩负防洪排涝功能的同时，也一直被当作纳污沟，长期以来沿岸大量生活垃圾、生活污水及工业废水未经处理便直接排入，使得河道遭到严重污染：一方面，大量有机污染物的纳入大大超过河道水体自净化能力，导致河水含氧量迅速下降，使河道长期处于缺氧状态，鱼类等水生生物灭绝，河道生态系统遭到严重破坏；另一方面，进入河道的污染物经过长期的累积，堵塞河道并造成二次污染。底泥有机污染物长期厌氧分解产生 H_2S 等臭气以及 FeS 等有色金属硫化物，是造成黑臭污染的主要原因。可见，沿岸截污后，底泥修复是根治河道黑臭污染的关键。然而，目前城市河道治理往往只重视引水冲污、清淤、驳岸、绿化等治理工程，底泥以及河道生态系统的修复重视不足，导致城市河道水环境得不到彻底改善，很难从根本上解决河道黑臭污染的问题。通常治理底泥，也多采用清淤为主，花费较大，易产生二次污染。

6.2.2　内源污染现状与环境风险

底泥作为河流生态系统的重要组成部分，不仅是河流各类污染物质的主要聚集库，也是河流污染物循环的中间环节，进入水体的污染物可以通过沉淀、吸附等途径进入底泥，而河流生态系统中底泥与上覆水之间不断进行着物质和能量交换，在一定条件下底泥中的污染物可能会从底泥中释放重新进入上覆水，加大河流水体治理的难度，因此在水体环境保护与整治中，了解底泥污染状况及其污染控制必不可少。当外来污染源得到有效控制时，底泥就成为河流水体污染的重要来源。底泥中的物质一般通过以下三种途径影响上覆水水质：①由于某些原因使原本吸附在底泥颗粒物上的污染物解析得以释放；②当环境条件发生改变时，与上覆水接触的表层底泥中污染物会直接进入上覆水；③底泥间隙水中的污染物也可以通过浓度差等直接进入上覆水。污染底泥是污染河流长时间沉淀、积累形成的，其对上覆水体产生的影响也是持久不断的。因此，河流底泥污染的研究与治理是河流污染治理的重要内容，也是根本上解决河流污染问题的重要途径。

近几十年，底泥污染物的环境行为一直是国内外环境学者的热门研究课题。大量研究表明，诸多河流、水库和湖泊等的底泥污染严重，底泥污染已成为全球性环境问题。欧洲莱茵河流域、美国大湖地区、荷兰阿姆斯特丹港口、德国汉堡港等均出现过十分严重的底泥污染问题。有研究分析了美国缅因州六个湖泊底泥磷以及其在厌氧状态下的释放特征，并对底泥释放的判断模型进行了验证。有学者对日本某海湾底泥进行了含量分析和来源解析研究，结果表明，底泥中 PAHs 的组成与空气颗粒物中 PAHs 组成基本相同。美国帕塞伊克河底泥中存在 PAHs，且浓度在 $220 \sim 8.0\times10^6$ ng/g，干泥平均浓度达到 1.45×10^5ng/g。

底泥污染已是一种普遍现象，由底泥污染物引发的环境问题也不断出现。1998 年，USEPA 在《污染沉积物报告》中指出，在全美国许多水域污染沉积物已造成生态和人体健康的危机，沉积物成为污染物的储存库。污染物随鱼类和底栖生物进入食物链，通过富集作用产生毒性效应，对神经、发育和生殖产生影响。美国已发生 2 100 次事件涉及鱼类消费中的问题，多次证实污染源来自底泥，USEPA 调查了 1 372 处沉积物的质量数据，证实有 96 处存在污染底泥的恶化问题。在芬兰东部海湾的研究结果表明，当外源输入污染负荷减少 30%时，水体中磷酸盐仍出现了上升现象，此现象的主要原因就是沉积物的内源磷释放。有学者研究证实，美国冷水湖入湖河流输入的外源性磷酸盐负荷与内源释放量持平：在菲利普湾的营养盐循环研究中发现，内源性氮营养盐产生量达到了外源性输入量的 50%，而磷的再生量占到了湖泊溶解性磷酸盐含量的 72%。在我国，杭州西湖内源污染负荷已经达到外来污染负荷的 41%，安徽巢湖内源污染负荷是外来负荷的 21%，而云南滇池中 80%的氮和 90%的磷都分布在底泥中。

近年来，河流污染治理取得了一定的成效，但河流污染现象仍在发生，原因之一是水体受到普遍污染后，历年排放的污染物大量积聚在河流底泥中，当外部污染源受到有效控制后，底泥对上覆水体的影响作用就凸显出来，成为潜在内源污染。因此，河流底泥的研究和治理，是从根本上解决河流污染问题的重要途径之一。

参考文献

[1] 王琦，朱荫湄. 土壤耕作与农业非点源污染[J]. 耕作与栽培，1996，1（2）：15-17.

[2] 易秀. 农事活动对水资源的非点源污染问题[J]. 地球科学与环境学报，2001，23（2）：42-45.

[3] 林海. 论城市河道黑臭水体污染治理技术[J]. 北方环境，2020，32（2）：72，74.

[4] 薄涛，季民. 内源污染控制技术研究进展[J]. 生态环境学报，2017（3）.

[5] Blom G，Winkels H J Modelling sedim ent accumulation and di spersion of contaminants in Lake Ijsselmeer（The Netherlands）[J]. Water Science and Technology，1998，37（6-7）：17-24.

[6] 曲久辉. 我国水体复合污染与控制[J]. 科学对社会的影响，2000，3（1）：35-39.

[7] 曾红平，高磊，陈建耀，等. 滃江长湖水库沉积物营养元素沉积历史重构及源解析[J]. 中国环境科学，2017，37（10）：3910-3918.

[8] Sator J D，Gaboury D R. Street sweeping as a water pollution control measure：lessons learned over thepast ten years[J]. The Science of the Total Environment，1984，33（1）：171-183.

[9] Viklander M. Particle size distribution and metal content in street sediments[J]. Journal of Envir.Engrg.Division，ASCE，1988，124（8）：761-766.

[10] Andral M c，Roger S. Particle size distribution and hydrodynamic characteristics of solid mattercarried by runoff from motorways[J]. Water Environment Research，1999，71（4）：398-407.

[11] 赵剑强. 城市地表径流污染与控制[M]. 北京：中国环境科学出版社，2002.

[12] Collins P G，Ridgway J W. Urban storm runoff quality in southeast michigan[J]. Journal of Envir. Engrg. Division，ASCE，1980，106（EE1）：485-S01.

[13] Stanley D W. Pollutant removal by a stormwater dry detention pond[J]. Water Environment Research，1996，68（6）：1076-1083.

[14] 夏青. 城市径流污染系统分析[J]. 环境科学学报，1982，2（4）：17-19.

[15] 刘爱蓉，曹万金. 南京市城北地区暴雨径流污染研究[J]. 水文，1990，3（6）：15-19.

[16] 车武，汗惹珍，任超等. 北京城区屋面雨水污染及利用研究[J]. 中国给水排水，2001，7（6）：57-61.

[17] Ellis J B，Revitt D M. The contribution of highway surfaces to urban stormwater sediments and metalloadings[J]. The Science of the Total Environment，1987，59（4）：339-349.

[18] Drapper D，Tomlinson R，Williams P. Pollutant concentrations in road runof：southeast queenslandcase

study[J]. J. of Envir. Engrg，ASCE，2000，126（4）：313-320.

[19] Young G K，Stein S，Cole P，et al. Evaluation and management of highway runoff water quality[M].Washington D. C.：Federal Highway Administration，1996.

[20] Chui T W，Mar B W，Homer R R. Pollutant loading model for highway runoff[J]. J. of Envir. Engrg.，ASCE，1982，108（EE6）：1193-1210.

[21] Wu J S，Allan c J，Saunders W L，et al. Characterization and pollutant loading estimation for highwayrunoff[J]. J. of Envir. Engrg.，ASCE，1998，124（7）：584-592.

[22] Lee J H，Bang K W. Characterization of urban stormwater runoff[J]. Water Research，2000，34（6）：1773-1780.

[23] Driscoll E，Shelley P E，Strecker E W. Pollutant loadings and impacts from highway stormwater runoff，Vols.I-IV[M]. Washington D.C.：Federal Highway Administration，1990.

[24] Barrett M E，Zuber R D，Collins E R，et al. A review and evaluation of literature pertaining to the quantity and control of pollution from highway runoff and construction[M]. Austin，Tex.：University of Texasat Austin，1993.

[25] Pagotto C，Legret M，Cloirec P L. Comparison of the hydraulic behaviour and the quality of highway runoff water according to the type of pavement[J]. Water Research，0034（18）：446-4454.

[26] Jr. Whipple W，Hunter J V. Efects of storm frequency on polltion from urban runof[J]. Joumal WPCF，1977，121（1）：2243-2248.

[27] Deletic A B，Maksimovic C T.Evaluation' of water quality factors in storm runoff from paved areas[J]. J.of Envir. Engrg.，ASCE，1998，124（9）：869-879.

[28] Lutz W. Berechnung von Hochwasserabfluessenunter Anwednung von Gebietskenn-groessen [D]. Baden W Karlsruhe University，1984：235.

[29] 赵人俊. 流域水文模拟[M]. 北京：水利电力出版社，1984.

[30] 郑丙辉. 流域非点源污染负荷模型及其对湖泊生态环境影响的研究[D]. 成都：四川联合大学，1997.

[31] 杨子生. 滇东北山区坡耕地土壤侵蚀的水土保持措施因子[J]. 山地学报，1999，17（A05）：22.

[32] 阮伏水，朱鹤健. 福建省花岗岩地区土壤侵蚀与治理[M]. 北京：中国农业出版社，1997.

[33] Gaynor J D，Findlay W I. Soil and phosphorus loss from conservation and conventional tllage in Cormproduction[J]. Environ Qual，1995，24（4）：269-284.

[34] Benoit G R. Efleet of agriculural management of wet，sloping soil on nitrate and phosphorus insurface and surface water[J]. Water Resource. Res，1973，9：1296-1303.

[35] Sharpley Andrew N，S C Chapra，R Wedephol，et al. Managing agricultural phosphours forprotection of surface waters：isies and options[J]. Environ. Qual.，1994，23（3）：437-451.

[36] Zampella R A.Characterization of surface water quality along a watershed disturbance gradient[J].Water

Resource Bulletin（Urb.），1994，30（4）：605-611.

[37] 单保庆，尹澄清，白颖，等. 小流域磷污染非点源输出的人工降雨模拟研究[J]. 环境科学学报，2000（1）：33-37.

[38] 黄丽，丁树文，等. 三峡库区紫色土坡地的耕作利用方式与水土流失初探[D]. 武汉：华中农业大学学报，2019，17（1）：45-49.

[39] Addiscott T. M.，D Thomas. Tllge，mineralization and leaching；phosphate[J].Soil & Tllage Research，2000（53）：255-273.

[40] Kleinmain P J. A，B A Needelman，A N Sharpley et al. Using soil phosphorus profile data to assessphosphorus leaching potential in Manured soils[J]. Soil Sci，Soc. Am JL，2003（67）：215 -224.

[41] 仇保兴. 海绵城市（LID）的内涵、途径与展望[J]. 建设科技，2015，1：11-18.

[42] 吕伟娅，管益龙，张金戈，绿色生态城区海绵城市建设规划设计思路探讨[J]. 中国园林，2015，6：16-20.

[43] 车伍，张鹏，赵杨. 我国排水防涝及海绵城市建设中若干问题分析[J]. 建设科技，2015，1：22-25，28.

[44] 张旺，庞靖鹏. 海绵城市建设应作为新时期城市治水的重要内容[J]. 水利发展研究，2014，9：5-7.

[45] 王文亮，李俊奇，王二松，章林伟，曹燕进，徐慧纬. 海绵城市建设要点简析[J]. 建设科技，2015，1：19-21.

[46] 俞孔坚，李迪华，袁弘，傅微等. “海绵城市” 理论与实践[J]. 城市规划，2015，6：26-36.

[47] 张亚梅，柳长顺，齐实. 海绵城市建设与城市水土保持[J]. 水利发展研究，2015，2：20-23.

第7章　主要工程技术

城市水环境综合治理应按照“控源截污、内源治理；活水循环、清水补给；水质净化、生态修复”的基本技术路线具体实施。其中，控源截污和内源治理是基础与前提。流域水环境综合治理，应经过详细调查研究，结合流域水环境污染源和环境条件调查分析结果，系统分析流域水环境污染成因，根据流域水环境的不同特点，因地制宜地合理确定水体整治和长效保持技术路线（图 7-1）。

流域水环境综合治理技术的选择应遵循“适用性、综合性、经济性、长效性和安全性”等原则：

①适用性：地域特征及水体的环境条件将直接影响流域水环境治理的难度和工程量，需要根据流域水环境污染程度、污染原因和整治阶段目标，有针对性地选择适合的技术方法及组合。

②综合性：流域水环境通常具有成因复杂、影响因素众多等特点，其整治技术也应具有综合性和全面性。须系统考虑不同技术措施的组合，多措并举、多管齐下，实现流域水环境综合治理。

③经济性：对拟选择的整治方案进行技术经济比选，确保技术的可行性和合理性。

④长效性：流域水环境通常具有季节性、易复发等特点，整治方案既要满足近期消除污染的目标，也要兼顾远期水质的进一步改善和水质稳定达标。

⑤安全性：审慎采取投加化学药剂和生物制剂等治理技术，强化技术安全性评估，避免对水环境和水生态造成不利影响和二次污染；采用曝气增氧等措施要防范气溶胶所引发的公众健康风险和噪声扰民等问题。

在工程设计中，近些年出现了许多可采用的水体整治理念。分述如下：

①末端分流分置处理：针对项目特点，研究考虑可在排放口的末端进行雨污分流，节省重新管网建设成本，减少污水厂压力。

②雨污分置处理：针对雨水和污水的水质特点，将其分别处理。对于污水采用自动化程度高、占地小、出水水质好的污水处理技术，保证出水稳定；对于雨水，采用分散的雨水综合处理设施，通过截留、沉淀、渗透、过滤等多项技术的组合达到雨水的减量化和净化。以上两种措施的结合保证了排入排洪渠的污染物得到削减。

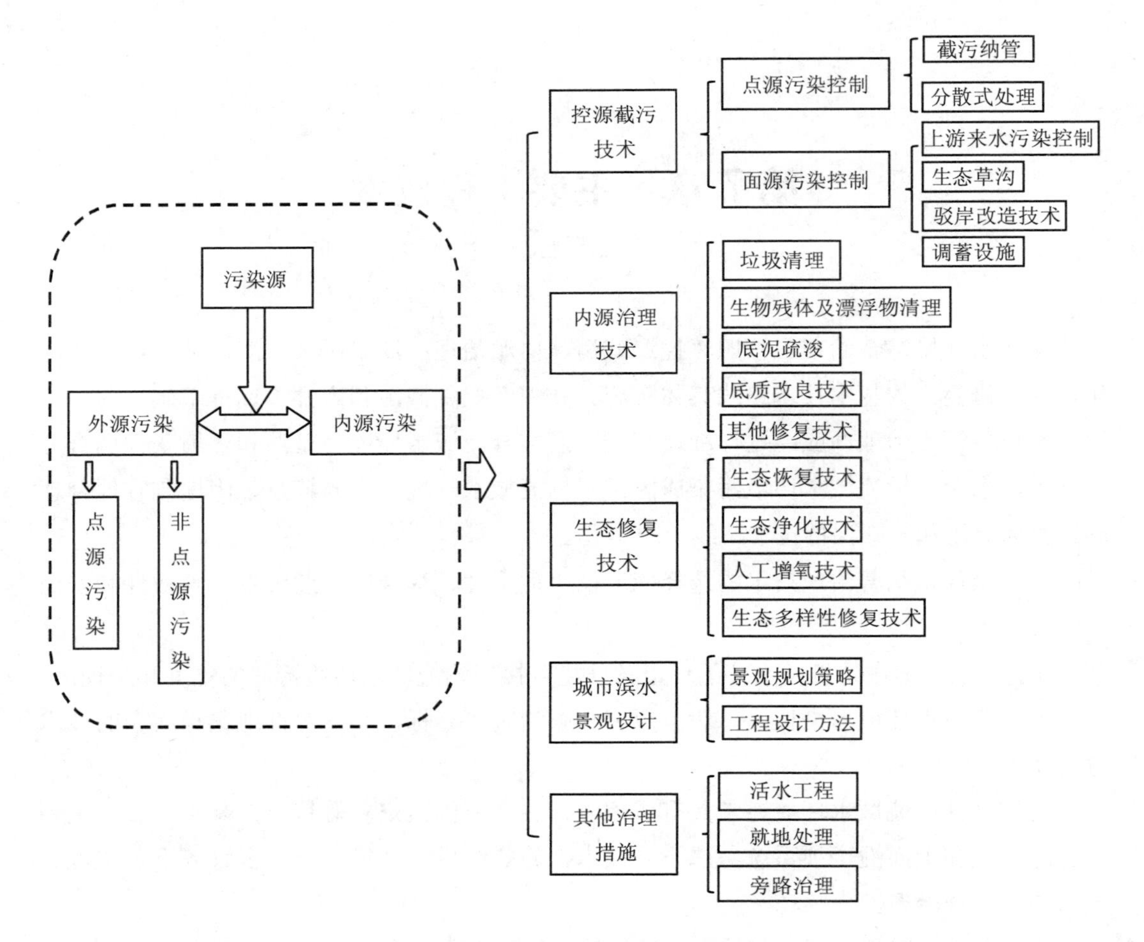

图 7-1　城市水环境综合治理技术图

③地埋式布置：所有污水和雨水的处理设施均可设在地下。节约了用地空间，降低了废气和噪声的产生。地上部分可做绿地或停车场使用，提高了土地利用效率。

④低影响开发理念：充分考虑了海绵城市中渗、滞、蓄、净、排的要求。通过渗透性铺装、雨水花园、雨水井过滤器等措施把雨水减量、净化后排入排洪渠，起到了对水体的补充。

⑤污水回用：经过净化的生活污水作为水资源再次进入水体之中，跌水和推流的补给方式增加了水体的流动性。

⑥智能化运营管理：针对分散型的雨污处理和多点排放的特点，采用“互联网+智慧环保”的智能管理化平台对流域水环境综合治理过程进行精细化运行和智能化管理。达到对污水、雨水处理系统和河道水体进行实时监控和预警的效果。

⑦水体生态修复和景观紧密结合：通过增加生态浮岛、人工沙洲等丰富了水体植物

的多样性，通过水体植物的代谢去除一定的污染物，通过在浮岛周围建立良性微生态系统，促进微生物群落的形成，增加了水体的自净能力。通过沙洲，改变水体中的水的流态，产生旋涡，有利于水生动物栖息，逐步恢复水体动植物的多样性和水体的自净能力。沿水体景观的再造不仅大大提升了周围环境水平，也为民众提供了休闲娱乐的场所，并且对民众环保意识的提高起到了很好的教育作用。

7.1 控源截污技术

7.1.1 点源污染控制

7.1.1.1 截污纳管

截污纳管是从源头控制污水向城市水体排放，主要用于城市水体沿岸污水排放口、分流制雨水管道初期雨水或旱流水排放口、合流制污水系统沿岸排放口等永久性工程治理。

截污纳管是水环境综合治理最直接有效的工程措施，也是采取其他技术措施的前提。通过沿河、沿湖铺设污水截流管线，并合理设置提升（输运）泵房，将污水截流并纳入城市污水收集和处理系统。对老旧城区的雨污合流制管网，应沿河岸或湖岸布置溢流控制装置。无法沿河沿湖截流污染源的，可考虑就地处理等工程措施。严禁将城区截流的污水直接排入城市河流下游。实际应用中，应考虑溢流装置排出口和接纳水体水位的标高，并设置止回装置，防止暴雨时倒灌。

截污纳管的局限性是工程量和一次性投资大，工程实施难度大，周期长；截污将导致河道水量变小，流速降低，需要采取必要的补水措施。截污纳管后污水如果进入污水处理厂，将对现有城市污水系统和污水处理厂造成较大运行压力，否则需要设置旁路处理。通过对区域内水系沿岸排放口的普查，对污水排放口及有混接的雨水排放口进行处理，处理手段包括封堵、截流及在排口设置生态处理设施等。截污纳管是进一步完善的区域内管网收集系统，是水质提升的前提。

一些近几年开发或待开发地区，排水管网铺设相对比较完善，可实行雨污分流制排水系统；但是一些老城区内配套排水管网不能满足现状排水要求，雨污混接现象严重，污水随雨水管道直排河道，导致受纳河道水体水质较差，也是污染的主要来源之一。对雨污混接严重区域进行排水系统改造时，改造方案须从源头上杜绝污水直排河道，控制污染物排放量。因此，截污纳管是改善河道水质的重要工程措施之一。

（1）排水体制论证

在排水体制的选择上，我国存在着不切实际地一味选择分流制的倾向。分流制有很多优点，但对于经济不发达城市的老城区，如道路不改造拓宽、小区不改造，尤其是许多城市的住房阳台改成厨房或装上洗衣机，其产生的污水便排入雨水管道系统，即使污水主干管已经建成，也无法实施雨、污分流。其结果只能是：一方面污水总干管未能充分利用，造成投资浪费；另一方面，污水还是走雨水管道排河，继续污染水体。

西方国家的实践表明，为了进一步改善受纳水体的水质，将合流制改造为分流制，其费用高昂而效果有限，而在合流制系统中建造补充设施则较为经济而有效。

1）国外合流制排水体制的选择案例

国外排水体制的构成中带有污水处理厂的合流制仍占相当高的比例。英、法等国家的大部分城市也仍保留了合流制体制，以控制非点源污染并保证污水的处理率，修建合流管渠截流干管，即改造成截流式合流制排水体制，莱茵河和泰晤士河的水体都得到了很好的保护。

1987 年西德的合流制下水道长度占总长度的 71.2%，且该国专家认为通常应优先采用合流制，分流制要建造两套完整的管网，耗资大、困难多，只在条件有利时才采用。至 80 年代末，西德建成的调节池已达计划容量的 20%，虽然其效果难以量化，但是截送到处理厂的污水量增加了，河湖的水质有了显著的改善。

德国鲁尔河协会（Ruhrver band）管辖流域的城市大都采用合流制排水系统和合流制污水处理厂，其旱季处理流量为污水流量（Q），而雨季处理流量则为两倍污水流量（$2Q$）；而且其剩余的雨水径流进入雨水处理系统——雨水塘和地表径流型人工湿地。2002 年，鲁尔河协会共运行 96 座污水处理厂，而雨水处理厂则达 297 座。因此，鲁尔河无论是旱季还是雨季，其水质保持得非常好，不仅具有良好的生态景观，而且成为鲁尔工业区的主要供水水源。

2）国内合流制排水体制的选择案例

我国城市早期多是采用直排式合流制排水系统。但是由于“合改分”的难度和不彻底性，为了减少老城区合流制排水系统对受纳水体的污染，从 20 世纪 60 年代开始，国内一些城市开始沿受纳水体建设截流管道，截流旱季污水和部分雨水，将原有直排式合流制系统改造为截流式合流制排水系统。例如，北京、上海、武汉、济南、厦门、杭州、徐州、吉林等老城区仍存在大量的合流排水管渠，已经基本建设了沿河的污水截流系统。另外，一些城市新建分流制排水系统中存在雨污水错接入管道的问题，在新建区分流制排水系统中产生了一定的混流排水系统（实质上为合流排水系统），为了控制水环境污染，又必须沿河修建分流制截流系统。受历史保护和空间条件限制，上海市中心老城区排水系统基本为合流制，在分流制排水系统的地区也存在雨污管道混接问题。上海是个特大型城市，地上建筑林立、地下管线错综复杂、基础设施用地紧缺、交通拥挤，加上中心城区污水治理基础设施已基本建成。在上海中心城区内，合流制、分流制并存且分布范围交错，合流制排水系统达到 66 个，服务面积为 117.65 km^2。

综上所述，建立理想的分流制或将合流制改为完全分流制系统的成功率较小。在排水体制的选择上应改变观念，允许部分地区在相当长的时间内采用截流式合流制，并将工作重点放在提高污水处理率上，这才是保护水体的根本方法。

在对老城区合流制排水系统改造时要结合实际制定可行方案，在各地新建开发区规划排水系统时也有必要充分分析当地条件、资金的合理运作方式，同时还要从管理水平、动态发展角度进行研究，不要盲目模仿、生搬条款。在已有二级污水处理厂的合流制排水管网中，在适当的地点建造新型的调节、处理设施（滞留池、沉淀渗滤池、塘和湿地等）是进一步减轻城市水体污染的关键性补充措施。它能拦截暴雨初期“第一次冲刷”引起的污染物并送往污水厂处理，减少混合污水溢流的次数、水量，改善溢流的水质，以及均衡进入污水厂混合污水的水量和水质，它也能对污染物含量较多的雨水作初步处理。

综上，按照“合流改造+溢流污染调蓄+排涝能力提升”的整体思路对排水系统进行改造。通过改造，达到以下目标：①提高排涝标准；②末端调蓄，分流调蓄，控制污染，降低管道淤积污排河污染；③减少溢流污染物排放，降低溢流频次；④通过改造，有效遏制河水倒灌。

（2）智能分流井的选择

智能分流井是实现前段分散溢流和分流的关键。合流管道通过智能分流井与分流干管及雨水河道排放口连接，并在井内设置闸门，控制智能分流井的分流工况。当旱流或小、中雨时，合流管道里主要为污水，此时溢流管智能限流闸门关闭，分流管智能限流闸门开启，污水及雨污混合溢流污水完全分流至污水处理厂；当大、暴雨时，调整智能限流闸门开度，开启溢流管智能限流闸门，使洁净雨水分流至河道，从而实现前段分散溢流和分流的目的（图 7-2）。智能分流井是智慧水务工程的一项重要组成部分。根据在范围内设置的雨量计、液位计及水质监控等信息，通过智慧水务系统综合判断整个区域内的管网、河网系统的运行情况，系统能够提供最佳的运行建议，控制智能分流井的运行。末端智能分流井在旱天时溢流至调蓄池闸门关闭，分流管智能限流闸门开启，分流旱流污水至截污泵站，在雨天时调整分流管智能限流闸门，开启调蓄池前智能限流闸门，部分污水、雨水溢流至调蓄池。

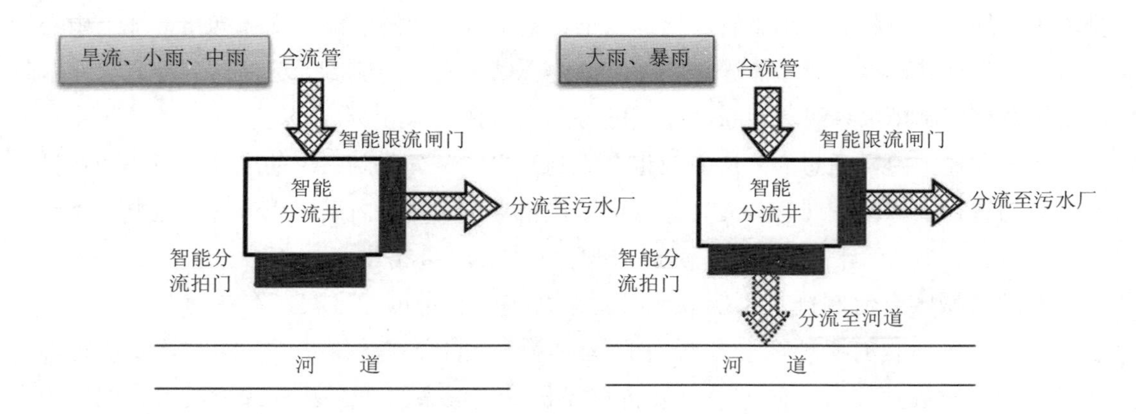

图 7-2 不同工况下前端智能分流井运行原理

（3）截污泵站的选择

一体化截污泵站又被称为一体化预制泵站，泵站主体由复合缠绕玻璃钢筒体，内置潜污泵、自动耦合装置等组成，可以实现全自动无人值守。一体化泵站占地面积较小，便于施工，对周围环境影响较小。

通过新建一体化截污泵站，原宝塔泵站维持原有功能不变，提升余杭老街道内污水管网收集的生活污水至文一西路下污水主管，输送至余杭污水处理厂处理。新建的一体化截污泵站提升新建合流管网及分流管网收集的旱流污水和雨天溢流污水至文一西路下污水主管，同时能够有效减轻原宝塔泵站的运行负荷。

（4）垃圾和固体颗粒物截流器

垃圾和固体颗粒物截流器由不锈钢制成，筒状，布满 0.4 cm×5 cm 的孔，可以截流雨水管网中粒径大于 0.6 cm 的垃圾和颗粒物。安装后可以确保即使在暴雨情况下，溢流到雨水管网中的垃圾和颗粒物在排河之前也可以被去除。

（5）雨水综合处理设施

雨水综合处理设施是通过格栅的物理截留、旋流分离和吸附过滤将雨水中的颗粒物、油、重金属等污染物质去除，并有渗透滞留的作用，能够减少径流量，降低经历峰值。通过过滤和物化吸附的方式去除雨水中的有机物、油脂和重金属等污染物质。

7.1.1.2 分散式处理

对于区域内部分点源污染截污难度大、管网改造条件存在限制，同时点源污染排放量大、水体污染较为严重等问题，可以采用在点源污染处设置分散式处理设施的方式，生活污水经过设施处理后排放到水体，高效去除排水中的污染物，是水体水质提升的保障之一。

分散式污水处理系统的功能是利用分散式污水处理系统（即 SMART 一体化处理系

统）对下河污水进行全面截污，处理达到 GB 18918—2002 一级 A 排放标准（COD≤50 mg/L，TN≤15 mg/L，NH_3-N≤5（8）mg/L，TP≤0.5 mg/L），再经出水口排入沿岸设置的梯级湿地，过滤后排放至下游河道（图 7-3）。

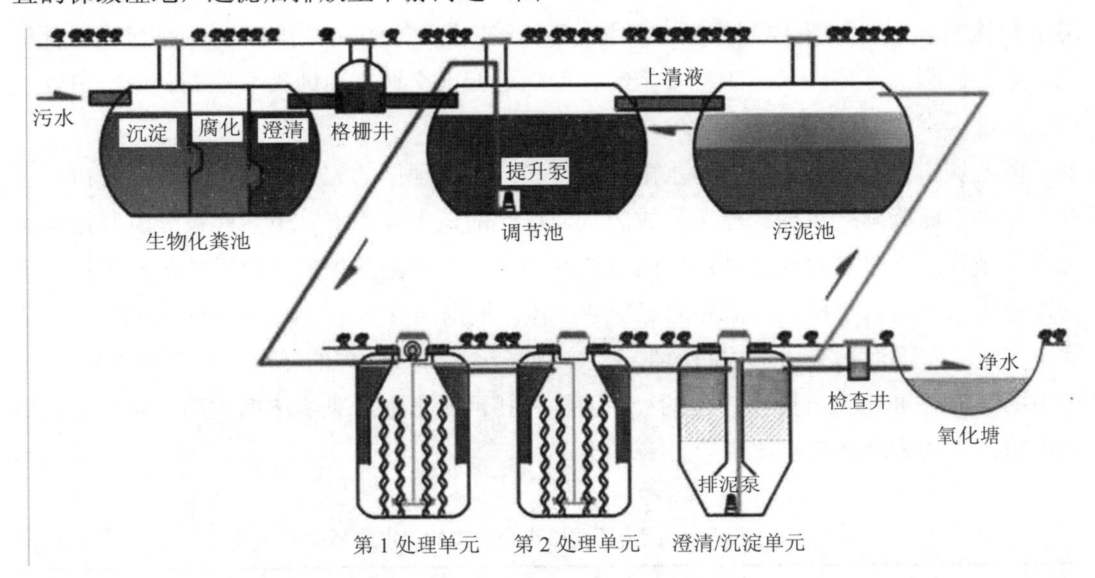

图 7-3　分散式污水处理系统流程

分散式处理设施可采用一体化生物强化—膜生物反应器，该工艺技术的优点是占地面积小、运行稳定、低噪声、自动化程度高、设计智能化等。工艺处理流程如图 7-4 所示。

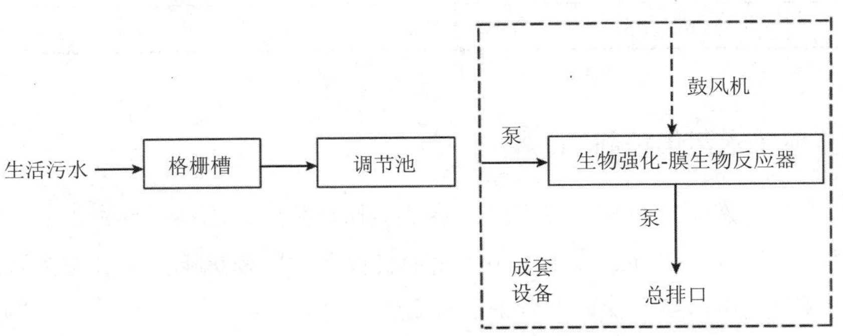

图 7-4　生活污水处理工艺流程

7.1.2　面源污染控制

面源污染控制主要用于城市初期雨水、冰雪融水、畜禽养殖污水、地表固体废弃物等污染源的控制与治理。可结合海绵城市的建设，采用低影响开发技术、初期雨水控制与净化技术、地表固体废弃物收集技术、土壤与绿化肥分流失控制技术以及生态护岸与隔离（阻断）技术。畜禽养殖面源控制主要可采用粪尿分类、雨污分离、固体粪便堆肥处理利用、污水就地处理后农地回用等技术；但是，限制因素是工程量大，影响范围广。雨水径流量及径流污染控制需要水体汇水区域整体实施源头减排和过程控制等综合措施，系统性强，工期较长；工程实施经常受当地城市交通、用地类型控制、城市市容管理能力等因素制约。

随着城市化进程的发展，污水雨水管网和污水处理厂的完善，城市点源污染得到了有效控制，而降雨产生的径流污染成为水质恶化的最主要因素。虽然建设分流制排水系统可以减轻雨季降水对污水处理厂的负荷冲击，但是降雨产生的径流里携带的各种污染物通过雨水管道直接排入河流湖泊等受纳水体。根据调查显示，大约 30%的地表水污染物超标是由于面源污染所造成的，在已经实现了污水二级处理的城市，污染物 BOD 年负荷中的 40%～80%来自降雨产生的径流。雨天排河雨水中污染物浓度很高，尤其是初期的雨水污染物浓度，甚至比生活污水还要高。

表 7-1　国内不同城市雨水排放口水质情况　　单位：mg/L

城市	COD	SS	TN	TP
北京	190	350	26.4	2.36
武汉	299	601	12.3	0.88
昆明	201	229	27.4	2.51
珠海	77.5	569	4.96	0.48
宝鸡	427～1 536	155～1 388	—	2.46～8.73

7.1.2.1　上游来水污染控制

通过综合的生态湿地系统，应用生态系统中物种共生、物质循环再生的原理，以及结构与功能协调原则，在促进废水中污染物质良性循环的前提下，充分发挥资源的生产潜力，防止环境的再污染，保证上游来水水质。

（1）生态拦截设施

人工湿地是水处理过程中常用的生态处理措施之一，其是指通过模拟天然湿地的结构与功能，选择一定的地理位置与地形，根据需要设计与建造的湿地。在环境保护领域，人工湿地主要用于污染物净化和生态修复。

人工湿地主要由基质层、植物和微生物等构成。进水中污染物的净化是由植物、基质及微生物等共同作用完成的，三者构成了一个有机整体，相互作用，互为补充。人工湿地作为一种新型水处理技术，应用于水体治理具有独特的优势，可用于去除有机污染物、氮、磷和藻类，不仅可以有效改善景观水环境质量，减少外源污染物的输入，还可以隐藏于风景区的绿地、花园中，提高城市景观环境的协调性，美化周围环境。

人工湿地水质净化系统具有建造和运行成本低、出水水质好、操作简单等优点，同时如果选择合适的植物品种还有美化环境的作用。人工湿地水处理系统在发达国家与发展中国家均得到了广泛的应用。人工湿地系统实际上是一种深度处理方法，经过其处理后的出水水质可以达到地表水水质标准，处理后的水可以直接排入景观用水的湖泊、水库或河流中。

人工湿地系统根据湿地中的主要植物类型可分为浮生植物系统、挺水植物系统和沉水植物系统。沉水植物（如狐尾藻、金鱼藻）系统主要应用于初级处理和二级处理后的精处理。浮水植物（如浮萍、凤眼莲）主要用于氮、磷去除和提高传统稳定塘的效率。目前所指的人工湿地一般都是挺水植物系统。挺水植物系统根据水在湿地中流动的方式不同又分为三种类型：地表面流湿地（surface flow wetland，SFW）、水平潜流湿地（subsurface flow wetland，SSFW）和垂直流湿地（vertical flow wetland，VFW）。

地表面流湿地系统也称水面湿地系统，与自然湿地最为接近，去污效果又要优于自然湿地系统，但它受人工设计和监督管理的影响。污染水体在湿地的表面流动，水位较浅，多为0.1～0.9 m。通过生长在植物水下部分的茎、秆上的生物膜来去除污水中的大部分有机污染物。氧的来源主要靠水体表面扩散，植物根系的传输和植物的光合作用，但传输能力十分有限。这种类型的湿地系统具有投资少、操作简单、运行费用低等优点，但占地面积大，负荷小，处理效果较差，受气候影响大，卫生条件差。处理效果易受到植物覆盖度的影响，与潜流湿地相比，需要较长时间的适应期才能达到稳定运行。地表面流湿地面积通常较小，其中60%小于10 hm^2。自然湿地水力负荷小于人工湿地。水深范围为5～90 cm、30～40 cm的较常见。

潜流湿地系统也称渗滤湿地系统。这种类型的人工湿地，污水在湿地床的内部流动，水位较深，它是利用填料表面生长的生物膜、丰富的植物根系及表层土和填料截留的作用来净化污水。由于水流在地表以下流动，具有保温性能好、处理效果受气候影响小、卫生条件好的特点。与地表面流湿地相比，潜流湿地的水力负荷和污染负荷大，对BOD、COD、SS、重金属、N、P等污染指标的去除效果好，出水水质稳定，不需适应期，占地小，但投资要比水面湿地高，控制相对复杂。潜流湿地系统的最大优点就在于，污水通过布水系统直接输送至人工湿地床的基质中，能减少臭味和蚊蝇滋生。

垂直流湿地系统是利用垂直流湿地的水流情况，综合地表面流湿地和潜流湿地的特性，水流在填料床中基本呈由上向下的垂直流，床体处于不饱和状态，氧可通过大气扩散和植物传输进入的人工湿地系统。垂直流湿地的硝化能力高于水平潜流湿地，可用于处理氨、氮含量较高的污水，但对有机物的去除能力不如潜流湿地，落干、淹水时间较长，控制相对复杂，基础建设要求较高，夏季有滋生蚊蝇的现象。

表 7-2 人工湿地的类型及特点

类型	地表面流湿地	潜流湿地	垂直流湿地
水流方式	表面漫流	水平流动	垂直流动
构造	简单	较复杂	复杂
控制管理	简单	较复杂	复杂
处理效果	较差	较好	好
占地面积	很大	相对较小	相对较小
建设费用	费用低	费用较高	费用高
气候影响	很大	较大	较大
卫生状况	可能有恶臭、蚊蝇滋生问题	好	较好

（2）生态保障设施

在生态拦截设施之后可设置生态浮岛作为生态保障措施，高效生态浮岛技术是基于人工浮岛技术，并融合了生物接触氧化技术的新型浮岛技术，其作用原理图如图 7-5 所示。通过增加有益微生物的附着面积，提高对有机污染物的分解，并利用浮岛上的植被吸收氮、磷营养元素，从而高效、全方位地净化水体。用于水处理的生态浮岛植物首先必须能在污染的环境下正常生长，即抗逆性。不同植物耐污能力相差较大，所以构建生态浮岛时，应选择耐污能力强的植物。选取的植物应该具有良好的生态适应能力和生态营建功能，通常选用本土优势品种。其次是所选用的植物具有净化能力。为提高净化能力，所选植物一方面要具备发达的根系，生长量大，营养生长与生殖生长并存。发达的根系增加表面积，另一方面植物地上部分的生物量要大，增加吸收同化去除能力。发达的植物根系可以分泌较多的分泌物，为微生物提供适宜的环境；植物的根系在固定处理床表面和保持植物与微生物旺盛生命力等方面发挥着重要作用，对保持人工湿地生态系统的稳定性具有重要意义；植物的生物量越大，其对氮、磷等营养物的吸收同化作用越强，越有利于提高污染物的去除能力。选择植物时，尽量选用年生长期长的植物，最好是冬季半枯萎或常绿植物。选取的植物具有经济效益、文化价值、景观效益和综合利用价值是最优的结果。

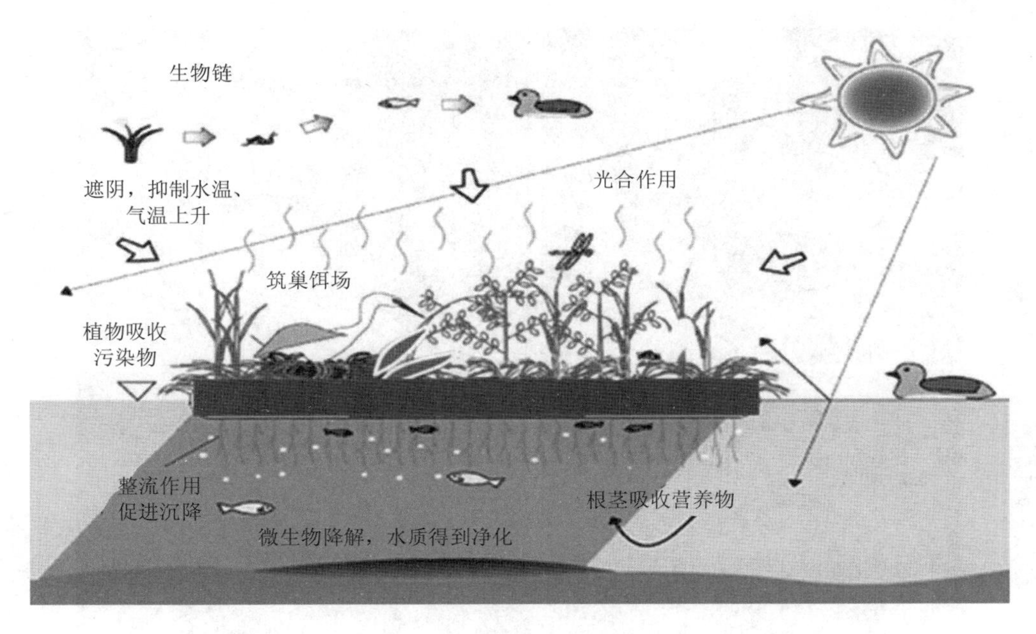

图 7-5　生态浮岛作用原理

根据工程经验，芦苇、菖蒲和美人蕉是人工湿地系统中经常选用的三种植物（图 7-6）。除了对污染物去除效果较好之外，三种植物还有其自身的特点：芦苇分布较为广泛，适应性较强，而且有关科学实验表明，其根系有强烈的泌氧作用，在根系周围可以形成许多好氧—兼氧—厌氧的小环境，有助于不同种类微生物的生长，从而提高系统对污染物的去除效果；菖蒲的返青期较早，有利于填补早春系统植物的空白，而且开花时观赏性较好；美人蕉枝干比较粗壮，可以从水中吸取、固定较多的污染物质，且其花朵艳丽，有很好的景观效果。根据相关研究表明：芦苇、香蒲与风车草作为湿地作物，具有良好的效果。风车草全年保持生长，即使在冬天仍能维持一定的生长速率，具有较好的景观效果。风车草对 N、P 的吸收量分别占净化量的 55%和 53%，对 COD 和 BOD 的去除率分别为 74%和 74%，与生态浮岛的其他植物相比，对污染物的去除率有较为明显的提高。

7.1.2.2　生态植草沟

生态植草沟顾名思义就是具有生态功能的植草沟，是一种生态的地表排水方式，一般为依绿地或绿化带建设的浅沟，沟内种植草等植物，通过下渗以及植物的吸收、储存和过滤等原理净化和削减雨水径流的工程设施。具有景观性植被的排水沟渠，对雨水或由于降雨冲刷产生的面源污染等进行前处理，径流中的悬浮物、污染物被过滤拦截，经过处理后的雨水再进入市政管网。

图 7-6 美人蕉、菖蒲、千屈菜、风车草等生态浮岛植物

相比于普通的排水沟渠，生态植草沟能够对地面污水进行滞留、过滤，减少径流中污染物质，减缓地面径流流速。植草沟起到了海绵的作用，对雨水蓄渗滞纳，增大了城市中排蓄弹性，减少了因暴雨产生的排水压力和污染问题。简单来说就是城市管理雨洪问题的措施之一。

生态植草沟功能如下：

①可以有效地减少固体悬浮颗粒和有机污染物，并能去除 Pb、Zn、Cu、Al 等部分金属离子和油类物质。其中，它对 SS（悬浮颗粒物）的去除率可以达到 80%以上；

②通过植被的截流与土壤的渗透，降低雨水径流流速，削减径流峰流量，达到减少水土流失、间接补充地下水的目的；

③具有美化与景观功能，柔化空间界线、减轻地界的冷硬感觉，改善空间感；

④可代替传统的雨水管道，增强生态功能，保护生物多样性。

由于生态草沟的结构简单、占地面积小，维护简单，既能高效缓解雨洪排蓄问题，又能处理径流污染。在建造生态海绵城市的过程中，是值得推广的生态技术之一。

7.1.2.3 驳岸改造技术

硬质驳岸并不利于对地表径流的截污，反而会导致周边大量污染物随地表径流直接进入水体，进一步加剧水体富营养化程度。驳岸改造技术是将硬质驳岸敲掉，改造成梯形或梯田式软质生态驳岸（图 7-7）。

蜂巢约束系驳岸　　环保草毯驳岸　　柔性生态袋

图 7-7　生态驳岸改造类型

生态驳岸是在保持边坡稳定的基础上，以营造边坡的生物多样性为目标，以河岸、湖岸水文联系的沟通为关键，形成水—土—生物之间的良性循环，构建健康、平衡的边坡生态系统。采用生态驳岸护坡，能有效保持水土及对地面径流截污，保证河道行洪功能的同时，打造秀美景观。

驳岸处于水陆交错地带，区域生态环境具有复合性，也是滨水区重要的生物栖息地，它是生物多样性最丰富、景观效益最高的区域，驳岸设计是城市滨水景观生态恢复的关键地带，明显优于传统的硬质护岸，在满足河道行洪排涝功能的同时，还能打造宜人的亲水空间，促进景观生态可持续发展。生态驳岸通常分为以下三种：

（1）自然原型生态驳岸

自然原型生态驳岸是滨水区坡度平缓或者内陆面积较大的区域维持自然状况下的驳岸，一般保持着水域两侧或一侧原有的植物。这种驳岸植被组成包括沉水植物、浮水植物、挺水植物、草地和灌木乔木，良好的生态环境能吸引各种动物栖息，能达到增加场地生物多样性的效果。

根据场地水域的不同情况，植物配置上也有所不同。例如，在水流比较缓慢的区域，多采用菖蒲、千屈菜、黄菖蒲、睡莲等水生植物丰富驳岸景观，创造生境；在水流湍急的区域，多采用柳树、水杉等耐水湿植物营造景观，利用喜水植物的根系生长稳固堤岸，增强其抗洪能力。

（2）仿自然型生态驳岸

仿自然型生态驳岸安全性比自然原型生态驳岸要高，主要由于其采取了天然的石材对驳岸进行护底，是坡度较陡或水流速度大冲刷侵蚀较严重的水域常采用的斜坡种植驳岸。此类驳岸尽量采用天然材料，如木桩、石块等。目前，仿自然型生态驳岸所采用的值得推广的做法主要有：柳枝木桩法、自然石护岸、根料填充驳岸、木笼护岸。柳枝木桩法是在水岸处将木桩成排打入，用柳枝编织固定。这种做法的特点在于，随着时间的推移，柳枝的生长能起到很强的固土护岸效果。利用石块等天然材料进行驳岸处理时，石头与石头之间的缝隙，给小型鱼类和其他小型动物提供了一定的栖息场所。

（3）人工自然型驳岸

通常在预防洪水灾害要求较高、腹地范围较小的城市河道或湖泊常采用人工自然型驳岸，在自然型护岸的基础上通过人工利用植物、石料、木材、混凝土、钢筋混凝土等材料将驳岸打造成既能满足防洪要求，又尽可能地满足生态功能。人工自然型驳岸主要有以下两种：

①台阶型生态驳岸。该驳岸基于仿自然型驳岸的结构，采用钢筋混凝土柱打造台阶箱状框架，然后在此空隙中填入石块，也可用直径各异的空心管插入，其中空心管一般以混凝土材料为主，这种方式能够构成间隙很大的生物栖息空间，可以为小型水生动物、鱼类提供一个安全的庇护所，再在空隙中插入柳枝等，使其在缝隙中生长出茂密的草木，其框架也可使用耐水的原木，这种驳岸设置能为城市滨水空间动植物提供多样化的滨水生境。

②相容型生态混凝土驳岸。由于多孔混凝土间隙较大，能够让水分与氧气通过，渗入植物所需养分，促进植物发育，同时让陆生和水生动物栖息在其空隙或表面，相互形成连续的食物链。这种驳岸不仅有利于恢复水岸带植物群落，还能维护食物链结构，增加生物多样性，更能够激发水体的自净能力，增强及抗洪能力。

7.1.2.4 调蓄设施

合理的选择排水体制，是城镇和工业企业排水系统规划和设计的重要问题。从环境保护方面看，如果采用合流制将城市生活污水、工业废水和雨水全部截流送往污水处理厂进行处理，然后再排放，从控制和防治水体污染来看，是较好的，但这时截流主干管尺寸很大，污水处理厂规模也增大很多，建设费用也相应增加。采用合流制时，在暴雨径流之初，原沉淀在合流管渠的污泥被冲起，即所谓的“第一次冲刷”，沉淀污泥同时和部分雨污混合污水经截流井溢入水体。实践证明，采用合流制的城市，水体仍然遭受污染。为了完善合流制，宜将雨天时溢出的混合污水予以贮存，待晴天时再将贮存的混合污水全部送至污水厂处理。雨污混合污水贮存池可设在溢流出水口附近，或者设在污水厂附近，以减轻城市水体污染。也可在排水系统中、下游沿线适当地点建调节、处理（如沉淀池等）设施，对雨水径流雨污混合污水进行贮存调节，以减少合流管的溢流次数和水量，同时去除某些污染物以改善水质，暴雨后再由重力流或者提升，经管渠送至污水厂处理后再排放水体。在合流制排污系统末端建设调蓄池是削减污染物排河的重要工程措施之一，合流制排水系统末端均设有调蓄池，调蓄池主要作用如下：

①减少排水系统费用。在排水系统中使用调蓄池能够减少排水管道的尺寸及建设费用，尤其是当排水管道较长且采用重力流的排水方式时，结果更显著。当需要建设排水泵站的时候，还能够减小泵站的规模。尽管采用暴雨调蓄池可以减小管道断面和泵站规模，但是在计算费用的同时，还要考虑建设暴雨调蓄池的工程费用以及维护运行的费用。

②起到连接新的汇水地区和已有的排水管道的作用。已有的排水管道接纳新的汇水面积后，将超过管道设计规模而无法接纳暴雨期的流量，在这种情况下，可采用暴雨调蓄池接纳高峰流量，因此就没有必要再改造已有的管道和泵站。

③对已有管网系统的改善。若管网系统已超负荷运行，无须对管网系统改造，建造调蓄池后，就可以解决管网系统超负荷工作的状况。

④保护受纳水体。调蓄池使雨污混合溢流污水在其内停留，同时能够起到净化的作用。短期的暴雨降落时，在未达到溢流水量时，调蓄池具有足够的容量来储存不必立即排入渠道的雨污混合溢流污水。德国研究表明，一年内仅有 5%的暴雨水量排放至水体。当来自进水管道的雨污混合溢流污水中污染物质的浓度较大时，只有采取措施才能将其降低到受纳水体能够接受的范围，因此建调蓄池是十分必要的。

（1）液动下开式堰门的应用

下开式堰门常用于管道、箱涵或渠道中，以起到冲洗、防倒灌及调节流量的作用。当管道内需要冲洗时，堰门向上关闭，实现拦蓄；当液位达到设定值时（超声波液位传感器监测），同时检测堰门下游水位；当下游水位较低时，堰门快速向下开启，利用堰门两侧液位差形成的势能，完成一次冲洗。

（2）模块化人工湿地的应用

如图 7-8 所示，模块化人工湿地具有雨水的调蓄功能，且通过吸附性填料的过滤、吸附和植物根系的吸收可以大大降低雨水中的重金属、油污、TSS、氮、细菌等的含量，净化雨水中多种污染物。可同现有排水系统结合，置于人行道绿化带和停车场隔离带等空间狭小的地方。可种植同景观相协调的植物，起到美化效果。

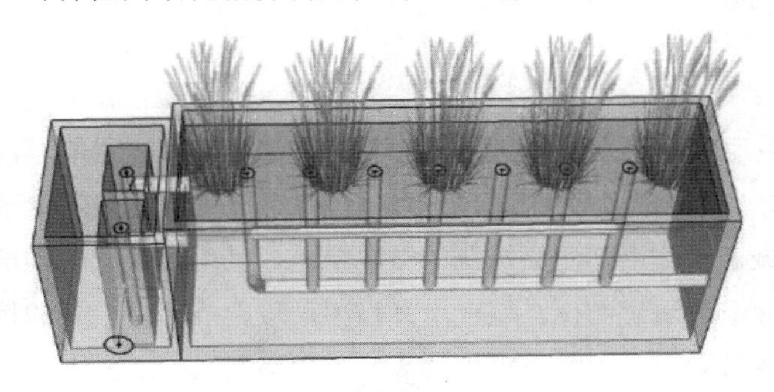

图 7-8　模块化人工湿地

7.2 内源治理技术

目前，在河流湖泊污染治理力度的加大、外源污染在得到有效控制或局部控制时，底泥内源污染释放就成为水体污染的重要来源。底泥可以作为水体污染源的汇，但当水体底泥物质交换平衡打破时，底泥将从污染物的汇转变成污染物的源，将污染物重新释放到水体，引起水体再次污染。底泥内源污染可能会引起水体污染，反复治理等问题，严重时甚至威胁人类健康，这些问题引起国内外学者专家的广泛重视。底泥内源污染治理日益重要，由此底泥内源污染治理方法应运而生。

底泥内源污染控制技术根据其作用机理，主要分为物理修复技术、化学修复技术和生物修复技术三大类。物理修复技术是借助工程技术的手段，主要通过物理手段对污染底泥进行处理。物理修复技术见效快，但工程量大，消耗大量人力、财力、物力，且修复效果不稳定。化学修复技术是向污染底泥中投加化学药剂，即通过投加化学试剂与污染物发生氧化、还原、沉淀或聚合等反应，将污染物从底泥中分离、降解或转化成低毒无毒的化学形态，达到有效处理底泥污染物的目的。化学修复可有效去除污染物，但若化学药品选择不当，可能会引发二次污染或引起其他污染物的异常释放，此技术常作为一种紧急应急处理措施。生物修复技术是近些年发展起来的一种新型底泥修复技术。这种技术主要是利用微生物、植物、动物等的生命活动，对水体中的污染物进行吸附、转移、转化和降解，从而净化水体并重建水生生态系统。生物修复技术相对于其他的处理技术相对缓慢，且每种生命体生长都会受到一定的温度、溶解氧、pH 等诸多因素的影响。

底泥污染物种类复杂，有时单一的处理方式并不能将其有效处理，因此就需要根据所处理污染物的不同特征，选择一系列共同作用和其他辅助技术支持来实现。联合修复技术就是发挥各项修复技术的优势，以达到更好、更彻底的修复。联合修复技术涉及物理、化学、生物等多个方面的综合作用。

7.2.1 垃圾清理

垃圾清理主要用于城市水体沿岸垃圾临时堆放点的清理。在现场勘察的过程中，时常发现淤积河道内存在生活垃圾、固体废弃物、建筑废料等，影响了河道的整体景观效果，也加剧了水体的恶化。在对河道底泥疏浚同时对岸坡垃圾、杂物等进行清理。

垃圾清理是城市水体沿岸污染控制的重要措施，其中垃圾临时堆放点的清理属于一次性工程措施，应一次清理到位。城市水体沿岸垃圾存放历史较长的地区，垃圾清运不彻底可能加速水体污染。

7.2.2　生物残体及漂浮物清理

生物残体及漂浮物清理主要用于城市水体水生植物和岸带植物的季节性收割、季节性落叶及水面漂浮物的清理。水生植物、岸带植物和落叶等属于季节性的水体内源污染物，需在干枯腐烂前清理；水面漂浮物主要包括各种落叶、塑料袋、其他生活垃圾等，需要长期清捞维护。季节性生物残体和水面漂浮物清理的成本较高，监管和维护难度大。

7.2.3　底泥疏浚

底泥疏浚是较早研究的污染底泥处理技术之一，它可以快速有效地去除水体底泥内源污染物，广泛应用于水污染治理工程。底泥疏浚主要是将受污染的底泥挖出，输送到别处做固化填埋或物理、化学、生物处理。通过底泥疏浚可以有效地去除河流、湖泊中的污染底泥，直接将污染物移除，改善底泥状态，从而达到减少内源释放的效果。一般是在底泥污染物浓度超过本底值 2～3 倍时考虑疏浚，此时通过清除水底的污泥，可快速削减水体内源污染物的释放量，同时增大环境容量。

很多时候，疏浚处理见效快、效果好。如瑞典的楚门湖，疏挖表层 1 m 厚的底泥后，TP 浓度迅速下降，且这种状态维持了 18 年。美国马萨诸塞州的新贝德福德港，通过疏浚有效地消除了沉积物中 PAHs 和重金属的释放。我国滇池草海实施疏浚工程后，疏浚区水体不再黑臭，水质明显好转，水体透明度由原来不足 0.37 m 提高到 0.8 m。随着该技术的广泛应用，研究人员开始关注底泥疏浚后水质的改善、内源释放的过程和机理以及对浮游生物、底栖动物等生物群落的影响等方面。刘国峰等对底泥疏浚 6 个月后的空山湖大型底栖动物的群落结构及水质变化进行了调查，结果表明，底泥疏浚后底泥生物多样性减少，但其生物量增多，且底栖动物群落组成以耐污强的物种为主。研究较多关注底泥疏浚的短期环境效应，而较少涉及疏浚后的长期综合生态效应分析。对于疏浚的效果还存在一些失败的案例，南京的玄武湖、日本的诹访湖、荷兰的济里克泽湾，疏浚后沉积物污染变得比疏浚前更为严重。从国内外的相关研究与应用来看，底泥疏浚治理技术在一定程度上已取得了明显的效果，但疏浚的一系列棘手问题还在探索解决中。首先疏浚工程成本高，从我国“三湖”水污染防治规划中底泥疏浚的计划规模和投资，估算出国内底泥疏浚的成本为 30～60 元/m^3；如果底泥含有需要额外处理的有毒有害物质，疏挖和处理成本将会更高。疏浚不当还可能破坏原有水体底部生态，影响水体中原有的生态系统，改变生物生存环境，降低生物多样性及结构；同时疏浚产泥量大，生态文明建设、“水十条”建设、黑臭水体治理、PPP 河道综合治理等均涉及底泥疏浚。据不完全统计，我国年产疏浚泥 5 亿 m^3，尽管目前疏浚底泥经处理得到陶粒和砖等，实现资源化利用，但其利用率相比产淤量仍微乎其微，大部分底泥多用来填埋以及堆砌：底泥污染物成分复杂，没有合理的处理还容易造成二次污染。总体而言，底泥疏浚是具有双面作用的内源污染控制技术，在实施前应确定正确的疏挖范围、深度和方式，并做好可行性分析和风险评估；疏挖后应对生态环境进行详细评估，必要时应针对可能出现的不良后果制定处理预案。

底泥疏浚须合理控制疏浚深度，过深容易破坏河底水生生态，过浅不能彻底清除底泥污染物；高温季节疏浚后容易导致形成黑色块状漂泥；底泥运输和处理处置难度较大，存在二次污染风险，需要按规定安全处理处置。

目前的河道清淤工程，大多数具有水质改善的作用，因此尚属“环保清淤”范围。另外，在工程上有“疏浚”和“清淤”两个较为接近的术语，为了区别于航道、港口等大规模疏浚工程，中小河道、农村河道的清、挖工程统一称为“清淤”，突出清除底泥中污染物的概念和解决淤积问题的工程目的。

清淤工程具有系统化施工的特点，在清淤之前应该进行初步的底泥调查等前期工作，通过测量，明确河道底床的形状特征。中小河道，尤其是农村河道工程量偏小，这些前期工作很容易被忽视，但实际上先进行一些简单的前期工作对整个工程的顺利实施并得到预期效果会有极大的帮助。在前期工作的基础上，根据淤积的数量、范围、底泥性质和周围条件等确定包含清淤、运输、淤泥处置和尾水处理等在内的主要工程环节的工艺方案，因地制宜地选择清淤技术和施工装备，妥善处理处置清淤产生的淤泥并防止二次污染的发生。

由于近些年我国港口、航道、内河以及湖泊清淤工程众多，疏浚、清淤技术得到长足发展，装备能力也大大提升，但能够进入中小河道和农村河道的专用船只和设备却并不常见。目前国内常用的河道清淤一般采用围堰干挖、绞吸式清淤、机械疏挖、水力冲挖等方案。常用的中小河道清淤技术如下。

7.2.3.1 干式清淤

对于没有防洪、排涝和航运等功能的流量较小的河道，干式清淤指可通过在河道施工段构筑临时围堰，将河道水排干后进行干挖或者水力冲挖的清淤方法。排干后又可分为干挖清淤和水力冲挖清淤两种工艺。

（1）干挖清淤

作业区水排干后，大多数情况下都是采用挖掘机进行开挖，挖出的淤泥直接由渣土车外运，或者放置于岸上的临时堆放点。倘若河塘有一定宽度时，施工区域和储泥堆放点之间存在一定距离，需要用中转设备将淤泥转运到岸上的储存堆放点。一般采用挤压式泥浆泵，也就是混凝土输送泵将流塑性淤泥进行输送，输送距离可以达到200～300 m，利用皮带机进行短距离的输送也有工程实例。干挖清淤其优点是，清淤彻底，质量易于保证且对设备、技术要求不高，产生的淤泥含水率低，易于后续处理。

（2）水力冲挖清淤

采用水力冲挖机组的高压水枪冲刷底泥，将底泥扰动成泥浆，流动的泥浆汇集到事先设置好的低洼区，由泥泵吸取、管道输送至岸上的堆场或集浆池内。水力冲挖具有机具简单、输送方便、施工成本低的优点，但是这种方法形成的泥浆浓度低，为后续处理增加了难度，施工环境也比较恶劣。

综上所述，干式清淤具有施工状况直观、质量易于保证的优点，也容易应对清淤对象中含有大型、复杂垃圾的情况。其缺点是，由于要排干河道中的流水，增加了临时围堰施工的成本；同时很多河道只能在非汛期进行施工，工期受到一定限制，施工过程易受天气影响，并容易对河道边坡和生态系统造成一定影响。

7.2.3.2　半干式清淤

半干式清淤法主要也是针对水量不大的河道，清淤时首先对河道进行截流，然后排水，将清淤河道积水基本排干，然后采用搅吸设备进行搅拌，同时由工人使用高压水枪在搅吸设备旁边予以辅助，将底泥扰动成泥浆，流动的泥浆汇集到事先设置好的低洼区，由泥泵吸取、管道输送，将泥浆输送至岸上的堆场或集浆池内。

干式清淤排干清淤具有施工状况直观、质量易于保证的优点，也容易应对清淤对象中含有大型、复杂垃圾的情况，淤泥的挖掘和输送一次性完成，清淤效率高，操作简便，管道输送距离可达千米之外，避免了淤泥运输途中的二次污染问题，另外搅吸泥设备的体积小，运输、拆装也都很方便；其缺点是由于要排干河道中的流水，增加了临时围堰施工的成本，同时很多河道只能在非汛期进行施工，工期受到一定限制，施工过程易受天气影响，并容易对河道边坡和生态系统造成一定影响。

半干式清淤与干式清淤的最大不同之处在于前者并非将河道积水完全排干，而是留有深 10～20 cm 的河水用于搅拌淤泥，清淤过程需要水源，淤泥输送方式采用管道输送，与湿式清淤相同。

7.2.3.3　水下清淤

水下清淤一般指将清淤机具装备在船上，将清淤船作为施工平台在水面上操作清淤设备将淤泥挖开，并通过管道输送系统输送到岸上堆场中。水下清淤有以下几种方法。

（1）抓斗式清淤

利用抓斗式挖泥船开挖河底淤泥，通过抓斗式挖泥船前臂抓斗伸入河底，利用油压驱动抓斗插入底泥并闭斗抓取水下淤泥，之后提升回旋并开启抓斗，将淤泥直接卸入靠泊在挖泥船舷旁的驳泥船中，开挖、回旋、卸泥，循环作业。清出的淤泥通过驳泥船运输至淤泥堆场，从驳泥船卸泥仍然需要使用岸边抓斗将驳泥船上的淤泥移至岸上的淤泥堆场中。抓斗式清淤适用于开挖泥层厚度大、施工区域内障碍物多的中、小型河道，多用于扩大河道行洪断面的清淤工程。抓斗式挖泥船灵活机动，不受河道内垃圾、石块等障碍物的影响，适合开挖较硬土方或夹带较多杂质垃圾的土方；且施工工艺简单，设备容易组织，工程投资较省，施工过程不受天气影响；但抓斗式挖泥船对极软弱的底泥敏感度差，开挖中容易产生“掏挖河床下部较硬的地层土方，从而泄漏大量表层底泥，尤其是浮泥”的情况，容易造成表层浮泥经搅动后又重新回到水体中的情况。根据工程经验，抓斗式清淤的淤泥清除率只能达到30%左右，加上抓斗式清淤易产生浮泥遗漏，强烈扰动底泥，在以水质改善为目标的清淤工程中往往无法达到目的。

（2）泵吸式清淤

泵吸式清淤也称为射吸式清淤，它将水力冲挖的水枪和吸泥泵同时装在 1 个圆筒状的罩子里，由水枪射水将底泥搅成泥浆，另一侧的泥浆泵将泥浆吸出，经管道送至岸上的堆场，整套机具都装备在船只上，一边移动一边清除。而另一种泵吸式清淤是以压缩空气为动力进行吸排淤泥的方法，圆筒状下端有开口泵，筒在重力作用下沉入水底，陷入底泥后，在泵筒内施加负压，淤泥在水的静压和泵筒的真空负压下被吸入泵筒，然后通过压缩空气将筒内淤泥压入排泥管，淤泥经过排泥阀、输泥管而输送至运泥船上或岸上的堆场中。

泵吸式清淤的装备相对简单，可以配备小、中型的船只和设备，适合进入小型河道施工。但一般情况下容易将大量河水吸出，造成后续泥浆处理工作量的增加；同时，我国河道内垃圾成分复杂、大小不一，容易造成吸泥口堵塞的情况。

（3）普通绞吸式清淤

普通绞吸式清淤主要由绞吸式挖泥船完成。绞吸式挖泥船由浮体、铰绞刀、上吸管、下吸管泵、动力等组成。它利用装在船前的桥梁前缘绞刀的旋转运动，将河床底泥进行切割和搅动，并进行泥水混合，形成泥浆，通过船上离心泵产生的真空负压，使泥浆沿着吸泥管进入泥泵吸入端，经全封闭管道输送（排距超出挖泥船额定排距后，中途串接接力泵船加压输送）至堆场中。

普通绞吸式清淤适用于泥层厚度大的中、大型河道清淤。普通绞吸式清淤是一个挖、运、吹一体化施工的过程，采用全封闭管道输泥，不会产生泥浆散落或泄漏；在清淤过程中不会对河道通航产生影响，施工不受天气影响，同时采用 GPS 和回声探测仪进行施工控制，可提高施工精度。但普通绞吸式清淤由于采用螺旋切片绞刀进行开放式开挖，容易造成底泥中污染物的扩散，同时也会出现较为严重的回淤现象。根据已有的工程经验，底泥清除率一般在 70%左右。另外，清淤泥浆浓度偏低，导致泥浆体积增加，会增大淤泥堆场占地面积。

（4）斗轮式清淤

斗轮式清淤是指利用装在斗轮式挖泥船上的专用斗轮挖掘机开挖水下淤泥，开挖后的淤泥通过挖泥船上的大功率泥泵吸入并进入输泥管道，经全封闭管道输送至指定卸泥区。斗轮式挖泥船及斗轮如图 7-9 所示。斗轮式清淤一般比较适合开挖泥层厚、工程量大的中、大型河道、湖泊和水库，是工程清淤常用的方法。清淤过程中不会对河道通航产生影响，施工不受天气影响，且施工精度较高；但斗轮式清淤在清淤工程中会产生大量污染物的扩散，逃淤、回淤情况严重，淤泥清除率在 50%左右，清淤不够彻底，容易造成大面积水体污染。

图 7-9　斗轮式挖泥船及斗轮

三种清淤工艺的优、缺点比较如表 7-3 所示。

表 7-3　各清淤工艺优、缺点对比

序号	清淤工艺	优点	缺点
1	干式清淤法	占地相对较小；易于控制清淤深度，清淤彻底，施工效率高，清淤质量易于保证；且对清淤设备技术要求不高；产生的淤泥含水率低、易于后续处理	必须在非汛期施工，对施工工期要求较严。须设置转运堆场，增加淤泥处理处置成本；汽车运输淤泥时，易造成车辆沉陷，淤泥洒漏，对环境造成二次污染
2	半干式清淤法	淤泥的挖掘和输送一次性完成，清淤效率高，操作简便，避免了淤泥运输途中的二次污染问题，另外搅吸泥设备的体积小，运输、拆装也都很方便	只能在非汛期进行施工，施工过程易受天气影响，并容易对河道边坡和生态系统造成一定影响；需设置长距离输泥管道
3	水下清淤法	吸泥量大，操作简便，管道输送距离可达千米之外；淤泥的挖掘和输送一次性完成，且全程采用密封管道运送，避免了淤泥的二次污染问题；搅吸淤泥的设备体积小，运输、拆装也都很方便	需设置专门的泥库临时存储淤泥，占地较大；且清淤船只容易受到河道沿线桥梁梁底标高和吃水水深的限制，从而导致机械选取局限性较大；河床边坡清淤效果不佳，清淤深度和范围较难控制

7.2.4 底质改良技术

底质改良技术采用底质改良型环境修复剂来原位改善底泥，使得污染底泥表层的有益微生物系统得到恢复，“吃”掉底泥中的污染物，改善底泥的土壤团粒结构、氧化还原电位和溶氧状况，促使污染底泥逐渐变为适宜水生植物存活的底质，有利于水域水生态系统的恢复，同时水生植被恢复后，其根部的根际效应也会促进底质有益微生物系统对污染底质的分解。

底质改良型环境修复剂为颗粒状，泼洒之后沉入水底，负载在污泥表面，源源不断地向水体释放微生物，来改善底泥。

底质改良技术可在基本不破坏水体底泥自然环境的条件下，对富营养化的底泥进行降解和修复。底质改良型环境修复剂是具有多年工程运行经验的固载化的复合微生物制剂，能够在激活原有底泥环境中的土著微生物的同时，引入多种特效微生物及其生长所需要的营养来提高微生物活性，从而可在原位快速分解污泥中的多种污染物，减少底泥的内源污染，消除污染。

7.2.4.1 生物修复技术

生物修复技术是近些年发展起来的一种新型底泥修复技术。这种技术主要是利用微生物、植物和动物等的生命活动，对水体中的污染物进行吸附、转移、转化和降解，从而净化水体并重建水生生态系统。由于各种条件制约，我国没有办法通过底泥疏浚、引水冲刷等物理手段进行大规模的污染底泥处理，因此选择治理费用相对较低、对生态污染干扰较小的生物修复更符合我国的国情。生物修复技术需要费用少，对生态系统破坏小，近年来在污染底泥治理中得到了较为广泛的应用。生物修复技术主要分为微生物修复、植物修复、动物修复等。微生物修复和植物修复技术发展较为成熟，可利用的微生物和植物种类也比较丰富，市面上已有相对成熟的产品可供选择和应用。

（1）微生物修复

微生物修复主要是通过微生物的氧化、还原、水解等作用对有机物进行降解，通过其分泌的胞外酶降解有机物，或将有机污染物吸收到细胞内，由胞内酶降解。微生物主要包括细菌、真菌，放线菌、病毒等生物群体。微生物修复技术主要分为两种方式：一是直接投加高效微生物制剂，二是添加生物促生剂激发微生物活性。前者称为生物强化技术（bioaugmentation），后者称为生物促生技术（probiotic remediation）。

生物强化技术可直接利用自然环境中的土著微生物，或是人为投加经驯化的外源微生物、转基因工程菌等，利用微生物的代谢活动对环境中的污染物进行转化、降解与去除的方法。研究发现通过投加微生物菌剂可有效去除底泥中的有机物。涂玮灵对南宁市竹排冲底泥进行反硝化菌微生物修复，6 周后，投加量为 0.5 g/m^3 时底泥削减量为 3.43 cm，生物降解能力增长率为 281%，投加量为 0.25 g/m^3 时，水体中 COD、NH_3-N、TN、TP 的去除率分别为 76.5%、94.4%、87.8%、79.4%。另外，发现利用氧化亚铁硫杆菌对重金属污染底泥进行生物沥滤时能显著降低底泥中 Cd、Zn 和 Cu 的含量。白腐真菌中的黄孢原平革菌对 100 mg/kg 质量浓度范围内的菲具有很好的去除能力。

生物促生技术多使用生物促生剂、电子受体、表面活性剂等增强土著微生物的活性，从而提高污染物降解。投加生物促生剂（生物营养剂 BE＋生物解毒剂 MT＋硝酸钙）对土著微生物促生，增强对污染底泥中磷处理实验生物多样性的恢复，但由于大多数降解菌只能针对一种或几种特定污染物进行降解，不具有广谱性，故需要根据底泥的污染状况选择不同的微生物进行处理。

与物化修复技术相比，微生物修复技术虽发展时间较短，但因其环境友好、操作维护简便、处理费用低等优点，逐渐引起广大科研人员的注意，近些年也被广泛应用；但同时也存在一些缺点，由于底泥污染物水溶性低，和生物在液相中进行反应存在矛盾，微生物修复自身有局限性，导致微生物修复时间长、效率较低且同时较易受到环境条件的影响。

（2）植物修复

植物修复是以植物耐受和积累的一种或几种化学元素为前提，利用植物吸收、降解、固定等作用，有效去除水中有机污染物和无机污染物，达到净化底泥目的的修复技术。植物修复大多用于重金属污染底泥及湖泊富营养化的修复。

自然界可以净化环境的植物有 100 多种，较常见的有芦苇、灯心草、水葫芦、香蒲等。董悦等利用伊乐藻 *Elodea nuttallii*、狐尾藻 *Myriophyllum verticillatum*、轮叶黑藻 *Hydrilla varticillata* 和苦草 *Vallisneria natans* 等 5 种不同沉水植物对某后滩湿地底泥进行生态修复后发现，有机指数从有机污染降至较清洁，氮、磷含量也明显降低。华常春等发现水葫芦 *Eichhornia crassipes* 可以将 Cr、Pb、Hg、Ag、Co 和 Si 等重金属有效去除。

植物修复在工程上的应用较多，除直接在河道内种植植物外，常用的水培技术、生态浮床技术等其实质也是植物修复。植物修复的建造和运行成本相对较低，运行维护技术也相对简单。与其他修复技术相比，还具有投资少、能耗低、无二次污染、可以美化环境等优点。但植物修复也存在一些局限：周期长，见效慢；修复效果随季节变化波动；对污染物耐受性有限，高浓度突发污染易造成植物死亡；不当的引入植被可能引发生物入侵风险。因此，今后应在培养和改造本地植物、预防生物入侵和降低外来植物对本地生态系统影响等方面开展相应的植物修复研究。另外，有研究显示，沉水植物在衰亡过程中会释放氮、磷营养盐和重金属，深入研究沉水植物衰亡与污染物释放规律将是未来研究的重点，也可为植物收割提供科学依据。

7.2.4.2 化学修复技术

化学修复技术即通过向污染底泥投加化学试剂，使其与污染物发生氧化、还原、沉淀、聚合等反应，将污染物从底泥中分离，降解转化成低毒或无毒的化学形态。化学修复技术较多，根据化学药剂的性质和作用不同可大致分为：氧化还原法、絮凝沉淀法和电动修复法。

（1）氧化还原法

氧化还原法的作用原理是在污染底泥中投加氧化还原剂，在氧化还原药剂的作用下，使有机污染物发生电子转移，进而实现污染物的分离或无害化。氧化还原法适用于修复复合污染底泥。目前应用较多的化学药剂有高锰酸盐（$KMnO_4$）、过氧化氢（H_2O_2）、硝酸钙、Fenton 试剂、过氧化钙、零价铁等。

研究表明，H_2O_2 在 Fe^{2+} 的催化作用下具有氧化多种有机物的能力，Fenton 试剂主要是由 H_2O_2 与 Fe^{2+} 结合，Fe^{2+} 离子主要是作为同质催化剂，而 H_2O_2 则起氧化作用。Fenton 试剂具有极强的氧化能力，特别适用于某些难生物降解的或对生物有毒性的工业废水的处理。胡祖武就 Fenton 试剂氧化处理广州市石井河污染底泥进行了研究，结果表明在 pH 为 5 的条件下，投加 0.25 gFe^{2+}、3 mlH_2O_2 时，反应 60h 时，底泥中有机物的去除率最高，达到 90.12%。

$KMnO_4$ 和 H_2O_2 都可以提高底泥的氧化还原电位，改善底泥的还原性环境。$KMnO_4$ 会提高底泥的碱度，更多地应用于修复土壤中多环芳烃、氯代烃、苯酚等有机物降解。研究表明，当水土比为 3.2、反应时间为 5 h、温度为 6℃、每 10 g 土添加 $KMnQ_4$ 时，PAHs 的去除率达到 85.36%，达到很好的处理效果。关于 H_2O_2 修复污染底泥的研究多针对重金属与有机污染物。H_2O_2 是一种常见的氧化剂，反应机理为：$H_2O_2+H^+ \rightarrow H_2O+OH^-$。有研究分析 H_2O_2 对焦化工业污染场地中多环芳烃的去除效果，结果表明 16 种多环芳烃，H_2O_2 对苊稀和蒽的去除率最高，可达到 90%左右，对苊和芴的去除率相对较低，分别为 46.1%和 66.6%。在微波协助 H_2O_2 氧化技术实验中发现微波协助 H_2O_2 可以降低底泥中以可交换态/碳酸盐结合态、可还原态和氧化态存在的重金属的百分含量，提高底泥中以残渣态存在的重金属的百分含量。因此，微波协助 H_2O_2 氧化技术增强了底泥中重金属的稳定性，降低了底泥中重金属的环境风险。$KMnO_4$ 和 H_2O_2 多应用于地下水和土壤修复，底泥修复研究还较少，且在地下水和土壤修复研究中发现，二者对天然细菌的影响较小，$KMnO_4$ 还会有残余副产物，H_2O_2 持久性短。

零价铁作为还原剂可将某些大分子有机物还原成生物可利用的小分子有机物，也可对难降解的有机物进行脱氯和脱硝以提高其生物可利用性，还可还原某些重金属离子以降低其毒性。零价铁最先应用于地下水中重金属、有机化合物和石油烃的治理，且都有很好的去除效果，但较少应用于污染底泥的治理。

相对于其他的氧化还原技术，硝酸钙和过氧化钙是相对安全以及使用率较高的处理试剂。二者都能够有效控制底泥磷的释放，但硝酸钙明显刺激底泥中异氧微生物的活性，为微生物生长提供电子受体，过氧化钙在修复中可长效地释放氧气提高溶解氧，是一种高效的释氧剂，污染底泥中投加过氧化钙能明显改善底泥的厌氧环境。深圳市 XZ 河支流入海口处底泥投加过氧化钙后，水体的平均 DO 由 0.09 mg/L 上升至 6.11 mg/L，嗅味物质的释放也得到了明显的抑制，同时上覆水体的氮、磷浓度也显著下降。在底泥中投加硝酸钙以氧化有机物首先是在加拿大哈密尔顿港针对底泥中油和各种有机化合物（尤其是 PAHs）污染的中试中采用的，去除效果达到 64%。2002 年对香港城门河进行实际规模的修复应用发现，硝酸钙对河流硫化物的处理效果达到 90.3%～99.9%。

研究表明，与氧气相比，硝酸根离子在底泥中有更强的渗透能力，可以更好地深入底泥，与底泥中污染物发生更直接更充分的反应，并且在底泥中停留时间较长，能够持续稳定地发生反应。且硝酸根离子可以为微生物生长提供电子受体，强化系统的反硝化作用。

底泥中注入硝酸钙不仅是化学作用，也包括生物作用，其原理可以总结为以下 3 点：

①氧化有机物。注入硝酸钙后，底泥中脱氮微生物的活性得到提高，在将 NO_3^-转化为 N_2 的过程中，同时降解了有机物。硝酸盐为微生物提供电子受体，对有机碳源（电子供体）进行氧化，分解为 CO_2 和 N_2。以葡萄糖有机分子为例，反应如下：

$$C_6H_{12}O_6+12NO_3^- \longrightarrow 12NO_2^-+6CO_2+6H_2O$$

$$C_6H_{12}O_6+8NO_2^- \longrightarrow 4N_2+2CO_2+6H_2O+4CO_3^{2-}$$

②抑制磷的释放。当底泥中注入硝酸钙后，钙离子与底泥空隙水及底泥土覆水体中的各种磷酸根结合成不络性的盐，沉淀吸附在底泥颗粒表面。水体环境发生变化时，钙盐态的磷也不容易释放出来。同时，底泥中的 Fe^{2+}被硝酸盐氧化为 Fe^{3+}，加强了铁氧化物对磷的吸附，从而减少了 Fe-P 的释放。这样不仅降低了水体中磷含量，而且抑制了底泥中磷的重新释放。

③去除黑臭现象。当水体中硫酸盐浓度较大时，在缺氧条件下底泥微生物可利用硫酸根离子作为电子受体产生 H_2S，使水体发黑发臭。采用硝酸钙去除黑臭现象的主要机理在于不同电子受体参与生物降解反应所需的氧化还原电位不同。一般微生物作用的电子受体为氧、硝酸盐、硫酸盐和碳。微生物倾向以氧化还原电位的大小来选择电子受体，以求在分解过程中获得最高能量。即在氧消耗后，硝酸盐就成为电子受体；硝酸盐耗尽后，则利用硫酸盐。因此，当底泥中注入硝酸钙后，底泥中的微生物就不会利用硫酸盐

去分解有机物，因此也不会产生硫化氢气体，只产生无臭的氮气和二氧化碳。其反应式可以表示为：

$$4NO_3^{2-}+5CH_2O+4H^+ \longrightarrow 2N_2+5CO_2+7H_2O$$

化学修复在应用过程中也存在一些缺陷，如化学药剂投加需要大量的药剂，用量难以把控，有些药剂本身对水体生态环境有影响。因此化学药剂的投加量以及投加后可能引发的不良后果，一直是人们关注的问题。

（2）钝化技术

原位钝化技术是通过向水沉积物系统中施加所优选的钝化药剂，经化学沉淀、物理吸附等作用固定水体和底泥中的营养盐（主要是磷），同时使底泥中污染物惰性化，在污染底泥的表层形成隔离层，增加底泥对污染物的束缚能力，从而有效削减污染向上覆水体的释放。其功能主要分为磷沉淀和磷钝化。较为常用的钝化剂为铝盐、铁盐和钙盐。

铝盐、铁盐和钙盐自 20 世纪 50 年代开始就一直应用于废水和饮用水的处理，Lund 首次提出把硫酸铝［$Al(SO_4)_3 \cdot 14H_2O$］用于湖泊控藻。铝盐通过一系列的反应生成絮凝物——氢氧化铝，其具有很强的聚集性，并对磷有很强的吸附能力。通过捕捉水体中颗粒态有机磷和无机磷，增加自身重量最后在污染底泥表层覆盖一层絮状物。该絮状物在泥水界面再经过一系列反应，一方面通过絮状物的吸附作用捕获底泥中释放出的磷；另一方面，铝与底泥中释放出来的内源磷相结合，包括间隙水中的磷，吸附态磷以及对氧化还原电位敏感的铁结合磷（Fe-P），形成氧化还原状态下较稳定的铝结合磷（Al-P），从而有效减少内源磷的释放。铝盐使用最广泛，也是应用最早的钝化剂，常用的有硫酸铝、氯化铝等，其处理效果好，有效时间长。1991—2002 年的绿湖以及美国的艾尔湖、凯特萨普湖等用铝盐处理后，钝化底泥中磷的时效长达 5～12 年之久。铝盐的水解产物容易受 pH 大小的影响而生成不同的水解产物，当湖泊的 pH 在低碱度或中等碱度时，少量的铝盐会使 pH 明显下降，进而形成有毒的溶解性 $Al(OH)^{2+}$和 Al^{3+}，这样就限制了铝盐的使用。

与铝盐相比，铁盐和钙盐较不易受 pH 影响，湖泊水体和底泥中的无机铁存在两种形式——Fe^{2+}、Fe^{3+}，无机铁的存在形式取决于 pH 值和氧化还原电位的大小，碱性、氧化状态下，Fe^{2+}被氧化成 Fe^{3+}，$Fe(OH)_3$吸附水中的磷，Fe 还可与磷结合生成 $FePO_4$从而达到抑制磷释放的目的。因富营养化湖泊存在热分层，当下滞层水和上层水较长时间不交换时，pH 升高，溶解氧降低的状态下 Fe 作为电子受体被还原，Fe-P 被重新释放进入水体。沿海地区的一些湖泊就会出现这种白天吸附磷、夜间释放磷的现象。钝化剂应用效果易受到 pH、氧化还原电位等因素影响，还可能对水生生物造成毒害，自然条件下由于风浪、底栖生物等的扰动，会使钝化层失效，也有可能使污染物重新释放出来，影响钝化处理效果。

（3）电动修复法

电动修复（electro kinetic，EK）早期应用于土木工程，是将重金属和有机物从土壤、污泥和沉积物中分离提取的过程。该技术基本原理是：将电极插入受污染的区域，在直流电场的作用下，发生电动迁移和电化学氧化还原反应，从而降低污染物含量，完成修复目的。电动修复的主要运动机制有电迁移、电渗流、电泳等，其中电迁移和电渗直接影响电动修复效果。

电动修复技术目前较多地应用于土壤重金属和有机物的去除，徐龙云等以重金属 Cd 污染的土壤作为电动修复试验研究对象，对模拟重金属 Cd 污染的红壤以及实际重金属 Cd 污染的土壤进行电动修复试验。美国俄勒冈州某电镀厂遗址，土壤被重金属 Cd 污染的浓度范围为 10～15 000 mg/L，中试研究表明，当电压梯度为 1.0 V/cm 时，去除 95%的 Cd 需要 0.5 倍的淋洗液；而水力淋洗对照实验表明，去除同样百分比的 Cd，需要 1.1 倍的淋洗液。

7.2.5　其他修复技术

7.2.5.1　原位覆盖

原位覆盖也是常用的一种物理修复技术，是通过向污染底泥表面铺放一层或多层清洁的覆盖物，使污染底泥与上层水体隔离，从而阻止底泥中污染物向上覆水体的迁移。20 世纪 70 年代后期，原位覆盖技术就已经应用到受污染沉积物的修复中。经过近 30 年的发展，原位覆盖技术已经在美国、德国、日本、澳大利亚、挪威与加拿大等国家的受污染现场应用中取得了成功，并且在工程实践和理论研究相互促进过程中，技术得到进一步的完善。

原位覆盖主要包括两大部分，即覆盖材料和施工方式。

覆盖材料，从最初的清洁沉积物、土壤、沙子、淤泥、沙砾等天然材料，发展到后来开发的多种能够促进污染物吸附的改性黏土材料，以及将原位覆盖和原位处理相结合的活性覆盖材料、磷酸盐矿物或微生物等材料。有研究表明黏土材料透过性低，有机质含量高，能促进对亲水性和疏水性物质的吸附作用。

施工方式，有利用起重机等机械设备直接向水体表层倾倒，利用覆盖材料自身的重力作用将底泥污染物掩盖，这种方式成本低，但容易受到地域条件限制；驳船表层撒布，这种方式不受地理条件限制，可以覆盖水域的任何一个区域，简单经济，但同时需要投入大量的人力；还有驳船水力喷射覆盖法和驳船水下管道法，分别是利用高压水力将覆盖物喷射入水和利用管道将覆盖材料注入底部，对底泥进行掩埋，这两种施工手段可直接覆盖底泥污染物，但成本相对较高。

到目前为止，原位覆盖已从实验室研究到成功地应用于现场，国内外有大量的覆盖工程实例。20 世纪 80 年代，美国华盛顿杜瓦米什河航道就对底泥重金属与 PCBs 进行沙子覆盖 0.9 m，效果明显，有少部分沙子会被风浪卷起，但 12 年后检测发现，覆盖层对污染物隔离仍有效果；同样华盛顿塔科马海峡利用粗糙沙砾覆盖近海岸底泥，平均覆盖 1.5 m，效果较为持久。

原位覆盖技术通过削减扰动引起的底泥污染物释放，从而提高水体透明度，适用于多种污染类型的底泥，成本低，便于施工，应用范围较广；但也存在局限性，向河流、湖泊中铺设覆盖材料，会增加底质体积。实际案例工程利用中，覆盖物铺设厚度从安大略湖哈密尔顿海港利用管道水下覆盖沙子 0.2～0.5 m，到华盛顿塔科马海峡沙性沉积物 1.2～6.1 m 不等，覆盖材料铺设会减小水体容量，改变河道及湖底坡度，同时原位覆盖技术对河流水域的水流速度、水力压强等有一定要求，不适宜于水流较快的水域。如今，原位覆盖技术不仅仅考虑物理覆盖方式，研究渐渐将物理、化学、生物技术相结合，这样既达到了覆盖的目的，又处置了固体废物，一举两得。

7.2.5.2　联合修复技术

国内许多河流湖泊污染严重，底泥污染物种类复杂，单一的修复方式或许已不能实现污染底泥的有效去除，在进行内源污染控制时需要根据所处理污染物的不同特征，选择一系列共同作用技术和辅助技术的支持，越来越多的学者开始利用联合修复方式处理底泥。采用联合修复技术可以发挥各项修复技术的优势，以达到更好更彻底的修复技术。并且在自然环境中物理、化学、生物修复实际上没有十分明确的界限，修复方式都是相辅相成，综合作用。

目前联合修复技术众多，比如人工湿地技术，该技术就涉及物理、化学、生物等多个方面的综合作用。人工湿地对污染河水的净化主要有以下几个途径：通过过滤和截留去除颗粒物；通过水生植物的吸附去除氮、磷，富集重金属；通过湿地微生物作用降解有机污染物等；同时也利用湿地生态系统的自我修复作用完成环境改善的目的。

化学—微生物联合修复受污染底泥，即通过投加化学药剂改善底泥的生态环境和污染物的存在形态，为微生物提供良好的生存环境，提高微生物降解效率。此方式通过投加化学药剂——钙盐，使微生物在生物除磷和脱氮效果不能兼顾时，通过化学除磷和生物脱氮得到兼顾，达到污染物去除的目的。有学者对城市黑臭河道污染底泥进行生化联合处理，联合投加乙酸纳、铁粉和硝酸钙，生物化学联用技术对有机物去除效果比单独生物刺激去除效果好，同时对气体释放、上覆水和底泥环境的修复效果也较好。此外，还有植物微生物共生联合修复，高等植物不仅能够为微生物提供碳源和能源，根周围的渗出液还能够提高微生物的降解活性。还有物理疏浚结合化学生物修复，先以生态疏浚方法将污染底泥清出水体，再采用各种物理、化学和生物措施进行修复。在实际操作中往往是将多种修复技术联合应用。

物理、化学和生物修复方式没有明确的界限，自然过程中各个反应相互发生、互相存在，如疏浚后的底泥都需要利用生物化学方式处理底泥中的污染物；化学修复的钝化技术在污染底泥的表层形成隔离层，将污染物覆盖，阻止污染物释放，也是结合物理覆盖的效果；生物促生修复也可以通过投加化学试剂（硝酸钙、Fenton 试剂、过氧化钙等），提供电子受体，促进微生物活动等。联合修复有利于集中各项技术的优势，避免或减小单项技术的缺点，扩大技术应用的范围，也可从各种技术的联合中寻找到一条适合我国国情的经济有效的修复之路。随着各类修复技术的发展和对环境保护的重视，对污染底泥修复的研究已越来越广泛。在实际工程应用中，修复原则一直秉持着节省费用、对环境影响小，能够最大限度地降低污染物的浓度等。对我国而言，河道底泥的联合修复确实是一条可行的途径。

7.3 生态修复技术

7.3.1 生态恢复技术

生态恢复是指在人为干预和恢复技术相结合的条件下，排除或切断导致生态系统退化的影响因子或过程，使受损或退化的生态系统结构和功能恢复到受损前的状态甚至更高的水平，形成一个自然的、有一定抵抗能力和可持续发展的生态系统。生态恢复是促成受到破坏的或退化的生态系统达到恢复的过程，包括重建和恢复该地区历史上存在过的动植物群落和景观风貌，保持生态系统和传统文化的可持续发展。

生态恢复技术主要用于硬化河岸（湖岸）的生态修复，属于城市水体污染治理的长效措施。生态恢复的技术手段主要有植草沟、生态护岸、透水砖等形式，如图 7-10 所示。通过恢复岸线和水体的自然净化功能，强化水体的污染治理效果；须进行植物收割的，应选定合适的季节。但是该技术存在工程量较大、工程垃圾处理处置成本较高的特点；可能会减少水体的亲水区，降雨或潮湿季节岸带危险性可能增加；生态岸带植物的收割和处理处置成本较高，维护量较大。

图 7-10　岸带生态修复效果

生态恢复的设计原则主要依据现场情况、业主提供的资料和相关标准规范：

①执行国家关于环境保护的政策，符合国家有关法规、规范和标准；

②设计遵循因地制宜的原则，充分调研河道的实际情况，利用河道现有的水系特征，进行总体工艺设计；

③遵循河湖的自然水文循环和生态学规律，采用近自然方法，建设以亲水为核心的自然水景观和生态修复；

④采用先进合理的治理技术，加强水资源循环利用和污染源头控制，技术措施与长效管养相结合。采用综合治理手段，提出与系统配套的措施，恢复河道健康水体，促进自然水生态环境的恢复；

⑤采用物理、生态方法对河道水质进行净化处理，所采用的技术措施均为环境友好型，整个过程依靠土著微生物完成，不投加任何外来微生物菌种，对周边地区的公共卫生和生态安全没有影响。

生态恢复工程工艺的选择通常根据河道的基础条件（包括水深、流速、河道断面形状、周边环境条件等）和污染源特征（如长期污染负荷、冲击污染负荷、面源污染情况、内源污染情况等）综合选择。生态恢复工程工艺的确定不仅要考虑水质效果，还要考虑运行稳定性、运行费用的高低、管理操作的复杂程度等多方面，因此须综合实际情况选择最佳效果的处理工艺。将两种或两种以上工艺的优点相结合改良成的多功能工艺，由于效果好而被越来越广泛地使用。

7.3.1.1　生态植草沟

生态植草沟就是具有生态功能的植草沟。植草沟有时也被叫作植被浅沟、浅草沟、生物沟等。在美国，不少州都出台了一些雨水措施规范管理手册，其中有不少明确提到植草沟的定义。艾奥瓦州 2008 年州雨水措施管理手册 4 中指出“植草沟，也被称为生物过滤设施，是设计用来对雨水进行初步处理的措施，同时也能使得降雨径流达到设计暴雨水质控制的流速目标”。新泽西州 2010 年雨水管理政策中提到“植草沟是一块通过断面为抛物线型或者梯形的沟渠来提高水质或者输送径流的平坦草地”。密西西比州 2012 年雨水冲刷手册同中写道“植草沟是天然形成或者按尺寸人工建造的、种植有适合的植被来稳定输送降雨径流，对沟渠不产生冲刷的沟渠”。概括来说，植草沟是种有植被的地表沟渠，一般应用于城市园区道路两侧不透水地面周边、大面积绿地内等，可以同雨水管网联合运行，也可代替雨水管网，在完成输送排放功能的同时，满足雨水的收集及净化处理的要求。雨水流经植草沟时，通过土壤和植被的渗透、沉降、过滤作用，起到减小径流量、提高径流水质的作用。

根据地表径流在植草沟中的传输方式，植草沟可分为 3 种类型：标准传输植草沟（standard conveyances walales）、干植草沟（drys wales）和湿植草沟（wet wales）。

标准传输植草沟适用于径流量小及人口密度较低的居住区、工业区或商业区，可以代替路边的排水沟或雨水管道系统；干植草沟适用于居住区，通过定期割草，可有效保持植草沟干燥；湿植草沟适用于过滤来自小型停车场或屋顶的雨水径流，由于其土壤层在较长时间内保持潮湿状态，可能产生异味及蚊蝇等卫生问题，因此不适用于居住区。标准传输植草沟构造简单，广泛用于雨水径流传输和前期处理；干植草沟在标准传输植草沟的基础上增加了底部排水系统，且布置了具有更好的渗透性能的填料层，强化了植草沟的渗滤和传输性能；湿植草沟则长期保持湿润状态。

生态植草沟设计要领包括：①植草沟平面及高程的布置；②植草沟设计流量确定；③植草沟水力计算；④植草沟设计要素校核。经过步骤②到④基本可以确定植草沟的断面尺寸和构造。

植物在植草沟的设计中扮演着重要的角色，其种类的选择能够直接影响植草沟的生态效益。植物选择除考虑植物的耐淹性、耐旱性、净化能力等，还需综合植物季节性变化（如叶色、花期、株型）等因素考虑。多样性的植物组合，不仅能够为城市中的动物提供小型的栖息地，还能提高植草沟周边环境的美学价值及景观效果。

7.3.1.2　透水砖

透水砖是为解决城市地表硬化，营造高质量的自然生活环境，维护城市生态平衡而诞生的环保建材新产品。透水砖需满足以下特点：具有良好的透气透水性能，能够快速吸收热量和水分，能减轻城市排水压力，表面具有微小凹凸的特征以便吸收来往车辆所产生的噪声，同时还可避免路面反光现象的发生等。只有满足以上特点，透水砖才能发挥出最大的作用。透水砖的透水原理主要是水分吸收至砖体后，再由砖体的孔隙向地下排出，这样可以防止水分积压在路面上，减轻城市的排水压力。

环保透水砖以各种废旧陶瓷、石英砂或者广场砖的废次品等为原料，既可以保护环境，又可以将资源重新利用。将环保透水砖应用到河道两岸人行道的铺设，使人行道既能达到空间最大化利用，又具有良好的透水性能。由于环保透水砖的颜色和型号多种多样，因此，可以根据工程建设的实际需要，对人行道采用不同颜色、型号以及图案的环保透水砖。此外，环保透水砖还具有如下优点：一方面，环保透水面砖能够有效地改变水表面的张力，使水分能够平缓通过透水砖并能渗入地面，对水资源进行一定的储存，促进水资源的循环再利用；另一方面，环保透水砖能够使水有效地透过砖体下渗，能够在一定程度上减少路面积水的发生，为人们的行走带来方便。

按生产工艺可以将透水砖分为两大类：第一类是以工业废料、生活垃圾和建筑垃圾为主要原料，通过粉碎成形，高温烧制而成的陶瓷透水砖，也称为烧结透水砖；另一类是以无机非金属材料为主要原料，利用黏合剂成形固化而制成，称为非陶瓷透水砖或非烧结透水砖。

按材质透水砖则可分为更多不同的种类，目前常见的有：

①普通透水砖：由材质为普通碎石的多孔混凝土材料经压制而成。

②聚合物纤维混凝土透水砖：材质为花岗岩石骨料、高强水泥和水泥聚合物增强剂，并掺和聚丙烯纤维，送料配比严密，搅拌后经压制而成。

③彩石复合混凝土透水砖：材质面层为天然彩色花岗岩、大理石与改性环氧树脂胶合，再与底层聚合物纤维多孔混凝土经复合压制而成。

④彩石环氧通体透水砖：材质骨料为天然彩石与进口改性环氧树脂胶合，经特殊工艺加工成形，此产品可预制，还可以现场浇制。

⑤混凝土透水砖：由材质为河沙、水泥、水和一定比例的透水剂制成的混凝土制品。

7.3.1.3 生态护岸

生态护岸建设是以植物为主体结构的工程，能满足生态性和景观性的要求。而以植物为主体的护坡技术主要有全系列生态护坡、土壤生物工程和复合式生物稳定技术等。实际工程中，为了兼顾生态护岸的安全稳定和生态景观等功能，通常需要在植被固坡的基础上，与其他工程技术措施结合，根据工程措施的不同，生态护岸主要有两类：传统河道护岸工程和新型护岸工程系统。

传统的河道护岸工程多数采用混凝土结构、浆砌石或干砌石结构和铅丝或钢筋石笼对土质河岸受水流冲蚀严重的部位进行衬砌保护，形成刚性护岸。其中混凝土结构护岸和浆砌石结构护岸使用期限较长，耐冲蚀性好，技术成熟，应用较为广泛。但长期的河道治理经验表明，大量采用混凝土和浆砌石护岸结构截断了水循环系统，渠化河道使自然河道的水净化功能降低，破坏了河道原有的生态系统，使河流失去了应有的生态环境功能和作为人类取用水及栖居休闲环境的功能。城区河流治理使用混凝土及浆砌石护岸结构一般成本较高，除墙体本身造价高外，一般还要对墙底河床地基进行加固处理，如沿海等软弱地基区为处理河床地基花费的造价就相当高，而且景观效果不佳。干砌石结构相对浆砌石结构造价低，但耐冲蚀性差，其景观效果也同样不尽如人意。铅丝石笼及钢筋石笼护岸结构相对上述两种刚性结构而言，属于柔性和通透性防护结构，一定程度上解决了工程造价高、不耐冲蚀和水系循环的问题，但石笼材料锈蚀问题严重，运行维护成本较高，一般 3～7 年最长不超过 10 年即要维护更新。

新型护岸工程系统是采用土工石笼和生态袋结合加筋土技术修建成的柔性、通透性护岸结构，具有强化河道自身净化、疏通河道水体与岸边地下水交换通路、恢复河道的生态系统功能。新型护岸工程系统包括 REB 结构护岸系统和 CEB 结构护岸系统。

（1）REB 结构护岸系统

REB 结构护岸系统主要是依靠自身的稳定、耐久、生态美观、经济适用等特性来替代混凝土、浆砌石护岸结构和传统的铅丝石笼和钢筋石笼结构。作为一种新型河道治理防护的工程系统，它有如下优点：

①造价低廉，比铅丝石笼工程造价低 25%左右，使用寿命 10～12 年，阳光下照射 25 年后，材料抗拉强度为初始抗拉强度的 90%。

②施工便捷、质量轻，可根据河道水流的水力学特性及工程实际情况的要求进行定制，无须现场编网。对填充的石料块径要求较为宽松，块径大于 50 mm 以上的卵砾石料均可作为软体结构的填料使用。

③耐久性好，成网材料具有很强的耐腐蚀性，能长期应用于有腐蚀性的外部环境中。

④温度适应性强，能适应工作温度为–40～110℃的工程。

⑤生态美观，网格布局均匀，并通过表面较高的粗糙率来削减高速水流的能量，减小波浪爬高；在消减水能的同时将水流中携带的动土和泥沙填入笼体中的缝隙，既减少了水中有害微生物的含量，又给水生植物提供了生存基质。结合与该系统配套的岸坡绿化体系，成为人水和谐、共建文明社区的一道亮丽风景。

（2）CEB 结构护岸系统

CEB 结构护岸系统同样为柔性生态护岸产品，主要应用于城市河道。与传统护岸结构相比，在满足自身稳定性、耐久性的同时，兼具生态美观、环保节约的综合特性，快速发展的工程实践也彰显了它的生命潜力。该系统具有如下特点：

①整套系统生态环保，填料就地取材，可以将各种土料、弃渣加以改良作为砌护材料。

②对基础设施的适应性好，可以随坡就势进行砌护绿化。

③施工简单快捷，占地面积小，避免给施工组织带来不便。

④工程综合造价相对较低。

⑤结构柔韧稳定，能适用地基变化带来的结构调整要求。

工程应用实例：REB 护岸加固工程（吉林拉林河、北京清河）；CEB 护岸结构（北京北关闸）。

7.3.2 生态净化技术

生态净化技术可广泛应用于城市水体水质的长效保持，通过生物法与生态法，持续去除水体污染物，改善生态环境和景观。技术要点主要是采用人工湿地、生态浮岛、水生植物种植等技术方法，利用土壤—微生物—植物生态系统有效去除水体中的有机物、氮、磷等污染物；综合考虑水质净化、景观提升与植物的气候适应性，尽量采用净化效果好的本地物种，并关注其在水体中的空间布局与搭配；需进行植物收割的，应选定合适的季节。该技术的限制因素是应用生态净化技术要以有效控制外源和内源污染物为前提，生态净化措施不得与水体的其他功能冲突；生态净化措施对严重污染的河道的改善效果不显著；植物的收割和处理处置成本较高。

7.3.2.1 水生植物修复技术

水生植物修复技术主要通过在污染水体中种植适宜的水生植物，来吸收、富集、转化水体中的污染物，同时又可以为水生动物和微生物提供氧气、食物和栖息环境，进而建立完善的生物网，达到水生态恢复的目的。水生植物包括浮叶植物、挺水植物、沉水植物等。大量研究表明，选用适宜的水生植物品种，并进行恰当的搭配，可实现对污染物的高效去除。

水生植物对污染物的去除主要有以下几种途径：

①吸收作用：水生植物在生长过程中需要吸收大量的N、P等营养元素，通过植物收割，可将被吸收的营养物质从水体中输出。

②强化生物降解作用：水生植物群落为微生物和微型生物提供了附着基质和栖息场所，从而强化污染物的生物降解。

③吸附、过滤、沉淀作用：水生植物发达的根系与水体接触面积很大，可拦截、吸附、过滤悬浮污染物。

④对藻类的抑制作用：水生植物个体大、生命周期长，吸收和储存营养盐的能力强，可通过对营养物质和光能的竞争利用抑制浮游藻类的生长，此外某些水生植物根系还能分泌出克藻物质，达到抑制藻类生长的作用。

（1）挺水植物群落

挺水植物通过对水流的阻尼和减小风浪扰动使悬浮物质沉降，并通过与其共生的生物群落起到净化水质的作用。挺水植物主要吸取深部底泥中的营养盐，通常较少直接吸收水中的营养盐。许多挺水植物花色艳丽、株形多姿，是良好的美化水面的植物，多以沿岸片状种植。但滨岸挺水植物群落也存在一些难以克服的局限性，如管控难度大、冬季景观效果差等（图 7-11）。

鸢尾　　黄菖蒲　　海寿　　花叶芦竹

图 7-11　挺水植物

挺水植物主要靠根系吸收部分淤泥中的营养物质，光合所需的碳源来自空气中的 CO_2，产生的 O_2 直接排入大气；挺水植物对水体本身没有直接的净化力。一般选择水质净化效果好、成活率高、生长周期长、根系发达、美观及具有经济价值的水生植物。

（2）浮叶植物群落

浮叶植物在一般浅水水体中有良好的净化水质效果，种植和收获较容易，兼有经济效益和观赏效益，在一定季节可以作为重要的支持系统。大型浮水植物在光照和营养盐竞争上比浮游植物有优势，有些种群的耐污性很强，是良好的净化水质选择。如图 7-12 所示，配置如水浮莲、萍蓬草等景观效果好、净化能力强的浮水植物；可根据漂浮载体分散，固定放置于水面、参考水体的水面大小比例、种植床的深浅等进行设计。其中睡莲有花叶品种的花期长，净化效果好等特点，不仅具备普通水生植物对水质的净化效果，对重金属也有吸附净化的作用，因此成为水面绿化浮叶植物的主要品种。但在河流生态系统中，由于水流的影响，浮叶植物的生长容易受到限制，浮叶植物一般集中在河湾以及水流较缓的地区。

荇菜　　睡莲　　萍蓬菜

图 7-12　浮叶植物

浮叶植物从根系和浮叶背面吸收水体和淤泥中的营养物质，碳源主要来自大气，产生的具备净化力的 O_2 通过浮叶大部分进入大气；对上层水体有一定净化力。

浮叶植物主要选择观赏效果好的睡莲及荇蓬草，形成“睡莲观赏区”及“荇蓬草观赏区”。睡莲的根能吸收水中的铅、汞、苯酚等有毒物质，是难得的水体净化品种。

（3）沉水植物生态带

在水生植物中，沉水植物净化水质的能力最强，同时沉水植物的生长对水质也有一定要求，特别是水体透明度。此外，沉水植物可以为鱼等水生动物提供栖息和遮蔽场所，以及作为生产者提供食物来源；沉水植物能够阻留大量的营养物质，是解决富营养化的重要举措。金鱼藻、黑藻、苦草等沉水植物可以抑制浮游植物生长、加速营养物的周转和提高水体的生物多样性与自净能力。近几年，在水下人工种植先锋沉水植物的植物强化净化技术（通常被称为人工“水下森林”）也逐渐走向商业化应用。

沉水植物是维持水体生态系统稳定与生态多样性的基础，是浅水水体生态修复的关键与核心。沉水植物能够为水生动物和微生物提供氧气、食物和栖息环境。沉水植物不仅是水生生态系统的重要初级生产者，而且是水环境的重要调节者，占据了水生态系统中的关键性界面，对水生态系统中的物质和能量循环起到重要的作用。

沉水植物多为净水能力强、景观效果好、能够有效控制、不会恣意泛滥生长的种类，主要以苦草、黑藻、眼子菜、伊乐藻等为主，栽植方式为群落形式（图 7-13）。

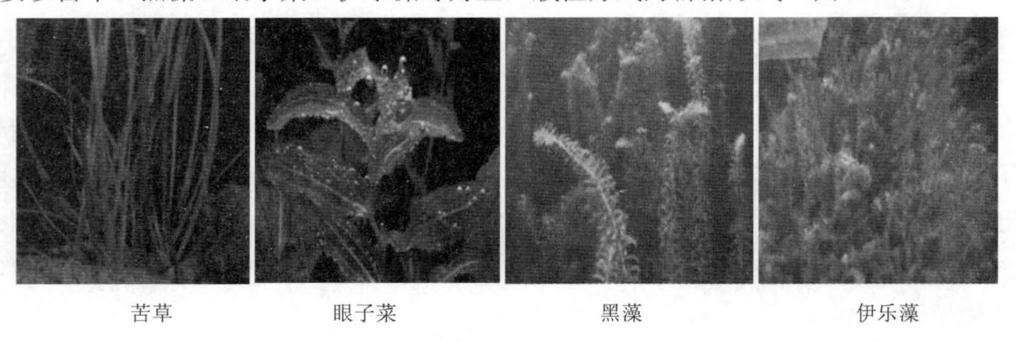

苦草　　眼子菜　　黑藻　　伊乐藻

图 7-13　沉水植物

7.3.2.2　生态浮岛修复技术

生态浮岛是由现代农艺无土种植技术衍生而来的一种生态工程技术。近年来，这种被誉称为“水上移动花园”的修复技术在我国许多地区得到了广泛的应用。

生态浮岛是一种经过人工设计建造，漂浮于水面上，供动植物和微生物生长、繁衍、栖息的生物生态设施。人工生态浮岛利用水生植物、动物、昆虫以及微生物在自然水环境中的吸收、摄食、消化、分解等一系列生物、化学功能，实现富营养水体的生态治理。

将经过筛选、驯化的吸收水中有机污染物功能较强的水生（陆生）植物植入预制好的漂浮载体种植槽内，让植物在类似无土栽培的环境下生长，植物根系自然延伸并悬浮于水体中，吸附、吸收水中的氨、氮、磷等有机污染物质，为水体中的鱼虾、昆虫和微生物提供生存和附着条件，同时释放出抑制藻类生长的化合物。在植物、动物、昆虫以及微生物的共同作用下使环境水质得以净化，达到修复和重建水体生态系统的目的。

人工生态浮岛具有构造简单、易于操作、投资少、见效快的特点，是一种既具有污水治理功能，又兼备园林水景观效果的多功能实用生态设施。

（1）传统生态浮岛

现行浮床技术主要依赖于浮床植物的吸收作用来净化水质，浮体本身无净化功能，并且制作浮床所用的浮体大多数为 PE 材料，难以抵抗大风浪，冬季低温材质易脆，难越冬。因此传统生态浮岛普遍存在净化效果持续性较差、净化能力有限、投资成本高等问题。

（2）浮动湿地

浮动湿地如图 7-14（左）所示，在生态浮岛的基础上，以纤维载体填料为主体，其空隙结构具有极大的比表面积，可附着大量生物膜，大大提高净水效率；空隙结构也为植物根系提供更多的生长场所，增大浮动湿地的初始种植密度，形成茂密、发达的根系，为微生物的生长提供更适宜的环境；湿地载体能够切割、重组，可将其设计为任意形状，景观造型性强；且为抗冻材质，可多年运行。浮动湿地的工作原理与潜流湿地类似，集成了填料（载体）微生物分解、植物吸收的共同作用，并在产品结构稳定、质量保障的基础上实现长效生态作用。

（3）强化浮动湿地

强化浮动湿地如图 7-14（右）所示，在浮动湿地下部增设人工水草层，为微生物生长提供理想的附着基质，且在人工水草下层设置曝气装置。微生物附着在人工水草层的表面，在高溶解氧与高有机物浓度条件下快速繁殖，形成生物膜，通过淹没式接触氧化法快速降解入河污染物，适宜作为雨水排口强化处理措施。

强化浮动湿地作为中下层水体的污染拦截和处理措施，能够长期净化河水，控制污染物扩散，吸附悬浮物，提高水体透明度；具有高效亲水性和亲微生物性，比表面积大，可作为土著微生物富集挂膜的载体，为水体微生物提供巨大的附生空间，有利于形成生物膜，提高微生物菌群系统运行的稳定性，具有较强的抗冲击能力。且与单一的植物净化相比，受季节影响较小；材料来源丰富，性价比高，环境安全性好。

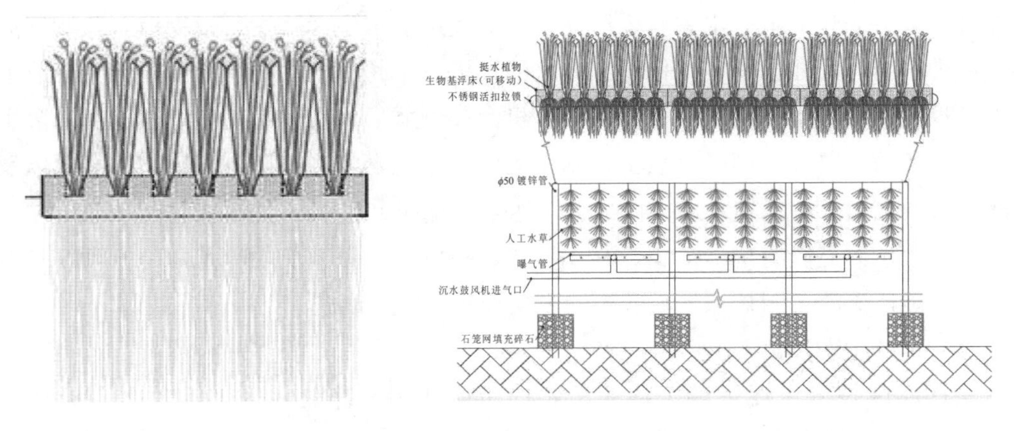

图 7-14　浮动湿地（左）与强化浮动湿地（右）

强化浮动湿地系统组成包括根系发达的漂浮植物，生物挂膜填料，穿孔曝气和固化微生物模块。强化浮动湿地具有大面积的生物膜，在河道水质改善工程中，生物膜对于水质水量具有较强的适应性，固体介质有利于微生物形成稳定的生态体系，处理效率高，对河道影响小。固化微生物模块为定向生物包埋装置，为在运营维护期间投放微生物制剂提供场所。微生物可以是工程菌，也可以是土著扩培菌、酶制剂，主要作用是防治季节性、周期性水质波动，用于水质突变突发事件应急水污染事件。

对每一个雨水口设置的强化浮动湿地进行处理时，对于直径大于等于 1 500 mm 的排口，水量大，对浮动湿地冲击过大，采用超细纤维人工水草+强化浮动湿地系统，超细纤维人工水草比表面积大，负荷高，韧性高，抗机械冲击性强，来水先经过超细纤维人工水草进行缓冲、吸附后，再由强化浮动湿地进行处理。

超细纤维人工水草具有以下主要特点：

①高生物附着表面积。每平方米超细纤维人工水草可以为水中微生物和藻类等的生长、繁殖最高能提供约 8 000 m^2/m^3 以上的生物附着表面积，实现高效微生物群落的基础条件。超细纤维人工水草不仅能为微生物提供巨大的比表面积，而且具有适宜的孔结构，能保证最佳的微 A/O 环境，最大限度地满足微生物的生长。因此，在不同的污染浓度下，能高效地培养最适合的水处理微生物。

②适宜的孔结构。超细纤维人工水草材料内部的孔结构通过尖端技术进行精心的设计和修饰，针对微生物的各种形态设计了大小不同的微孔。超细纤维人工水草采用生物友好材料，为微生物群体的繁衍提供了巨大的洞穴般的空间，为异养生物（如异养型细菌）设计了微孔（1～5 μm），为自养生物（如藻类）设计了大孔（80～350 μm），从而为实现微生物的多样性并建立高效水生态系统提供了最理想的条件。

7.3.2.3 生态坝

生态坝是采用砾石和碎石在被污染的河道中人工垒筑坝体，然后在坝体上配置对水质有净化作用的植物，结合渗透过滤、填料吸收、生物降解及植物净化多种原理，对污水进行一定的净化。在排渠建造生态透水坝，会在上游形成一个缓冲区。在缓冲区，通过延长水力停留时间，促进水中泥沙及营养盐的沉降，同时利用大型水生植物、藻类等进一步吸收、吸附、拦截营养盐，从而降解污染物，改善水质（图 7-15）。

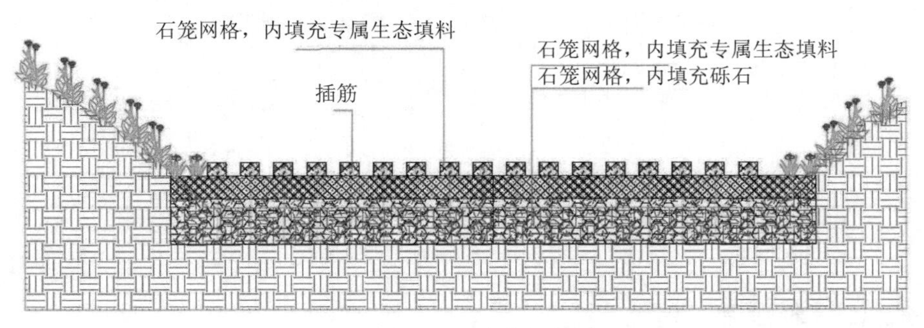

图 7-15 生态坝设计

7.3.2.4 生态滤床

生物滤床处理污水的原理是滤床内填料上所附生物膜中微生物的氧化分解作用、填料及生物膜的吸附阻留作用、沿水流方向形成的食物链分级捕食作用以及生物膜内部微环境和厌氧段的反硝化作用。

利用以上原理在河道中上游河道较宽处设置生态滤床，通过松木桩进行造型，在滤床内填充相应专属的生物滤料作为微生物的载体供微生物生长，微生物通过氧化分解去除水中污染物净化河道水质。

生态滤床设计如图 7-16 所示。

7.3.2.5 微生物修复技术

微生物修复技术是应用于水体水质净化的微生物强化法（通常又称为生物法），衍生于城镇生活污水处理活性污泥法或生物膜法技术。主要操作方式为向受污染水体中投加微生物菌剂或微生物生长促进剂，或固化微生物令其缓慢释放。投放复合微生物菌可以迅速降解底质中的营养物质，见效较快，易于操作。目前水体修复工程中主要采用从国外购买的微生物菌剂，有可能存在一定的生态风险。此外，这种方法往往受到水体水力条件、水体温度等因素影响，净化效果难以长时间维持。

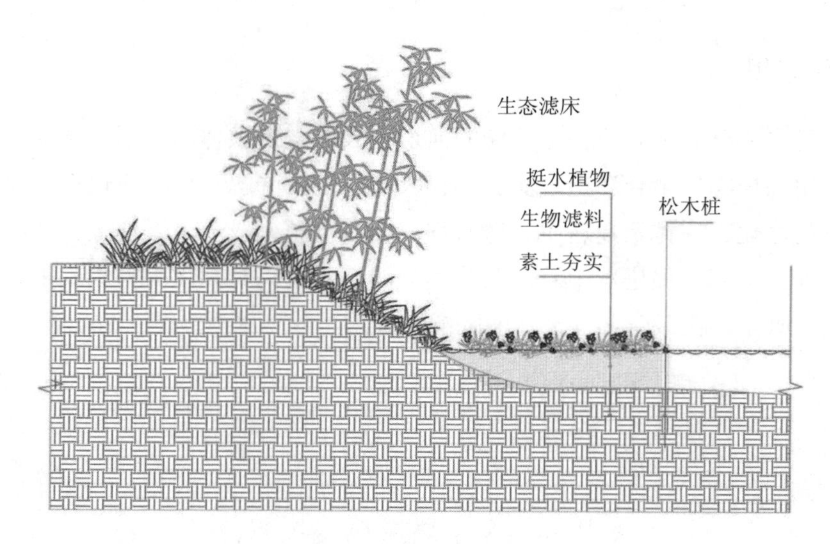

图 7-16 生态滤床设计

7.3.3 人工增氧技术

人工增氧作为阶段性措施，主要适用于整治后城市水体的水质保持，具有水体复氧功能，可有效提升局部水体的溶解氧水平，并加大区域水体流动性。该方法操作简单、效果明显、适应性强，目前已在工程实践中应用广泛，被认为是一种比较适合城市景观河道治理的清洁方法。

该技术的要点是采用跌水、喷泉、射流以及其他各类曝气形式有效提升水体的溶解氧水平；通过合理设计、实现人工增氧的同时，辅助提升水体流动性能；射流和喷泉的水柱喷射高度不宜超过 1 m，否则容易形成气溶胶或水雾，对周边环境造成一定的影响。该技术的限制因素是重度黑臭水体不应采取射流和喷泉式人工增氧措施；人工增氧设施不得影响水体行洪或其他功能；需要持续运行维护，消耗电能。

曝气复氧被认为是治理河道污染的一种有效措施，可以提高水体中的溶解氧含量，强化水体的自净功能，促进水体生态系统的恢复。除恢复溶解氧外，不同的曝气形式还会为河道带来不同形式的扰动，增大河道紊流程度，抑制藻类生长。河道曝气复氧的主要方式有推流曝气增氧、喷泉曝气增氧、叶轮式曝气增氧、太阳能曝气增氧、微气泡曝气增氧及固定微孔曝气增氧等。

（1）推流曝气增氧

推流曝气是利用喷射导流原理发展起来的一种多用途曝气方式，用于水体中上层推流，在河道断头布置一些推流曝气机可以增加河道水动力，加快水中物质流和能力流循环，强劲的水流与空气混合喷射，使搅拌均匀、完全，在导流装置的作用下，形成强大的溶氧喷射，喷射水流的卷吸作用是周围水体形成大流量前驱运动的趋向，产生大流量充氧循环效果（图 7-17）。

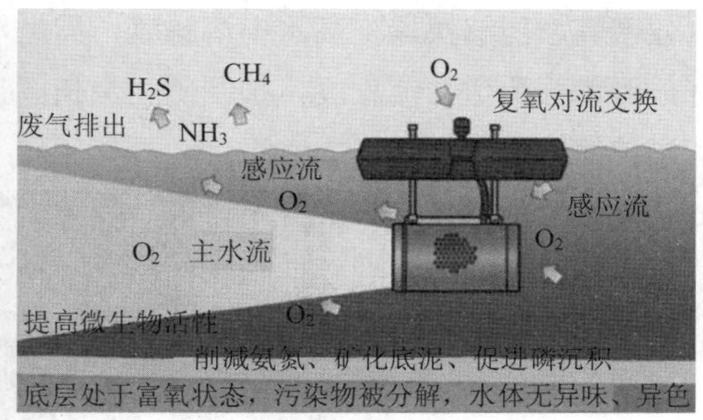

图 7-17 推流曝气系统

推流曝气机广泛应用于人工湖、黑臭河道、湖泊、公园水体等景观水域的曝气、造流、混合。但是，推流曝气机容易扰动底泥，使底泥上翻，造成水面感官效果差。水深小于 50 cm 的泥质底水体不适宜使用该设备。

（2）喷泉曝气增氧

喷泉曝气可以实现全水面水花充氧并提升景观效果，促进水体表层与底层的物质交换，有效防止非流动的水质腐烂发臭，有效改善水质，削减污染物浓度（图 7-18）。

图 7-18 喷泉曝气系统

其技术特点为：

①迅速增加水体溶解氧，推动水体上下循环；

②体积小，不受水位波动影响，适应范围广；

③强大动力产生的水花覆盖整个水面，提升景观效果的同时，全水面充氧；

④促进水体的垂直循环运动，实现表层水体与底部水体交换，消除水的层化现象，防止发生厌氧消化，降低水体的污染物浓度；

⑤充足的氧使水体养分保持平衡状态，控制沉积物与淤泥的积累。

（3）叶轮式曝气增氧

叶轮式曝气增氧通过叶轮高速转动形成水花，与空气接触后增加溶解氧。增氧速度快、效率高，能够快速提高水中溶解氧，满足水生动植物的需氧量，同时对水面搅动效果好，可增强河道紊流程度，抑制藻类生长；且成本低，性能稳定，无堵塞隐患，后期运营维护简单（图 7-19）。

图 7-19　叶轮式增氧机

（4）太阳能曝气增氧

太阳能曝气增氧利用可再生能源——太阳能作为能量来源，无须插电，充分利用太阳能，避免不必要的能量损失。太阳能曝气增氧设备在日间运行，有效利用光合作用产生氧气；夜间不运行，能够满足生态栖息条件。设备利用叶轮搅拌提供大量均匀分布的富氧流，使氧气在不同水体层面有效传输，富氧流通过高速叶轮实现大范围有效传输，具有增强水体流动性、打破水温分层、改善溶解氧环境、控藻、控制水体黑臭等功能（图 7-20）。

图 7-20　太阳能曝气增氧设备机

（5）微气泡曝气增氧

微气泡比表面积大，在水中停留时间比普通气泡长，可有效提高水体溶解氧，维持水体富氧环境，强氧化降解微生物，增强土著微生物菌的生化作用，促进水生植物及微生物的生化降解作用；微气泡与水接触面积大，气泡更易黏附水体污染物，提高水体透明度。

微气泡曝气有如下特点：

①微气泡在水中停留时间长，氧利用率能够达到 65%，复氧能力远远高于其他曝气方式；

②粒径小于 3 μm 的气泡在水中做沉降运动并在底质层积聚，积聚的气泡一方面可以完成对底质层的增氧，强化底质微生物的生化降解作用；另一方面可以促进底泥表层的矿化，对底泥污染物向上覆水的释放起到了明显的抑制作用；

③微气泡所具有的高表面能可以加速污染物的氧化反应速率，大比表面积确保气泡可以接触到更多的污染物，对更多的污染物进行强氧化，将污染物从大分子结构破坏降解成小分子结构，更容易被植物吸收利用、被微生物摄食利用。

（6）固定微孔曝气系统

固定微孔曝气系统是采用多孔性材料（如陶粒、粗瓷等）掺以适当的树脂类（如酚醛）黏剂，在高温下烧结成为扩散板、扩散管和扩散罩的形式（图 7-21）。

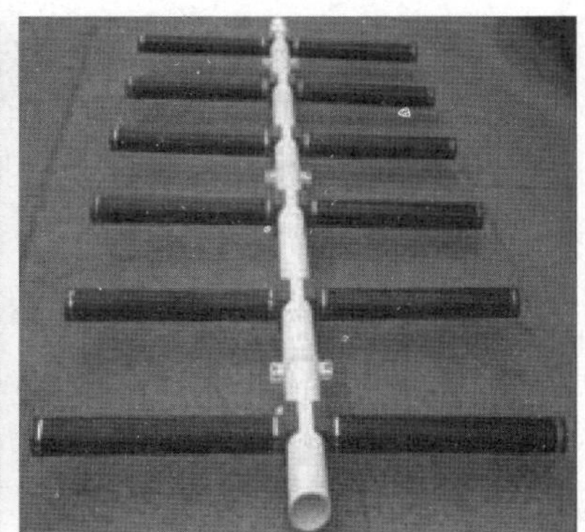

图 7-21　固定微孔曝气系统

固定微孔曝气系统主要由微孔曝气管、风管、鼓风机等部分组成。

其工作原理是：空气从微气泡曝气管后盖的通气孔进入曝气管，曝气管的管壁上密布着许多细小的孔隙，管内空气在压力差的作用下，从管壁的孔隙中扩散出来，在污水中形成许许多多微小的气泡，并造成水的紊流，从而达到了将空气中的氧溶入水中的目的。

固定微孔曝气系统通常采用由粗瓷或刚玉等烧结而成的曝气管，管壁在烧结过程中产生许多极微小的孔隙，它的主要特点是能产生微小的气泡，气泡直径为 0.1～0.2 mm，气液接触面积大，氧利用率高，一般可达到 20%～25%；其缺点是气压损失较大，易堵塞，送入的空气需经过滤处理，易损坏，一旦损坏，氧利用率就开始快速下降。

通过表 7-4 所示的曝气方案的比选可知，太阳能更适合于不易接电的偏远开阔河道，在南片水系缺乏适用性；微气泡曝气成本远高于其他曝气形式，且易损坏，更适用于重污染河道，在南片水系中应用的必要性不强。

表 7-4　各类充氧设备比选

	推流式	喷泉式	叶轮式	太阳能	微气泡	固定微孔
动力效率/（kgO_2/kWh）	1.5～2.0	＜1.0	＜1.5	＜1.5	3	—
适宜水深	＞0.8 m	＞0.6 m	＞0.6 m	—	全水层	＞0.8 m
有效影响范围	50～100 m	50～100 m	30～90 m	155 m	百米以上	多范围，可调整
环境影响	一般	好	较差	一般	占地	一般
成本	1 万～10 万元	1 万～10 万元	1 万元以下	10 万～50 万元	上百万元	1 万～10 万元

7.3.4　生态多样性修复技术

水生态多样性修复是在生境条件（水质、基底、岸坡等）达到明显改善和获知水体水生贫化程度的基础上，通过人工配种水生植物或放养水生动物来重建稳定群落结构和完整功能的顶层生态修复手段。依据当前对该技术的研究范围，可分为水生植物多样性修复和水生动物多样性修复两种技术类别。生态净化主要应用于城市水体水质的长效保持，通过生态系统的恢复与构建，持续去除水体污染物，改善生态环境和景观。

水生态多样性修复是基于复建完整、健康水生态系统的综合技术，通过对水体生态链的调控，实现水生态系统中生产者、消费者、分解者三者的有机统一，保证生态链完整稳定、物质循环流动，从而实现水域的自净。其综合治理效果远远优于目前使用的单一技术。

目前水生态多样性修复主要以生物操纵技术完善以沉水、挺水、浮叶为主的植被系统（生产者）和有益微生物系统（分解者），以此完善水生态系统，提高水体的自净能力。

大型底栖生物在水生态系统物质循环与流动中具有特殊的地位和作用。如螺类、青虾等，可以摄食底质中大量的有机质及腐败的水生植物残体等，大幅度降低底质中有机质含量及营养物质的释放。同时，大型螺类等释放的天然的絮凝剂，可以降低水中的悬浮物颗粒并吸附大量的氮、磷营养盐。水体修复后，很多鱼类会逐步建立起种群，尤其是小型鱼类和底栖杂食性鱼类，其排泄、搅动等活动会促进水体氮、磷营养盐的释放，从而不利于浮游植物的控制和修复后系统的稳定。底栖鱼类还会增加沉积物的再悬浮和营养盐的释放。控制鱼类的数量，构建健康的食物网结构，是建立水生态系统的重要部分。因此，出于对良性水生态系统的构建以及水质保护的需要，构建合理的水生动物群落和健康的食物网是十分必要的，如图 7-22 所示，生物操纵中生物群落的变化及水质的影响。由大型底栖动物和肉食性鱼类为主导的水生动物群落与水生植物形成共生关系，辅助维持“草型清水态”生态系统固有的物质循环、能量流动和信息传递的稳定进行。

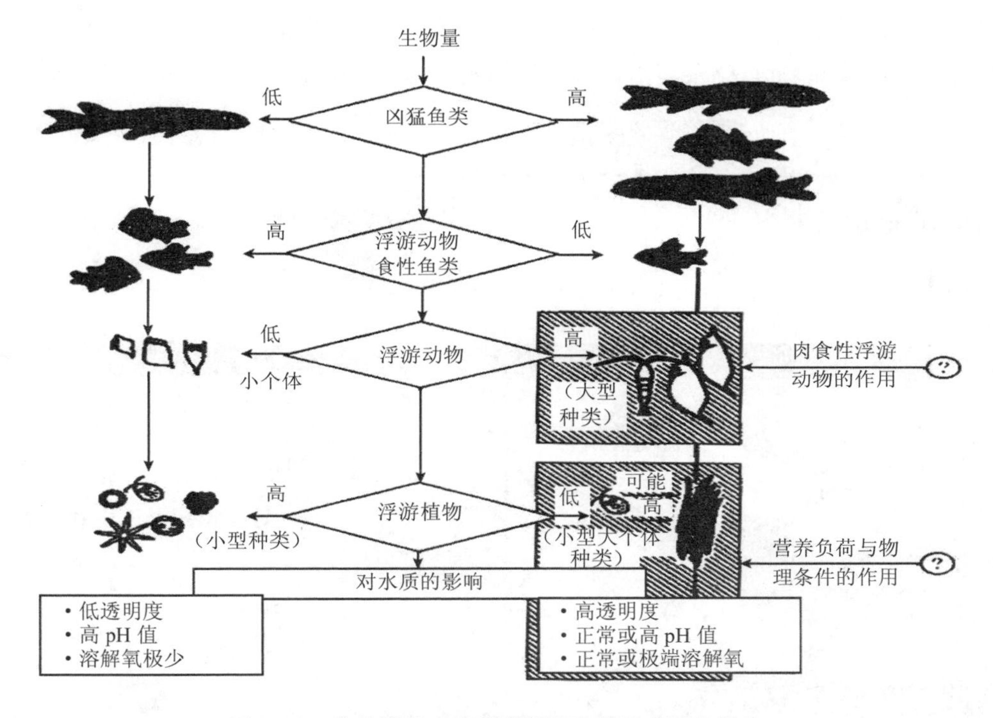

图 7-22　生物操纵中生物群落的变化及水质的影响

水生动物的修复应当遵循从低等到高等的进化缩影修复原则，避免系统不稳定。当沉水植物生态修复和多样性恢复后，应开展水系现存物种调查，根据情况选择开展修复工程，首先修复螺类、杂食性虾类，待群落稳定后，引入本地肉食性鱼类。

（1）水生动物的选择原则

大型底栖动物的选择原则：①摄食习性。螺类的牧食活动有效地去除了植物表面的附生生物覆盖层，降低植物的光照限制及其与附生藻类的营养盐竞争等有害影响，从而促进了水生植物的生长；虾类的牧食作用可以加快底质中有机质、腐败的水生植物残体分解。②生态安全。为防止外来物种入侵带来的生态灾害，应选用驯化改良的净化效果较好的本土品种。

鱼类的选择原则：①生态原则。主要利用大型肉食性鱼类（如黑鱼），控制水体中的野生杂鱼（如鲤科类鱼类、小型杂鱼、鲫鱼等），防止野生鱼类过多，导致水体中营养盐大幅度上升。同时，考虑到当地气候特点，防止水草虫害的出现。②以土著种为主。考虑生态安全的问题，鱼类的投放以土著种为主。

（2）水生动物的选择与投放

根据经典生物调控理论，应增加肉食性鱼类，控制食浮游动物的鱼类，促进浮游动物生长，特别是大型枝角类（*Daphnia*）的数量，从而控制浮游植物的生物量，提高水体透明度，促进“草型清水态”生态系统的构建（图 7-23）。因此，选择广泛分布的肉食性鱼类（如黑鱼），同时辅以水质净化效果好的水生动物河虾类（如青虾）和环棱螺。

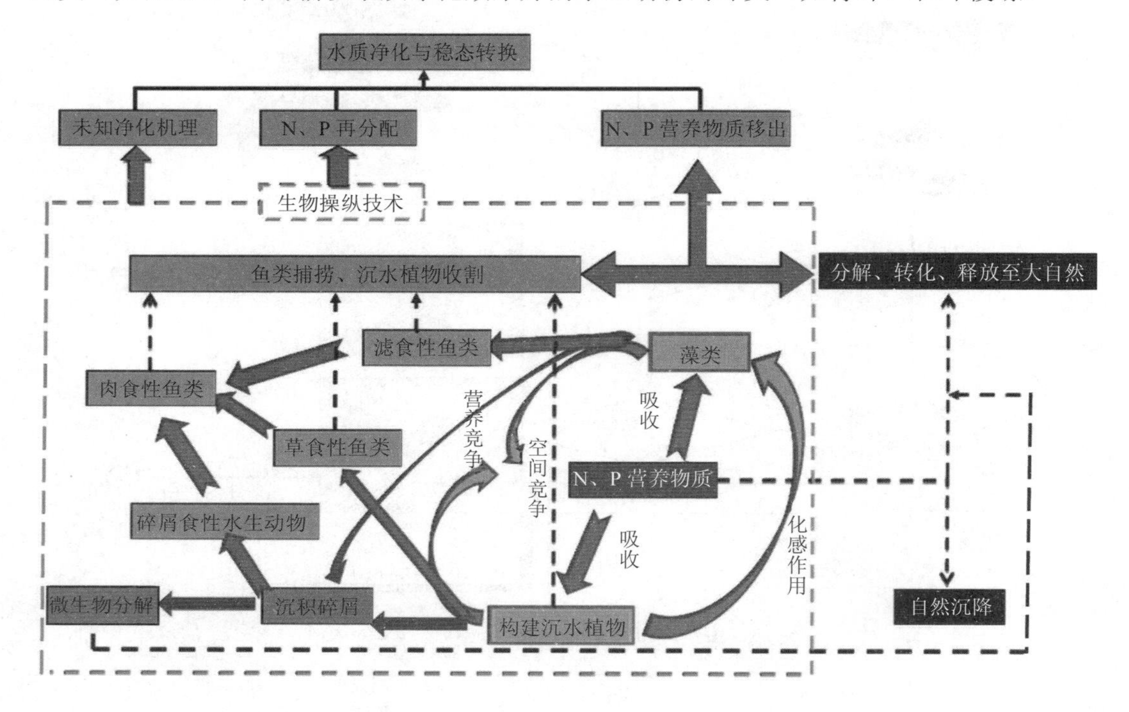

图 7-23　经典生物调控理论原理

7.4　城市滨水景观设计

7.4.1　概念界定

（1）滨水区（water front）

滨水区是一个特定的空间区域，指与河流、湖泊和海洋相邻的土地或建筑物，也是靠近城镇的一部分。

（2）城市滨水区（urban water front）

城市滨水区是指城市范围内水域与土地相连的区域在一定范围内的总称，一般由水域、水际线、陆域三部分组成，它的特征是水体与陆域一起形成环境要素，两者联合组成城市独特的建设用地。城市滨水区包含 200～300 m 的水域范围及相邻城市的土地空间，吸引距离为 1 000～2 000 m，这相当于是 15～30 min 的步行距离。随着城市交通的便捷，其辐射范围扩大到了整个城市。

（3）滨水景观

滨水景观表示特定的水域与周围有关陆域、水际线、构筑物等共同构成的景观存在的统称。其中水域类型包括江河、湖泊、海洋和湿地水域等。陆域指与区域内土地紧密相关的动植物群落、建筑或其他人为结果等，水际线是指水体与陆地划分的界线，该边界也是滨水景观中最吸引人的区域。

7.4.2 景观规划策略

城市滨水景观规划既是城市更新、景观提升、生态发展等价值的体现，也是地域文化的植入与城市特有文化身份认同的过程，针对城市滨水区出现的生态问题、景观问题、城市开发问题以及滨水场所趋同化的问题，提出了自然规划、景观策略、经济开发、人文环境四个方面的规划策略（图 7-24）。

图 7-24 城市滨水景观构建

7.4.2.1 自然规划

（1）水资源的保护与修复

滨水区开发首要控制的就是水体的水质，优良的水质是滨水区开发成败的关键之一。

滨水区需通过储蓄、涵养、调节、截污等方式控制、保护滨水环境。具体包括：

①保护与疏浚河道相结合。避免人工对水体、水岸有较大的更改，对自然形成的水体环境进行保护与提升，增加生态稳定性，也有利于减少灾害性气候再来的负面的影响，疏通河道内外部系统，避免积淤，必要时可以扩大河道的局部地段面积，整体提升滨水区的防洪以及净化的能力。

②防止污染物与保护水体相结合。在城市经济发展当中，最主要的就是避免一些工业化生产的污染物排向滨水河道，工业污染物的过量排放会影响河水自身净化，并牵连到周边生态。保证河道水体自身净化的能力得到保护，并且要科学利用水环境的资源，拒绝过度浪费。

（2）自然岸线的保护与恢复

自然岸线的形态与结构是水体长时间冲刷的成果，有其自身的水纹肌理，滨水岸线的形态展示各异，有曲有折，变化多样，加上由水流冲刷带来的淤泥堆积，河道呈现的宽窄也不一样，同时生长着不同的生态植物与微生物等，这都是自然景观磨合的过程。对于滨水景观区的建造应该遵循河道自然形态进行发展，并对其进行有目的的保护。对于已经遭到人为破坏的环境，要采取相应的治理措施，对暂未开发的河道应加强生态治理，增强生态循环能力，不过多地进行人工干扰。对于岸线的处理方式一般有自然型、仿自然型、人工自然型，尽可能采取生态建造，保护环境，使其能够顺利进行生态循环。

①自然型驳岸基于自然形成的水体岸线，用于地域较为宽阔、坡度较缓的河段，并对原生植物进行保留种植，搭配适宜区域生长的植被，稳固河岸生态系统。

②仿自然型驳岸，用于水流速度过快、冲刷较强，地形较陡的河流地域，在驳岸处使用天然石材、木材护底，不过多地对其进行不渗透材质的干预，加以抓土力强的植物种植辅助，加强河岸抗洪作用。

③人工自然型驳岸多数用于地块较小、防洪要求特别高的河流地段，以斜坡及台阶式表现。

（3）生物资源保护与修复

滨水区内存在多种生命体，是多种生物共生的重要场所，保护与恢复滨水区生态资源及多样性，对城市生态资源的持续发展有重要的支撑能力。在规划的同时应该注意到河流不同阶段的多种变化，种植不同功能效应的植被，并且需要注重植被的种类、生长周期、占地面积等，用于适应河堤内外、湿地等环境。资料显示，滨水区植物的种植距离达到 30 m 以上时，可以起到生态循环作用；当种植距离达到 160 m 时，能够有效净化地表径流当中 70%的污染。对于已经形成的滨水景观场所，应在滨水地段加大种植面积，多种植本土植被物种，对于还没有建造的滨水区域应该进行全面的自然生态系统的保护和梳理。

7.4.2.2　景观策略

（1）加强景观区域融合的格局

城市滨水景观区是人与自然主要接触的途径，在环境中建造自然景观与人为空间以保证人与自然和谐共处，这也导致滨水区容易成为环境脆弱地带。所以，在对滨水环境进行规划时，首要保护自然景观，并加强区域与城市之间的关系。滨水区域基本都会伴随着大面积的植物过渡带，地形平坦或多变，这些可以充分地规划成自然的生态绿林，不仅保护了生态，还存在调节城市热岛效应的作用，也能与城市景观相呼应，加强了滨水景观区与城市之间的联系，也缩短了人与自然的距离。

（2）建立完整的水系网络

一般城市的滨水区除了紧邻河道、湖泊、海洋之外，其周边也会出现大大小小的水道、池汤等，在景观规划的设计当中，要尽可能地充分利用，提升景观区内部的生态活性，并且加强滨水区内外物质与能量的交换。根据滨水区自然生态环境的状态，找到滨水区景观规划的结构与模式，优化河道及河岸的规划方案，促进滨水区生态的发展。

（3）加强景观斑块的链接

在景观规划设计当中，有意识地将景观结构布局与滨水水体连接起来，进行多方面的考虑，利用水体布局链接滨水区的各个板块系统，加强与水体之间的关系，从而展现滨水景观区的魅力，且为生物提供一个生存的空间，同时可以利用区域内的步道与街边绿化系统对秩序以及视线做引导，在水体区建设有特色的廊道交通，丰富景观效果。

（4）保护利用生态植被

在滨水环境中，充分考虑区域内的植物、绿地、湿地等生态资源，将其合理地规划在滨水景观空间，合理搭配，对于规模很大的规划区域，可以采取以面为主、线带穿插的绿色系统结构，构建网格化的、开放的现代滨水景观。

7.4.2.3　经济开发

经济给城市带来生存与发展，但是以牺牲环境来谋求经济效益是得不偿失的，经济与生态之间应该是相辅相成、共同发展的。融合、促进滨水区给城市带来的经济与环境效益，找到生态经济最优秀的结构体系，才能够快速、有效地形成良好的城市生态经济。实现滨水经济开发有以下 4 个特点：

（1）自然资源利用最优化

对滨水区湿地、水体等不可再生的生态资源进行保护，减少资源消耗，采用无污染、不干扰生态循环的技术与材料，节约资源及能源。

（2）土地使用的多样化

城市滨水功能区分化与被隔离的主要原因是土地使用的单一化与片面化，目前城市滨水区不单单是防洪的场所，而是满足城市中人的行为及精神需求的公共场所，功能、空间、层次与未来化是现代城市用地的原则，城市滨水区是对城市所有群体开放的，其具有公共综合性质，通过植物、空间、设施组合成多种多样的空间，对滨水区存在的高差地形充分规划，解决土地开发的强度与滨水生态之间的矛盾，找到两者之间的平衡点，同时满足人们各种需求，如散步、慢跑、跳舞、玩耍、休憩、游览等。

（3）绿色交通体系畅通化

城市环境污染最大的来源就是城市交通带来的空气及噪声的污染，在规划滨水区的景观时，应限制汽车等交通方式，采用以步行、自行车为主，电动公交为辅的形式，在道路上同时也要满足亲水、通风、景观等功能。建立步行系统是城市滨水区最主要的绿色交通方式，规划将不同形式的道路结合在一起，把滨水空间连接起来，不同的滨水景观相互融合，打造完整的滨水景观。

（4）防洪减灾生态化

随着城市的发展需求，不渗水地面材质的使用越来越多，这也导致洪水次数的增加，仅靠加强人工排水系统是不能解决的，要加强生态材料的更新与使用，加强生态化理念与措施，保护河流水系，保护水体的完整性，提升降量带来的地表水的深入以及滞留，降低陆域表面的径流。重视用地条件分析，在滨水区规划时，要充分了解用地区域的地形变化，由水流走向进行设置，避免形成内涝，并且要依据土质条件进行适当的开发，形成自然循环，加大自然渗水的土地面积，降低不渗水路面的规划以及水泥材料的使用，尽量使区域内形成自然生态循环的体系。也可以增加地下水的蓄水量，保证水源、土质以及用水等。

7.4.2.4 人文环境

城市滨水空间的规划设计不仅仅是对城市空间的划分，也是对城市文化内涵的展示，它所关联到的人文文化是城市历史的痕迹，它给人们展示了一个时期所特有的精神文化。故此，应把城市本土遗留的人文生态理念融入城市滨水景观规划之中，展现地域特色，继承和传承城市的历史文化。

（1）发掘历史文化，延续地方情感

不同的城市在发展的过程当中总会留下不同的文化信息，这些文化内容深深地影响着这个地区生活的人，影响着他们的生活习惯以及思维方式等，对城市滨水景观区进行规划的同时要把这些历史遗留的文化信息扬长避短地融入景观规划设计当中，展现出城市特有的魅力与风格，打造出具有地方认同感及归属感的滨水景观环境，让城市的文化能够得到传承与延续。

（2）珍惜历史遗存，挖掘潜在魅力

城市在走过的时间里，都会留下它的“脚印”，城市的产生与成长都会留下痕迹，比如一些历史遗留的、具有重大意义的历史建筑，传统村落、老街等。在对其历史文脉进行分析、解读、提炼与升华的基础上，探究其空间形式中所蕴含的意义，充分展现在城市滨水景观区的建设当中。

（3）传承民俗文化，活化物质景观

由于地域的不同，每个城市的生活习惯以及民风民俗都会有或多或少的差别，人的动态与城市相为呼应。在城市滨水环境的建设中，应当尊重当地风土人情以及独有的文化信息，将其融入规划之中，建造具有生机、具有地方认同感、群众乐于参与的城市滨水景观空间。

（4）注重乡土元素，保护自然景观

滨水环境中的水系、土地、植物、动物以及微生物等都是生态平衡中的参与者，尊重并保护城市滨水区中原有的生态植物、动物、山水肌理等，并与城市中特有的特征相结合，打造乡土气息浓厚的滨水景观空间，维护场所的长期、健康发展。

7.4.3　工程设计方法

在社会发展的进程中，人们对滨水环境的开发愈加关注，城市滨水区的景观设计不再是单一性质的规划设计，而是一个综合性的规划设计，须全面、多角度地对滨水区与人的关系进行考虑，针对滨水空间采取合理的设计方法，丰富城市滨水区的景观效果，改善城市的生态环境，满足滨水环境的内在需求与使用者的外在需求。水环境的治理，不仅仅是流域的单个治理，还应是从城乡整体水系进行规划的系统工程，并深度挖掘历史文化，沟通传统与现在，让人民生活更宜居，文化更丰富，水生态更有价值，实现城乡共享、现代与传统共享、人与生态共享。

7.4.3.1　整体性设计

城市滨水区在城市中并不是独立存在的，它作为城市的有机组成部分，是整座城市的一个脉络、一个分支，在规划设计中，不仅要研究其水体、滨水两岸地区以及景观内容，还要从全局出发，把它与整个城市结合起来，以城市的整体结构、空间形态为背景，将城市交通系统、公共活动空间等一系列城市要素进行完善和延伸，从整体性出发，在保持城市轮廓线完整且建筑、景观设计等风格相统一的基础上，营造出与人的活动有机结合且完整的滨水城市形态。

因此，在滨水区规划选址、功能分区、公共活动设置、道路系统规划等方面都应以整体性原则为基础，与城市主体协调一致，避免将其孤立规划成独立的个体，在景观规划和空间形式上与城市其他公共空间之间保持一定的联系。例如，韩国光州川中游滨水区位于城市中心区，是市民集中的区域，其以“文化”为主题，通过地域性文化滨水区的打造，与城市历史文化背景相联系，并进行延伸和拓展。相反，伦敦的港区工程位于市中心 10 km 外，选址远离城市中心，周边基础设施不完善，只有部分衰退的工业以及码头设施，无法与城市进行全局性的联系和带动周边新开发区的开发。

广东省鹤山市沙坪河被鹤山人亲切地称为“母亲河”，这里有着远近闻名的咏春拳、凉茶、鹤山狮艺、雅瑶陈山火龙、三夹腾龙等传统文化，也是我国南部著名的侨乡，又被称为“岭南威尼斯”。曾经的沙坪河留存着鹤山人美好的记忆，河清水美。改革开放以来，沙坪河沿岸农业、工业迅速发展，人口增加，水质逐渐变差，干、支流水体长期处于劣Ⅴ类水平，成为人人避而远之的臭水河。老沙坪人说：“记得小时候，沙坪河河水清澈，很多小伙伴和大人都会去戏水。后来，河流逐渐被污染，河水很脏，有很多淤泥、蚊子和垃圾，很臭，周边的居民叫苦连天。”如今，昔日臭水河在经过当地政府和大型水务企业的综合治理后，如图 7-25 所示，复归河水清澈，打造成了“水清、河畅、堤固、岸绿、景美”的滨水景观空间，取得初步成效，成为市民休闲的好去处。清泉如许、三夹腾龙、鹤舞沙坪、易建联篮球广场，沿河具有历史人文特色的节点扮靓了沙坪河，也让这里成为市民的拍照打卡圣地。

图 7-25 鹤山市沙坪河沿岸治理效果

7.4.3.2 功能设计

在滨水功能区的划分过程中，要以功能多样性的原则为基础，保证滨水区的活力与多样化的生活方式，包括试用人群的多样化以及活动方式的多样性。为游人提供广泛且丰富的活动区域和内容，若滨水公共空间功能形式过于单一，则会导致空间的空置，人与滨水空间相脱离。不同年龄段与不同性格的人对城市滨水区有不同的需求，尽量满足不同性格人群的需求，使特殊性格的人群也能实现行为活动。在考虑不同性格人群的行为下同时要对滨水区公共活动的季节性、时间段进行综合考虑，例如：杨·盖尔对广场上人群活动进行观察发现，不同年龄段的人群对于滨水公共空间的使用时间与活动方式具有很大的差别，滨水区下午时段老人及儿童较多，行为主要以观赏、玩耍为主；傍晚时段中年人较多，行为以散步为主；天黑时段年轻人较多。营造滨水空间，应依据使用者的多样化对空间进行规划设计，避免出现针对单一目的性设置的滨水空间。不同功能区的划分从城市滨水空间的活动类型以及人的年龄、心理、行为活动等需求出发，根据现场概况和人群适宜性及开展活动的需要，来划分多种类型的活动区域。大体分为生态景观区（如湿地景观、滨水景观、生态种植等）、游览观光区（如观赏水景、摄影、写生等）、休闲娱乐区（如中心广场、亲水平台、垂钓、划船等）、文化教育区（如文化长廊、植物科普等）等，来创造多功能、灵活性强的城市滨水活动。图 7-26 为蓬江天沙河景观示范段工程设置的观龙栈桥、生态湿地公园、儿童游乐园、科技运动园及亮化景观带等观赏、游乐区域。

图 7-26 观龙栈桥、生态湿地公园、儿童游乐园、科技运动园及亮化景观带等观赏、游乐区域

7.4.3.3 道路设计

滨水景观以城市为载体，在道路规划上由外及内进行设计，第一，考虑滨水景观区域与城市相连接的外部交通，进行合理便捷的交通线路规划，解决滨水景观周边公共交

通、停车场停车、消防疏散等交通问题，方便居民从工作、生活和居住空间来往滨水景观空间；第二，考虑滨水景观区域的内部交通，按照不同道路等级的划分，对滨水景观空间进行功能、景观节点的串联以及游人的分流。例如，一级道路可设置为车行道路，二级道路为人行道路，三级道路为汀步道，根据生态景观需要还可设置慢跑道、滨水栈道等，如图 7-27 所示。

图 7-27　滨水景观慢跑道、滨水栈道设计

7.4.3.4　安全性设计

从城市的角度出发，在修筑堤坝时要综合各方面的考虑，确保达到不同城市的防洪标准，满足城市防洪的需要，避免破坏防洪堤结构，防止出现洪水来临时漫淹堤坝、堤顶或溃堤等事故，给城市生态环境、居民自身和物质财产等造成不良影响。从人的安全角度出发，安全性原则优于审美性原则，在滨水区建筑、道路规划、景观配置上都应从人的安全需求出发进行规划设计，游人在滨水岸边进行游览休憩等亲水活动时，不能仅仅为了视觉上的美观和达到亲水的目的而盲目开展设计，在流速较为湍急的水域地段不能采用软性护岸，避免发生坍塌事故，可通过种植植物降低水流速度；在浅滩、湿地周围可适当增加围栏、通过种植植物形成围挡或者设立安全提示标识等，避免游人在亲水或者休憩过程中出现意外。

7.4.3.5　人性化设计

对于城市滨水景观区亲水空间的设计，应当结合生态与景观，顺应岸线地势的节奏，因地制宜、因地就势，突出人性化进行设计，将人的活动空间与自然环境相融合，尽可能满足周围人群对于亲水景观的需求。亲水空间一方面要营造安全且友善的滨水边缘，提供接近水面、层次丰富的亲水平台或阶梯状的缓坡护岸；另一方面在距离水体较远的区域须保持视觉的可达性，依据不同洪水线对不同标高的滨水平台、栈道、台阶等进行不同层次的空间设计，增加亲水的可能性以及人群参与度。例如，功能划分上也可增设亲水景观区，包含戏水池、音乐喷泉等功能设施，吸引游人驻足且参与其中，增加人与滨水环境之间的互动性。如图 7-28 所示，喷泉互动单车项目中单车与喷泉景观是联动的，踩动越快，喷泉越高，而诗歌聚场则由一个屏幕与多个木桩组合，屏幕上显示问题，每个木桩中显示答案，引导市民来回跑动，在运动的同时传播文化。

图 7-28　喷泉互动单车项目与诗歌聚场的设计

7.4.3.6　生态景观设计

滨水区的规划设计要在遵从自然、保护自然环境特质的基础上，按照生态学的理论进行规划和景观设计。滨水地区处于水陆交接地带，蕴含丰富的水域、陆域自然资源，也是生态敏感地区，可持续发展规划策略非常重要。河流景观规划设计既是改造生态的过程，也是保护生态的过程，从本质上来说，城市滨水区的设计应该是对自然过程的有效适应与结合，城市滨水区的生态系统是在自然长期作用下的存在，包含了诸多的要素，生态的可持续原则对城市的生态系统存在着重要的作用。

对于城市滨水区的规划设计要最大程度上保护原有的生态系统，依照河道原有的自然形态规划建设滨水区，保留自然湿地和现有绿地及植被，并有效恢复被破坏的生态要素。例如，西安洨河生态公园以洨河两岸自然景观基础作为依托，栽植乔灌木、草坪及地被植物 40 万 m^2，打造“城市绿岛”，在入水口和退水口处建设微型水质自动监测站，对水质污染情况进行监控，使用科学仪器治水，提升生态可持续性，保持滨水空间原有的完整性，减少人类破坏活动的参与痕迹，追求返璞归真，减少人为介入自然生态的设计；采用本土化设计，在设计材料上减少不透水路面及硬质铺装，使用场地内可循环再利用的沙、石、木头等材料，在植物配置上尽可能保留场地内原生植被，以本土植物和适应当地生态环境的外来植物进行合理搭配，采用自然式栽植为主；最后根据滨水空间的功能划分和道路设计，结合生态景观，从景观意向、景观视线分析、景观游憩规划、绿色通道等层面上建立生态网络（图 7-29）。

图 7-29　景观游憩规划、绿色通道设计建立生态网络

7.4.3.7　人文设计

目前城市滨水景观的设计多参考已经成熟的设计实例进行建造，而忽略了城市自身的地域文化、民俗文化、本土生态环境特色，造成景观趋同化。从生态地理环境、历史文化背景、环境气候差异等多角度来看，不同地域的滨水区具有独特性，尊重、传承城市历史文化特色，将滨水景观区历史文化信息融入规划设计，对城市、人群展现出独特且具有历史意义的场所，这些场所往往能够给人们留下深刻的印象，更好地使人与滨水景观相融合，同时也为城市的独特性奠定基础。在城市滨水区的人文设计当中，首先应当对城市地域文化元素进行研究与提取，采用具有地方特性的材料打造特色游憩景观，营造具有城市地方特色的文化环境。例如，重庆市巴南区长江沿岸滨水区景观生态设计案例中的"李家沱码头"滨水节点，就结合了传统的商业航运码头和游人游憩活动需求，使滨水区更具城市化和地方特色，且设计中还融入了索道、寺庙等当地文化元素，体现出具有地域性的文化底蕴。在沙坪河治理过程中，基于当地丰富的文化传承和市民宜居的需求，在河道截污清淤的基础上，深度挖掘鹤山龙舟文化、榕树文化、咏春文化、舞狮文化等传统文化特色，运用景观设计的手法，塑造了文脉与水脉交织的滨水景观空间，使传统文化得以复兴展现。尤其是深入挖掘龙舟文化，设计修建的鹤山古劳龙舟主题公园及长 800 m、宽 50 m 的龙舟赛道，改变了原来在沙坪河"三夹腾龙"龙舟赛道弯曲、不能承办国际龙舟赛的局限性，为进一步繁荣龙舟文化提供了可能（图 7-30）。

图 7-30　鹤山市沙坪河繁荣的龙舟文化

7.5　其他治理措施

7.5.1　活水引流

活水引流的运作理念是以水治水。首先，向污染严重的城市河道中引入水质较好的外源水，稀释了河水，降低了污染物浓度；其次加大了河流水流量，加快了水体的置换速度，使原有水体由静变动，流动由慢变快，使大部分河段呈单向流；最后，由于水体自净系数与流速有关，且随流速加快而增大，因此引水能使水体的自净系数增大，水体的自净能力增强。

日本是国际上最早利用活水引流工程改善河流水质环境的国家。日本隅田川是东京的“母亲河”，全长 23.5 km，平均流量 37 m^3/s。作为东京都的一条主要河流，河流两岸聚集着东京都 40%的人口。20 世纪 60 年代起随着日本战后经济的恢复，大量工业废水和居民生活污水排入隅田川，水质急剧恶化，至 1961 年水质已严重黑臭。由于隅田川的净泄流量较小，再加上潮软的影响，污染物自净能力很弱。为改善隅田川水质，1964 年日本从利根川和荒川引入清洁水冲污，改变了隅田川的黑臭现象。从此开始了国际上引清调度、改善水质的工作。1975 年日本继续开展河流间的调度，引入其他河流的清洁水，净化了中川、新町川、和歌川等 10 条河流。

随后，利用活水引流工程修复污染水体环境的方法在美国、加拿大、法国、澳大利亚、巴基斯坦和印度等相继推广。美国和荷兰修建引水工程引河流水，对水质污染严重的湖泊水体进行稀释，如引哥伦比亚河水入摩西湖和引密西西比河水入庞恰特恩湖，湖泊在经过一段时间的水体置换后，水质得到明显改善；另外德国的鲁尔河、俄罗斯的莫斯科河在采用引清水修复污染水环境的方法后，也同样取得良好的水质改善效果。

在国内，最早利用水利工程来改善河湖水质的是上海。20 世纪 80 年代中期的上海每天有大量的污水经不同的方式就近排入内河，造成城市化地区的河流黑臭严重，郊区河流也受到不同程度的污染。上海计划充分利用现有的水利工程，加强苏州河沿线雨污合流污水泵站的优化运行管理。在全面治理各类污染源的同时，以基本消除苏州河干流段的水体黑臭，并不恶化周边地区的水质为目标，实行引清调水，改善水环境，促进水体的良性循环。

随后江苏、浙江、福州等地区也陆续开展了各类利用水资源调度改善水质的区域性试验研究和实践（图 7-31）。福州市内河纵横交错，水网平均密度高。近年来大量的工业废水和生活污水直接排入内河，使其污染状况加剧，常年黑臭。福州市政府决定下大力气实施引水冲污方案，即通过引入闽江水，加大内河径流量，提高流速，使大部分河段水流呈单向流，通过一天换一次水，减少回荡。引水后内河的复氧能力增强，消除了河道黑臭，同时降低了闽江北港北岸边污染物浓度。2002 年 1 月，太湖流域管理局启动了望虞河引江济太调水试验工程。调度采用“以动治静，以清释污，以丰补枯，改善水质”的原则实施，全年引长江水 $18\times10^8\,m^3$，入太湖 $8\times10^8\,m^3$，连同太湖上游来水通过太浦河进入下游地区 $28.5\times10^8\,m^3$。太湖湖区水体流速明显加大，缩短了太湖换水周期，太湖富营养化限制性指称总磷浓度为近 5 年最低。调水期间，河网水体初步实现了有序流动，望虞河、太浦河等流域主要水体水质有明显改善。

图 7-31　河道活水工程

7.5.1.1　补水目标及原则

针对区域河网水环境现状，按照“全面规划、统筹兼顾、突出重点、保护优先、综合治理”的原则，充分体现“以人为本、人与自然和谐相处、协调发展”的思想，研究制定和落实配水规划的具体目标和分解任务。

①全面规划、统筹兼顾的原则；

②以人为本、人与自然和谐相处、协调发展的原则；

③建设环境友好型社会、生态城市、创建生活品质之城的原则；

④用好、用足、用活南苕溪、闲林港水资源的原则；

⑤维持一定的景观水位，使余杭塘河水系景观与城市风貌相协调的原则；

⑥与河道交通航运、旅游、景观规划相协调的原则。

地区经济社会的发展与繁荣离不开活水工程为之提供的水源方面的保障。从国内外建成的水资源调度工程来看，活水工程的建成可以达成以下几种目的：

①供水，即向水资源稀缺地区输送以解决公共用水、城市用水、灌溉用水紧张等

问题；

②防洪，利用调水工程可以进行河道行洪、区域排泄、城市排水等；

③发电，如加拿大的“詹姆斯湾”调水发电工程和丘吉尔调水工程；

④维持河道一定的水深以保证航运通畅；

⑤维持河势动态平衡；

⑥改善生态环境、维持河道基本流量；

⑦改善河道水质。

7.5.1.2　工程过程

针对工程区域河流的水污染现状的分析，选择调水活水工程对研究区域河流进行治理。主要内容包括：

①区域水质现状评价。调查区域的自然地理条件、水动力特征及水污染状况，为改善工程区域水环境水量水质联合调度调水方案研究做好准备。

②污染物入河量分析计算。分别对工程区域现状年和规划年的入河污染物量进行分析计算。考虑工程区域内污染类型，因此，分别对工业、生活、面源及河道内源等来源的入河污染物量进行分析计算。

③活水流量确定。影响区域河道活水水量计算值的各类因素有河道水质目标、活水水源的水质现状、河流水质现状、污染物入河速率和河流污染物削减速率等。在对现状河网污染物存量和污染物入河速率的计算分析的基础上，结合工程区域河道水质目标，分别对工程区域现状年和规划年的活水流量进行计算。

④引水效果预测分析。根据计算得出的活水流量，利用河网水量模型模拟引水后河道的水位和流速等情况。运用水质模型进行模拟引水后的河道污染物浓度的变化过程。

7.5.1.3　工程内容

（1）活水循环

活水循环适用于城市缓流河道水体或坑塘区域的污染治理与水质保持，可有效提高水体的流动性。技术要点主要是通过设置提升泵站、合理连通水系、利用风力或太阳能等方式，实现水体流动；非雨季时可利用水体周边的雨水泵站或雨水管道作为回水系统；应关注循环水出水口设置，以降低循环出水对河床或湖底的冲刷。限制因素是部分工程需要铺设输水渠，工程建设和运行成本相对较高，工程实施难度大，需要持续运行维护；河湖水系连通应进行生态风险评价，避免盲目性。

（2）清水补给

清水补给适用于城市缺水水体的水量补充，或滞流、缓流水体的水动力改善，可有效提高水体的流动性。技术要点主要是利用城市再生水、城市雨洪水、清洁地表水等作为城市水体的补充水源，增加水体流动性和环境容量。充分发挥海绵城市建设的作用，强化城市降雨径流的滞蓄和净化；清洁地表水的开发和利用须关注水量的动态平衡，避免影响或破坏周边水体功能；再生水补水应采取适宜的深度净化措施，以满足补水水质要求。再生水补源往往需要铺设管道；须加强补给水水质监测，明确补水费用分担机制；不提倡采取远距离外调水的方式实施清水补给。

（3）水力机械选择

活水工程需要选用较好的水力机械来完成调水，在平原河湖中常用的泵型包括立式轴流泵、潜水轴流泵、潜水贯流泵、竖井贯流泵、卧式轴流泵及斜式轴流泵等，以下对各泵型进行简要叙述，并在此基础上结合工程特点选取合适的泵型。

1）立式轴流泵

立式轴流泵（图 7-32）是应用最广泛的低扬程泵型。泵站分水泵层、电机层，采用干式电机。该泵型技术成熟，安全可靠性高；缺点是厂房高度较高，泵房开挖深度较大，装置效率略低，安装维修较复杂等。

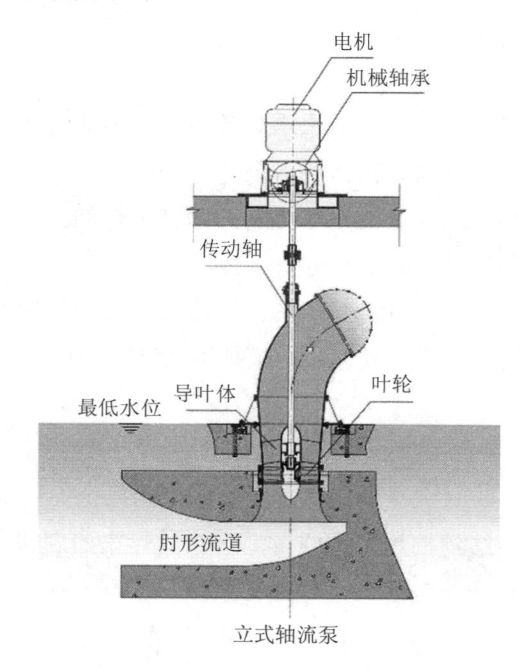

图 7-32　立式轴流泵安装

2）潜水轴流泵

该泵型是一种将潜水电机和轴流泵的泵段连成一体的泵组，可分为井筒式安装和开敞式安装等，在安装或检修时，可将电机水泵整体吊运，非常方便。它具有结构紧凑，泵房结构简单，占地面积小等特点；其缺点是泵站装置效率较低，宜用于年运行小时数不多的泵站，且可靠性稍差。受整体安装限制，单泵重量不宜过大。

图 7-33　立式轴流泵

3）潜水贯流泵

潜水贯流泵如图 7-34 所示，该泵型的泵轴及电机均水平放置，电机采用潜水电机，泵轴与电机轴线重合。水流方向直进直出，与泵轴方向一致，因此水力性能良好，流道平直顺畅，水力损失小，可双向运行。泵站装置效率高，泵组结构布置紧凑，噪声低，特别适合用于扬程在 2 m 以下的特低扬程、大流量的单双向泵站，同时具有散热条件好、土建工程量少等优点。但该泵型潜水电机安全稳定性稍差，同时设备费用稍高。

图 7-34　潜水贯流泵

4）竖井贯流泵

竖井贯流泵如图 7-35、图 7-36 所示，该泵型与潜水贯流泵同属贯流泵，水流方向直进直出，与泵轴方向一致，水力性能良好，运行效率高。由于采用干式电机，并设置在钢筋砼竖井体内，因此电机运行更加安全可靠。电机及泵体分离，可单独拆卸，安装检修方便；竖井体内可设置齿轮箱等变速设备以调整扬程。

综上所述，该泵型在大流量、低扬程泵站中应用前景广阔。

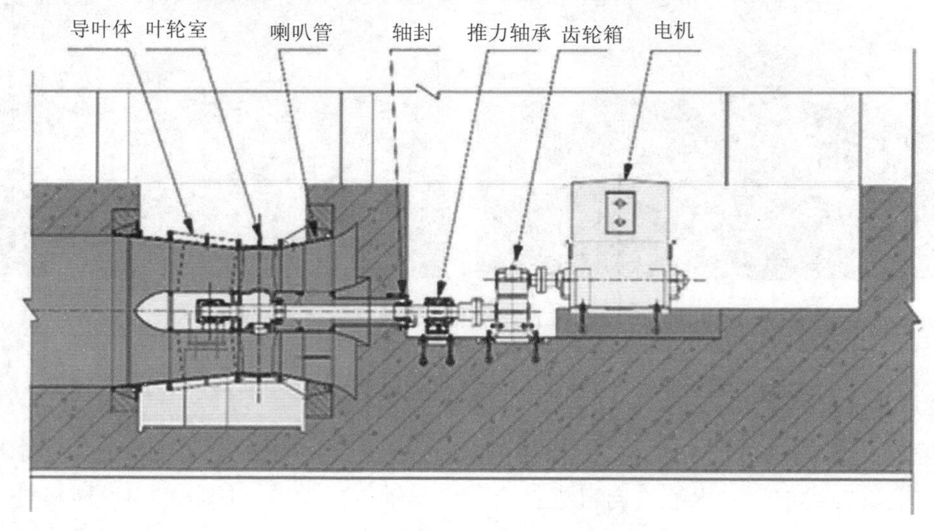

图 7-35 竖井贯流泵安装图

图 7-36 竖井贯流泵

5）卧式轴流泵

卧式轴流泵按其结构特点可分为前轴伸式、后轴伸式、平面轴伸式和猫背式四种。其共同特点是机组主轴呈平面布置，结构也可呈中开布置，结构比较简单，安装检修方便，但其水力损失稍大。此外，厂房外形尺寸也略大，该泵型适用于双向泵站（图 7-37）。

图 7-37　卧式轴流泵

6）斜式轴流泵

斜式轴流泵是最近几年发展较快的一种新泵型，泵型倾斜角分为 15°、30°和 45°三种。斜式轴流泵的开挖深度浅，水下结构简单，流道损失较立式泵和卧式泵都小，泵站装置效率较高；水泵机组结构呈中开布置，无须分层，安装检修较为方便。该泵型厂房尺寸大，安装精度要求较高。适用于单机流量（≥10 m^3/s）较大的泵站（图 7-38）。

图 7-38　斜式轴流泵

上述各泵型优缺点详见表 7-5。

表 7-5 泵型优缺点对比表

泵型对比内容	立式轴流泵	潜水轴流泵	潜水贯流泵	竖井贯流泵	卧式轴流泵	斜式轴流泵
装置效率	较低	较低	较高	高	较低	较高
基础处理	要求较高	简单	简单	要求较高	简单	简单
上部厂房	有	无	无	无	有	有
辅助设备	需油、水等辅助设备	无	无	需油、水等辅助设备	需油、水等辅助设备	需油、水等辅助设备
安装检修及日常维护	水泵、电机不在同一安装层，检修不太方便	安装方便，检修均方便	需整体拆装	安装，检修方便	安装方便，检修均方便	安装精度要求高、维修较方便
环境影响	噪声大，有振动	噪声低微，振动小	噪声低微，振动小	略有噪声、振动	略有噪声、振动	略有噪声、振动
运行可靠性	安全可靠性高	安全可靠性较低	安全可靠性稍差	安全可靠性高	安全可靠性较高	安全可靠性较高

7.5.2 就地处理

就地处理属于分散式处理的方式之一，适用于短期内无法实现截污纳管的污水排放口以及无替换或补充水源的污染水体，通过选用适宜的污（废）水处理装置，对污（废）水和污染水体进行就地分散处理，高效去除水体中的污染物，也可用于突发性水体污染事件的应急处理。如图 7-39 所示，沿岸建设一体化污水处理设备，对周边生活污水进行处理后再排入河流。一体化污水处理设备采用缺氧/好氧生化技术（简称 A/O 工艺），利用生物膜的作用使有机污染物首先转化为氨氮，同时通过好氧硝化和缺氧反硝化过程，既去除有机物又去除了氨氮。生化池配以新型的高密型弹性立体填料，该填料具有负荷高、施工简易、体积小、运行稳定可靠、管理方便、维修更换方便等优点。剩余污泥少，有效去除氨氮，出水悬浮物和浊度低，可大幅度去除出水中细菌和病毒，能耗低，占地面积小。

就地处理一般采用物理、化学或生化处理方法，选用占地面积小、简便易行、运行成本较低的装置，达到快速去除水中污染物的目的；临时性治理措施须考虑后期绿化或道路恢复，长期治理措施须考虑与周边景观的有效融合。但存在一些限制因素：市场良莠不齐，技术选择难度大；需要费用支持和专业的运行维护；部分化学药剂对水生生态环境具有不利影响等特点。

图 7-39　一体化污水处理设备

7.5.3　旁路治理

旁路治理主要适用于无法实现全面截污的重度污染水体，或无外源补水的封闭水体的水质净化，也可用于突发性水体污染事件的应急处理。

在水体周边区域设置适宜的处理设施，从污染最严重的区段抽取河水，经处理设施净化后，排放至另一端，实现水体的净化和循环流动；临时性治理措施须考虑后期绿化或道路恢复，长期治理措施须考虑与周边景观的有效融合；需要大量费用支持和专业的运行维护。

如图 7-40 所示，位于珠海 G105 国道附近的排洪渠，水体浑浊，表面漂浮有较多悬浮物。经取水实测，水体 COD 为 100～150 mg/L，氨氮为 15～30 mg/L，总磷为 2～4 mg/L，整体水质与生活污水相似，可生化性高。其污染主要来自周边居民区的生活污水直排。现场可用地为大友街南侧一坡地，尺寸约为 97 m×12.5 m，坡度较为平缓，岸边生长有大量的乔灌木植物和水生植物。

现设置一套处理量为 5 000 t/d 的一体化污水处理设备于站点位置，如图 7-41 所示。通过一体化泵站输送来水体进行处理，在达到《城镇污水处理厂污染物排放标准》（GB 18918—2002）一级 A 标准或去除率要求后排入排洪渠。采用一体化设备设计，可以实现 24 小时全自动运转，投资小且运行成本低，运营维护简单；采用模块化设计，可以方便组装、拆卸，方便后期扩展，是一种较实用的旁路处理设施。

图 7-40　一体化污水旁路处理设施

图 7-41　5 000 t/d 一体化污水处理设备

参考文献

[1] 濮培民，王国祥，胡春华，等. 底泥疏浚能控制湖泊富营养化吗？[J]. 湖泊科学，2000（3）：269-279.

[2] Murphy T P Lawson A，Kumagai M，et al. Review of emerging issues in sediment treatm ent[J]. Aquatic Eco system Health and Management，1999，2（4）：419-434.

[3] 朱兰保，盛蒂. 污染底泥原位覆盖控制技术研究进展[J]. 重庆高教研究，2011，30（3）：38-41.

[4] 洪祖喜，何品晶. 受污染底泥易地处理处置技术[J]. 上海环境科学，2002（4）：233-236.

[5] 张卫，熊邦，林匡飞，等. 不同覆盖方式对底泥内源营养盐释放的控制效果[J]. 应用生态学报，2012，23（6）：1677-1681.

[6] 唐艳，胡小贞，卢少勇. 污染底泥原位覆盖技术综述[J]. 生态学杂志，2007（7）：1125-1128.

[7] 祝凌燕，张子种，周启星. 受污染沉积物原位覆盖材料研究进展[J]. 生态学杂志，2008（4）：645-651.

[8] 李红霞，张建，杨帅.河道水体污染治理与修复技术研究进展[J].安徽农业科学，2016（4）：74-76.

[9] 孙远军. 城市河流底泥污染与原位稳定化研究[D]. 西安：西安建筑科技大学，2009.

[10] Murphy T，Moller A，Brouwer H . In situ treatment of Hamilton Harbour sediment[J]. Journal of Aquatic Ecosystem Health，1995，4（3）：195-203.

[11] 虞洋，梁峙，马捷，等. 底泥修复技术方法和应用前景[J]. 环境科技，2014（1）：3-5.

[12] 张锡辉. 水环境修复工程学原理与应用[M]. 北京：化学工业出版社，2002.

[13] 贾陈蓉，吴春芸，梁威，等. 污染底泥的原位钝化技术研究进展[J]. 环境科学与技术，2011，34（7）：118-122.

[14] 王鹤霏. 生物—生态技术对水体修复效果的研究[D]. 大连：大连理工大学，2013.

第8章　国内外典型案例

8.1　韩国清溪川治理

8.1.1　工程概况

8.1.1.1　地理位置

清溪川发源于韩国首尔西北部的仁王山、北岳的南边山脚、南山的北部山脚，在土城中央汇合，由西到东贯穿首尔市中心并与中浪川汇合后流往韩国最大的河流——汉江。清溪川全长 10.92 km，流域总面积达 50.92 km^2，最大宽度 80 m，被复兴改造的部分为 5.84 km。

8.1.1.2　治理过程

其过程可以归纳为四个阶段：

①生活河川阶段（公元 15 世纪—20 世纪初）：主要担负城市排污。

②衰败阶段（20 世纪 30—50 年代）：由于战乱的影响和人口的急剧增加，清溪川河道遭受严重污染，使得其一度被废弃。

③被覆盖阶段（20 世纪 50 年代—2002 年）：韩政府采用“覆盖”方式解决污染问题，并于 1967 年在覆盖物上修建高架道路。

④重生阶段（2003 年至今）：拆除高架道路，恢复治理自然河流，重建城市生态环境。

8.1.1.3　清溪川水资源污染的背景及恶化的环境

20 世纪 50 年代朝鲜半岛战争后，为了维持生计而流窜的难民开始聚集在清溪川周边并定居下来。居民在清溪川周边也开始搭建脏乱简陋的木板房，排放的生活污水使清溪川迅速被污染。清溪川成为经历过殖民统治和战争、代表一个国家穷困及肮脏的贫民区的象征。无论从卫生状况还是城市景观方面，如果把清溪川放置不管的话，就不可能期待首尔市更好的发展。在韩国当时的经济状况下，解决清溪川问题最简单、有效的方法就是进行“覆盖”工程。以 1955 年覆盖光通桥上游约 136 m 为开始，1958 年清溪川正式开始全面覆盖（1958 年 5 月—1961 年 12 月），从光桥到清溪 6 家东大门运动场；1965—1967 年，从清溪 6 家到清溪 8 家新建栋；1970—1977 年，从清溪 8 家到新荅铁桥被覆盖。1967 年 8 月 15 日—1971 年 8 月 15 日，利用 4 年的时间，建成了从光桥到马场栋的总长度达 5.6 km、宽达 16 m 的清溪高架道路。

清溪川被覆盖之后约 40 年，也就是清溪高架道路建成后约 30 年的 2002 年，清溪川已成为城市产业的中心地，道路两侧密集了工具商、照明店、鞋商会、服装店、旧书店、小摊市场等大大小小的商家。覆盖道路和高架道路上每天通行数十万的车辆。但被覆盖后的清溪川并没有成为首尔的模范象征，而成为首尔市中心最繁杂的地段，这使清溪川周边更加落后，被认为是破坏首尔市形象的根源。

8.1.1.4 高架的安全隐患

清溪川覆盖道路与高架桥建成后已经历了 30～40 年，过去有限的技术加上建筑物本身的老化已经无法通过现在的安全考验，再加上覆盖在清溪川河底下的重度污染物，产生的沼气不断腐蚀清溪川高架桥。整建清溪川，首先须解除清溪川覆盖道路及高架桥带来的安全隐患，给市民提供更加安全可靠的环境。

8.1.1.5 区域规划

①治理河川：河道长度较长，分为三段处理，并且赋予不同主题，由西向东分别对应的主题为历史、现在、未来。

②治理历史遗迹：对遗物留存可能性高的区域及堆积层保存完好区段进行勘探调查，并采取保持原状处理方式。对于治理方案，征求市政府、市民委员会、文化财产方面专家、市民团体等各方面意见后再确定。

③桥梁设计：桥梁是清溪川的特色，治理后的清溪川遍布了 22 座桥，分为人行桥和人车混行桥。桥梁设计中提出了三个标准：选择可最大限度疏通流水障碍的桥梁形式；定位为文化与艺术相会的空间；建设成地方标志性建筑，成为具有造型美和艺术性的桥梁。

④景观设计：重点是溪流两边的护堤空间。例如，鱼鸟栖息地的生态设计；步行道、便利设施和导游信息发布点的设计和布置；墙面壁画和一些地标设计。

⑤夜景观设计：清溪川综合整治工程注重通过照明效果来创造夜景观，利用河道沿岸布置的泛光灯和重点景观的聚光灯等形成和谐又具有特色的灯光效果。夜景观的塑造

使得清溪川吸引了大批喜爱夜生活的市民和外来观光客。

8.1.2 清溪川治理工程

清溪川治理工程是一项系统工程，于 2003 年 7 月动工，2005 年下半年完工。分为拆除工程、河道治理工程、河道补水工程和景观设计四部分。

8.1.2.1 拆除工程

在拆除了覆盖在清溪川水体上的路面结构以及路上的高架桥后，面临的主要问题是水体复原。由于清溪川被覆盖在地下以后承载着排污的功能，因此为了保证水质的清洁，防止复原的水体重新被污染，建设了新的独立的污水系统，对原来流入清溪川的生活污水进行隔离处理。采用低噪声、弱震动技术拆毁清溪川上覆盖的道路、高架桥和河道上盖等结构，尽量减少对周围地区的影响。拆除工程分 4 个步骤：第一步，清理辅路，保证 2～3 条车行道通行，减少对周围商户的影响；第二步，移除河道上盖；第三步，拆除桥墩；第四步，拆除结构。

8.1.2.2 河道治理工程

重建的清溪川还要面临夏季洪水的考验，因此泄洪能力设计为可抵御 200 年一遇的洪水。建立了一个水文模型，利用河道的上游与下游有 20 m 的落差来控制水流的速度。治理河道整体设计为复式断面，横断面依周边条件不同分为 4 段。第一段位于上游地区，河道拦截条件较好，因此日月渠底宽 20.83 m，边坡 1∶1，两侧二层台各 21.83 m 和 22.92 m。二层台下及两侧设市政管线走廊。第二段位于城市建设密集地区，河道拦截用土也非常紧张，又要留出两侧各两条车道，还要考虑人的亲水活动需求。为保证河道行洪断面，将规划陆架设在河道两侧过水断面上。日月渠底宽 11.74 m，边坡 1∶1～1∶2，二层台下设市政管线走廊。这种在城市密集区河道与车道相结合的做法值得借鉴。第三段位于城市建设密集地区下游，河道拦截用地紧张程度较上段缓和，也要留出两侧各两条车道，但人的亲水活动减少，断面相对整齐。为保证河道行洪断面，将规划路架设在河道两侧过水断面上，明渠底宽 11.74 m，边坡 1∶11∶2，二层台下设市政管线走廊。

同时，为防止水的渗漏损失，断面为不透水铺装，以减少水的渗漏损失和水渗透对两岸建筑物安全的威胁，设计中采用黏土与砾石混合的河底防渗层，厚 1.6 m，在贴近河岸处修建一道厚 40 cm 的垂直防渗墙。此外，河道整治要注重营造生物栖息空间，增加生物的多样性，如建设湿地以确保鱼类、两栖类、鸟类的栖息空间，建设生态岸丘为鸟类提供食物源及休息场所，建造鱼道用作鱼类避难及产卵场所等。

8.1.2.3　河道补水工程

没有水源，清溪川将常年处于干涸状态。对于解决水源的问题，如果全面恢复历史上的天然水系，由于涉及区域过大和造价过高，实施的可能性不大。为保证清溪川一年四季流水不断，维持河流的自然性、生态性和流动性，在经过科学论证后，最终采用三种方式向清溪川河道提供水源：主要的方式是抽取经处理的汉江水；第二种方式是取地下水和雨水，由专门设立的水处理厂提供；第三种方式是中水利用，但只作为应急条件下的供水方式。

8.1.2.4　景观设计

西段（上游）历史上在朝鲜王朝时期是皇宫所在地，建有多座文化宗教活动场所，在这个地区居住的人们多是有身份的上等阶层人士，这里也是韩国的政治中心，政府首脑机构、市政厅、新闻中心、各大金融机构等大都云集于此。因此该段的设计主要体现现代化的首尔，建设主题是“开放的博物馆”。清溪川广场是举办各种文化活动的露天广场，这段街道要拓宽到可供车辆和行人通行。在广场的尽端，沿河岸布置了一处由各种石头堆砌而成的假山瀑布。

在设计上，该段的侧河道两岸均采用花岗岩石板铺砌成亲水平台，在灯光和造型上均呈现出了时尚和现代感。上游最前端设有一高约 2 m 的跌水瀑布，水中透射出幻彩的灯光。瀑布台全部用黑色花岗岩砌筑成。现代化的楼宇同不规则弧线形态的河岸，简洁明快的河岸线、潺潺的河水、石材及素水泥的结合、高低错落的亲水护岸为人们构想未来的首尔带来了无限的遐想，增添了该地区的现代化和科技化的品位。

河道中段区域是商业活动中心，这一带历史上居住着市井商人、中下等军人和中下层人士，在首尔历史上的经济活动中发挥了重要作用。而现在成为著名的传统商品、服装及鞋帽等各种小商品市场，成为市民和观光游客喜爱和光顾的地方，因此该段的设计主要是体现古典与文化的结合。

与其他施工段不同的是，这里要在确保可以安全抗洪的同时，保留现有的下水管道。这样做，河体就会变窄变深。于是，一条天然河流从一侧流过，而一座双层的人行道在江的另一侧。这样设计给人空间缩小的感觉，让人们容易接近和到达。特别是五间水桥之后的路段，延续了骆山的绿色空间，给动植物留下绿色地带。

东段（下游）几条支流的合并扩大了整个河域，河水注入汉江，就会带来相应的自然景观变化。该施工段与西、中段中令人眩目的都市生活和热闹的交易市场相比，让人感到宁静平和。沿岸连续的野生植被和水生植物被保留下来，也加入了柳树湿地、浅滩和沼泽，以便留出足够的草地和将来供野生动物生存的空间。清溪川高速公路的 3 个高架桥墩被保留下来，以提醒后代关注清溪川的变迁。

8.1.3 治理后的清溪川情况

21 世纪初，韩国首都汉城（今首尔）市完成了一件创举，这就是清溪川生态恢复工程，它对城市生态治理和发展战略产生了重要的影响，给予人们以深刻的启示。

8.1.3.1 交通出行方式的改变

整治工程拆除了横亘市中心的高架桥，取而代之的是改善后的城市公交系统。据统计，与 2003 年 12 月相比，2004 年 7 月新公交系统投入使用后，乘坐公交车出行的市民增加了 11%；与 2003 年 6 月相比，利用地铁出行的人数增加了 6%。清溪川综合整治工程成为转变首尔人出行方式的一个重要契机，也推动首尔市向着环境友好型城市发展迈出了重要的一步。

8.1.3.2 自然环境的改变

整治工程恢复了河流的自然面貌，改善了城市生态环境。有关数据显示，清溪川治理前，高架桥一带的气温比首尔市区的平均气温高 5℃以上，而在清溪川治理通水后，河面上方的平均气温要比首尔市区平均气温低 3.6℃。同时，据测算，清溪川周边地区平均风速至少增大了 2.2%、最大风速增大了 7.1%，从而有效缓解了城市热岛效应，改善了城市生态环境。

8.1.3.3 人文经济效应的改变

整治工程还带来了很好的经济和文化效应。工程带来的良好生态环境和滨水空间环境极大地推动了江北老城区的改造和建设，为将周边地区整合成为国际金融商务中心、高端信息和高附加值产业园区提供了重要的基础条件。而且它将河川文化的复兴与周边的历史古迹和博物馆、美术馆等文化场所相结合，形成了首尔的文化中心，凸显其作为传统和现代相结合的文化城市地位，提升了城市的文化品位。

8.1.4 对我国的启示

清溪川复兴改造工程的实施，极大地提升了首尔市的发展品质。目前，首尔正在进行绿色和可持续城市建设，已经确立了“环保、宜居、适合投资”的 21 世纪城市目标构想。清溪川复兴改造工程建设中的人水相亲、城市人与自然和谐、人与文化交融、生态治理、工程建设与市民各阶层利益的协调等可持续发展理念，代表了当今城市河流治理的发展方向，其成功的治理经验，值得我国城市政府学习借鉴。

8.1.4.1　规划过程中民众的广泛参与

韩国政府从开始就认识到公众参与的重要性，所以整个过程保持了很高的民众参与性，这就保证了项目的正常实施和预期效果。早在工程开始前，负责治理工程的人就通过韩国著名作家朴景理的文章使该项目为民众广泛知晓。工程之初，政府充分利用媒体进行宣传，并且将各项可行性研究的成果进行公示，以取得民众的支持。在组织机构中设立市民团体，不仅对工程提出建议而且可以在产生居民矛盾时发挥调解作用。

8.1.4.2　采用综合的生态化整治方式

多数河道未能提供丰富自然的亲水空间，两岸的护栏、陡峭的河岸都阻碍了人与水的亲近，不能获得良好的亲水性；河道的服务功能差，河道作为城市的天然通道，其缓解交通压力的潜能尚未得到发掘。因此，整治工程要注重河道潜在亲水功能和服务功能的开发，处理好人与水、人与河的关系，建造相应的基础设施，使河道具有亲水、安全的特性，营造人与河流和谐相处的环境，为城市居民提供健康、舒适、优美的休闲娱乐场所。

8.1.4.3　实施彻底的截污工程

目前国内的城市河流多数已成为纳污河，大量的工业废水和城市生活污水排入河中，要整治河道必须首先实施彻底的沿河流域截污工程，贯通河流上、下游截污干管，完善跨域管网衔接，扩大生活污水和工业废水集中收集范围，提高污水处理能力。另外，河道两岸堆积的废物等潜在污染源同样会对河道造成很大的污染，所以整治过程中要彻底清除污染源，防止治理后的水质被二次污染。

8.2　广州麓湖水体生态修复案例

8.2.1　项目背景

麓湖是广州市四大人工湖之一，水域面积约 21 hm^2，1958 年由洼地筑坝蓄水形成，名为游鱼岗水库，后更名金液池。因处白云山麓，1965 年易名麓湖。麓湖公园位于白云山脚下，景色优美，是市民休闲娱乐的好地方，还肩负着蓄洪排涝的功能。

污水直排、雨污合流、流域面源污染以及厚厚的污染底泥等内外源污染，加速了麓湖的富营养化进程，严重影响麓湖水环境质量和生态景观。水体生态修复前，水体重度富营养，藻华频发，水体颜色泛绿泛黄，水体透明度低，严重影响沉水植被的生长和繁殖。沉水植被退化甚至消失，生态系统结构与功能异化、不稳定、自净能力差，属地表水劣Ⅴ类水质（图 8-1）。

图 8-1 麓湖未治理前水环境现状

8.2.2 修复目标

项目水体生态修复目标：水体透明度≥1.5 m，水质主要营养指标达到地表水Ⅳ类或以上标准，非硬化区沉水植物覆盖率达到 60%以上，水体生态系统得以恢复，生物多样性显著提高，实现水体自净、系统可持续和景观提升。

表 8-1 《地表水环境质量标准》（GB 3838—2002）Ⅳ类主要营养指标

水质标准	化学需氧量（COD_{Mn}）	总磷（TP）	氨氮（NH_3-N）	总氮（TN）
浓度/（mg/L）	≤10	≤0.1	≤1.5	≤1.5

8.2.3 技术路线

按照“控源截污、内源治理；活水循环、清水补给；水质净化、生态修复”的基本技术路线，恢复沉水植被、完善食物网结构，形成稳定的、可持续的、生物多样性高的清水型湖泊生态系统，呈现鱼翔湖底、水草悠悠的生机盎然的良好生态景观环境（图 8-2）。

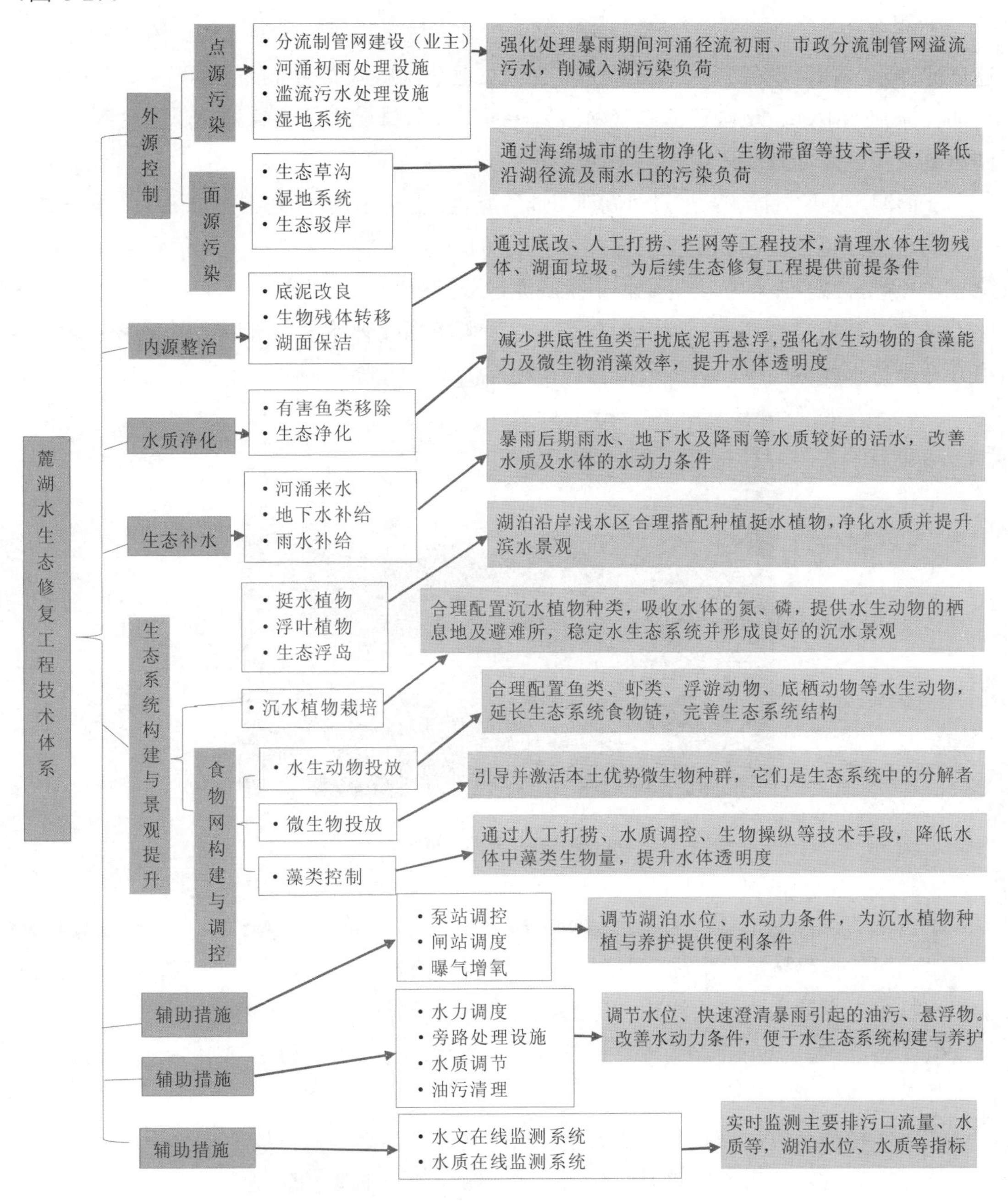

图 8-2　技术路线

8.2.4 实施方案

①外部污染控制措施：对入湖排口采取强化预处理措施，削减点源污染，采用“快速过滤净水一体化设备”+“人工湿地”工艺，强化削减入湖河涌的外源污染、暴雨期间河涌径流初期雨水、市政分流制管网溢流污水以及偷排污水的应急处理，以达到削减入湖污染负荷，降低外部污染。

②面源污染控制措施：通过“湖滩湿地”等生态强化措施，降低沿湖面源污染负荷。

③水质净化措施：利用围网捕捉和声呐捕鱼的方式将鱼类转移至其他水体，并且清除有害鱼类，减少底栖鱼类等生物干扰底泥造成沉积物再悬浮（图 8-3）；采用“生态净化”技术，利用浮游动物、滤食性鱼类对浮游藻类的牧食能力和微生物水质净化能力，提升并维持水体透明度，为沉水植物的建植提供良好的光照条件。

图 8-3 鱼类转移

④内部污染控制措施：为了削减内部污染和为水生植被营造一个良好的生长环境，利用“底泥改良”技术，实施底泥消毒和底质改良（图 8-4）；通过“人工打捞”+“悬浮物拦网技术”拦截和打捞漂浮物，达到“面净”的效果。

⑤生态补水：暴雨后期雨水、地下水以及雨水均可成为麓湖的活水来源，能改善麓湖水体水质和提供水动力。

⑥沉水植被恢复：这是水体生态修复的关键。在内外污染控制的情况下，结合水质净化措施，为沉水植物的建植提供有利条件（图 8-5）。根据植物生态习性和场地现状，合理配置沉水植物种类，通过水生吸收氮磷营养、提供微生物附着基质和水生动物栖息环境、改善根系底泥微生境，固定及钝化底泥，恢复较稳定的、生物多样性高的草型清水态湖泊生态系统，改善水质环境，提升水体景观。

图 8-4　底泥改良过程

图 8-5　沉水植物和挺水植物

⑦食物网构建与调控：采用“食物网构建与调控”技术，投放水生动物、微生物延长食物链，完善生态系统结构与功能，从而使得水生态系统更稳定。

⑧生态景观建设：恢复沉水景观，构建和完善滨水景观以及建设人文景观（图 8-6）。

图 8-6　构建和完善滨水景观以及人文景观

⑨辅助措施：采用“泵站调控”，减少合流制管网初期雨水进入湖泊，汛期实施闸站调度，调节湖泊水位，提供水动力，为沉水植物的种植和养护提供便利条件，采用曝气增氧措施提升局部水动力，降低死水区域藻类暴发概率。

⑩应急措施：暴雨期实施水利调度，调节湖泊水位，保证沉水植物的有利光照条件；“十年一遇”洪水量通过快速过滤净化一体化设备，削减暴雨初期雨水对麓湖的影响；根据生物操纵技术，通过水生动物和微生物，控制藻类暴发；在潜在排污口和偷排处进行生态强化处理，削减入湖污染负荷；结合监控系统和巡查，监控人为破坏和偷排现象，及时实施打捞和隔离措施，防止污染物扩散。

8.2.5 实施效果

如图 8-7 所示，经过 150 天的治理，项目达到了预期治理目标，湖水清澈见底，水体生态系统得以恢复，生物多样性显著提高，实现了水体自净和景观提升。

图 8-7 项目实施后效果

8.3 福州鼓台中心区水系综合治理案例

8.3.1 项目介绍

福州市鼓台中心区水系综合治理 PPP 项目位于福州市老城区，涵盖晋安河流城西侧及光明艳流域在内的 27 条河道及左海西湖，如图 8-8 所示。建设期 2 年，运营期 13 年。联合体由北控水务（中国）投资有限公司、北京市市政工程设计研究总院有限公司、中建三局第一建设工程有限责任公司组成。

图 8-8 福州市鼓台中心区水系

工程内容包括：①21 条河道的水系整治工程；②87.8 km 的截污收集工程；③水系连通及 56 个串珠公园景观工程；④生态修复工程；⑤智慧信息监控系统及其他配套设施等。

8.3.2 项目特点

福州市水系综合治理重点工程涉及南方老城水网，边界条件极复杂、老城区项目难度大、河道数量多且分散，属复杂性黑臭内河。项目从环境效果出发，以水质目标为导向，通过控源截污、内源治理；活水循环、清水补给；水质净化、生态修复、分步实施，阶段见效，将工程和非工程措施相结合，统筹流域控制，水陆一体、协同治理，达到城市内河的长治久清，打造水清岸绿、水景亮丽、人水和谐的亲水福州（图 8-9）。

图 8-9 黑臭水体环境治理效果

8.3.3 治理效果

2017 年完成住建部督办的任务——全面消除鼓台项目区域内 10 条黑臭水体，通过住建部的水质考核工作。其中。项目包括的梅峰河成为福州市内首条消除黑臭的水体。

2018 年陆续收到福州市城乡建设局的 4 封表扬信。在财政部、生态环境部、住建部联合举办的全国黑臭水体治理示范城市竞争性评审中，福州从多个申报城市中脱颖而出，成为 20 个全国黑臭水体治理示范城市之一。

2018 年项目顺利通过生态环境部联合住建部组织的两次验收工作，判定为已完成国务院下达的黑臭水体治理任务，治理后群众满意率均在 90%以上，成为南部富水地区水系发达城市黑臭内河治理典范项目，如图 8-10 所示。

图 8-10　黑臭水体环境治理效果

8.3.4 治理前后对比

图 8-11 为福州市水系综合治理前后对比图。

图 8-11　水系治理前后对比

第三篇

智慧运营篇

第 9 章　水环境运营管理概述

水环境综合治理项目实施的工程包括截污管网工程、污水处理工程、污水泵站及其附属工程、截污闸（智能截流井）及其附属工程、河道垃圾清理及河道底泥清疏工程、引水泵站及其附属工程、排涝泵站及其附属工程、活水泵闸（水闸）及其附属工程、生态修复工程、智慧水务工程、堤岸整治工程、景观绿化工程和道路桥梁工程等。

9.1　水环境运营管理对象

根据水环境综合治理实施的工程内容可知，水环境运营管理的对象包括截污管网工程、污水处理工程、污水泵站、截污闸（智能截流井）、引水泵站（排涝泵站）、水闸（泵闸）、生态修复工程、河道驳岸、智慧水务工程、景观绿化工程以及道路桥梁工程等的运营管理工作、水域（河面、湖面）、景观绿化工程和道路桥梁工程的保洁工作、水域（河、湖）底泥清疏工作等。

水环境运营管理具有涉及工程类型多样、边界不清晰、影响因素多、与公众息息相关等特点，因此对于运营管理及运营人员提出了更高的要求。

9.2　运营管理组织架构

9.2.1　运营管理组织架构说明

水环境运营管理实例中，运营主体通常为运营管理单位在项目地点成立的项目公司（特殊目的实体，简称 SPV）。项目公司在运营管理期作为运营管理合同的执行者。

水环境综合治理涉及的工程内容范围广，相关组织人员多，各类事务的协调安排繁多，须制定统一的企业保障和决策以及各阶段易于衔接管理的组织机构，有效地协调各部门人员，合理地安排日常工作。

水环境项目多为高度复合型的综合性项目，涵盖水环境、河道治理、黑臭水体、生态景观、信息化等多个方面，涉及给排水、水利、景观、生态多个专业，因此，水环境运营管理公司组织架构应由各个专业类型所组成的专业团队构成。

9.2.2 运营管理组织架构

根据水环境综合治理项目运营管理对象，项目公司运营组织架构图一般可按照图 9-1 的设置。项目公司设置总经理、副总经理和技术总监各 1 人，以上 3 人组成项目公司的领导层，负责项目公司的决策和经营。

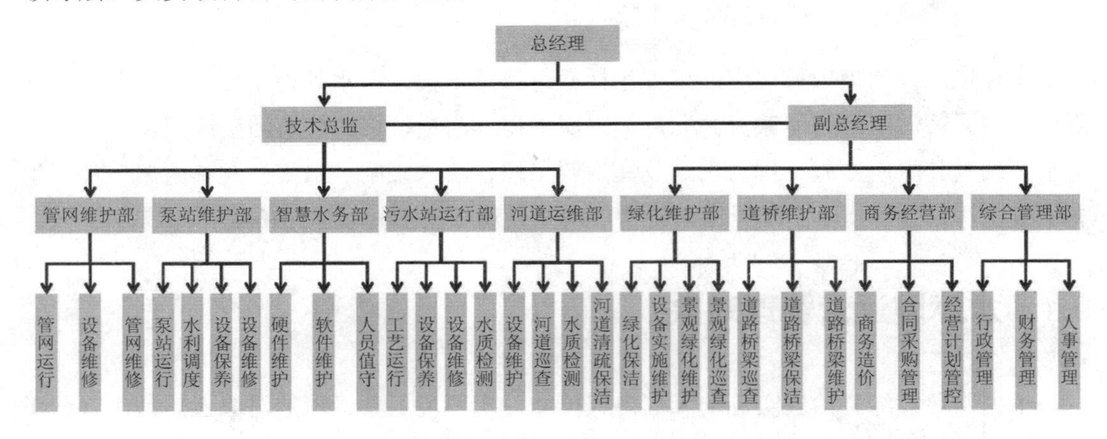

图 9-1 水环境运营管理项目公司典型组织架构

9.2.3 运营管理组织岗位职责

9.2.3.1 总经理

全面主持项目公司的经营管理工作，决定和处理日常工作中的重大事宜，对上级公司负责；

全面统筹水环境项目运营管理工作，保证项目运营绩效考核达标；

拟订项目公司内部管理机构设置方案，拟订项目公司的基本管理制度，报上级公司批准后组织实施；

主持召开计划会和例会，协调各部门的工作，及时解决项目运营过程中存在的困难和问题；

对内负责处理下属部门与项目公司其他部门之间的协作关系，对外做好相关外联工作，协调好与政府主管部门的关系；

负责组织编制、完善各项管理制度，加强项目公司员工队伍建设工作；

负责对项目公司成员进行绩效考核评价。

9.2.3.2 副总经理

协助总经理经营项目公司，参与决定和处理日常工作中的重大事宜；

协助总经理完善水环境综合治理项目的运营管理工作，保证项目运营管理的绩效考核达标；

分管绿化维护部、道桥维护部、商务经营部和综合部；

参与项目公司成员的绩效考核评价。

9.2.3.3 技术总监

协助总经理完善水环境综合治理项目的运营管理工作，保证项目运营管理的绩效考核达标；

协助总经理对水环境项目运营管理的技术管理工作进行把控，控制项目运营管理的技术风险；

分管管网维护部、泵站维护部、智慧水务部、污水站运行部和河道运维部；

参与项目公司成员的绩效考核评价。

9.2.3.4 管网维护部职责

排水管网及管网附属设施的日常巡查工作；

排水管网附属设备（阀门、限流阀、格栅网、拍门等）的维护保养、检修和维修工作；

排水管网的检测、维修、疏通等工作；

排水管网附属设施（检查井、截流井）的日常巡查、维修和井盖更换等工作；

保证排水管网输水正常，不存在淤堵、渗漏等情况。

9.2.3.5 泵站维护部职责

泵站设备的台账管理工作；

泵站（排涝泵站、补水泵站和污水泵站）的日常运行管理工作；

泵站设备（水泵、格栅、行车、水闸等）的日常维护、保养、检修、配件更换、维修等工作；

泵站变配电系统的日常检查、维修和抢修工作；

泵站场地的日常保洁工作；

补水泵站的水利调度工作；

泵站的年度维护保养、维修和检修计划等工作；

保证泵站运行正常，设备完好率达标。

9.2.3.6 智慧水务部职责

智慧水务系统硬件设备的台账管理工作；

智慧水务硬件设备的日常巡查、维护、清洁、维修和更换工作；

智慧水务软件系统的日常测试、故障排查和更新工作；

智慧水务系统的日常运行和监控工作。

9.2.3.7 污水站运行部职责

污水站的日常运行、工艺调整和运行记录工作；

污水站设备（水泵、格栅、搅拌器、阀门等）的日常维护、保养、检修、配件更换、维修等工作；

污水站进出水的日常水质检测工作；

污水站场地的日常保洁工作；

污水站污泥脱水和处置工作；

污水池底泥清疏、污水站设备大修工作；

保证污水站出水水质达到相关排放标准。

9.2.3.8 河道运维部职责

河道巡查工作，保证河道无污水直排口；

河道内设备的日常巡查、维护、保养、检修、配件更换、维修等工作；

河道水质监测工作，为河道水利调度工作提供参考数据；

河道水面保洁工作，保证水面无明显漂浮垃圾；

河道定期清淤工作，保证河道行洪断面，防止河道底泥对河道水质造成影响；

保证河道水质达到相关考核要求。

9.2.3.9 绿化维护部职责

园林绿化范围内的环境卫生保洁工作，保证范围内环境对游客无不适影响；

园林绿化范围内设施（路灯、运动设施、垃圾桶、园凳、雕塑等）的维护、保养、保洁和维修工作；

园林绿化内园路的保洁、维护、维修等工作；

园林绿化内的植物浇灌、施肥、中耕与除杂草、修剪与整形、有害生物的防治、植物补种等工作；

园林绿化范围内的安全巡查工作，确保设备设施处于安全状态，确保游客的安全。

9.2.3.10　道桥维护部职责

道路桥梁的保洁、日常巡查工作；

道路桥梁的维护、保养、保洁、结构检测等工作，保证道路桥梁结构性完整无安全隐患；

道路桥梁路面的维修工作，保证道路桥梁外观完好无损；

道路桥梁栏杆的日常巡查、保养、保洁工作。

9.2.3.11　商务经营部职责

水环境综合治理项目运营管理费的测算，上报政府审批；

项目运营过程中运营管理费的申请和跟进支付；

配合完成各个部门维修工作的预算费用；

项目公司的合同管理和采购工作；

根据项目公司年度收入支出情况上报项目公司年度预算。

9.2.3.12　综合管理部职责

车辆调度、车辆保管、司机管理、费用控制、车辆日常使用，保证项目车辆合理使用及安全；

对项目公司证照、印章使用进行管理；

对项目公司人事进行管理，包括人员入职、离职、异动、试用期转正、薪酬调整、劳动合同续签、培训等；

做好薪酬福利管理工作，包括薪资核算、考勤、福利、人工成本预算等；

制定企业财务管理的各项规章制度并监督执行；

负责配合成本核算管理工作，建立成本核算管理体制，制定成本管理和考核办法，探索降低目标成本的途径和方法；

负责企业年度财务决算工作，审核、编制上级有关财务报表，并进行综合分析。

9.3　运营管理主要内容

9.3.1　运营管理的依据

常用的法律法规和技术规范如表 9-1 所示。

表 9-1 常用法律法规和技术规范

序号	法律及标准规范条文
1	《中华人民共和国环境保护法》
2	《中华人民共和国水法》
3	《中华人民共和国防洪法》
4	《中华人民共和国水污染防治法》
5	《中华人民共和国水土保持法》
6	《中华人民共和国文物保护法》
7	《中华人民共和国野生动物保护法》
8	《中华人民共和国安全生产法》
9	《中华人民共和国水文条例》
10	《中华人民共和国河道管理条例》
11	《中华人民共和国环境噪声污染防治法》
12	《中华人民共和国水生野生动物保护实施条例》
13	《中华人民共和国自然保护区条例》
14	《中华人民共和国野生植物保护条例》
15	《中华人民共和国消防法》
16	《水利工程建设安全生产管理规定》
17	《水利工程建设项目管理规定》
18	《水利工程质量事故处理暂行规定》
19	《水利工程建设项目验收管理规定》
20	《建设项目环境保护管理条例》
21	《建设工程安全生产管理条例》
22	《城镇污水处理厂污泥泥质》（GB 24188—2009）
23	《城镇污水处理厂污泥处置分类》（GB/T 23484—2009）
24	《城镇污水处理厂污染物排放标准》（GB 18918—2002）
25	《城镇污水处理厂运行、维护及其安全技术规程》（CJJ 60—2011）
26	《污水排入城镇下水道水质标准》（GB/T 31962—2015）
27	《城镇给水排水技术规范》（GB 50788—2012）
28	《园林设计施工技术手册之植栽规范》
29	《绿化工程施工及验收规范》（CJJ 82—2012）
30	《电气装置安装工程电缆线路施工及验收规范》（GB 50168—2006）
31	《自动化仪表工程施工及质量验收规范》（GB 50093—2013）
32	《给水排水管道工程施工及验收规范》（GB 50268—2008）

序号	法律及标准规范条文
33	《水资源监控管理数据库表结构及标识符标准》（SL 380—2007）
34	《水资源监控设备基本技术条件》（SL 426—2008）
35	《水资源监控管理系统数据传输规约》（SL 427—2008）
36	《水资源水量监测技术导则》（SL 365—2015）
37	《智慧管理项目验收规范》（SL 588—2013）
38	《水资源管理信息代码编制规定》（SL 457—2009）
39	《信息技术安全技术信息技术安全性评价准则》（GB/T 30270—2013）
40	《信息技术开放系统互连高层安全模型》（GB/T 17965—2000）
41	《取水计量技术导则》（GB/T 28714—2012）
42	《节水灌溉工程验收规范》（GB/T 50769—2012）
43	《水工金属结构防腐蚀规范》（SL 105—2007）
44	《水利水电工程启闭机制造安装及验收规范》（SL 381—2007）
45	《水利水电工程钢闸门制造、安装及验收规范》（GB/T 14173—2008）
46	《土石坝养护修理规程》（SL 210—2015）
47	《混凝土坝养护修理规程》（SL 230—2015）
48	《堤防工程养护修理规程》（SL 595—2013）
49	《水闸技术管理规程》（SL 75—2014）
50	《城市河面保洁作业及质量标准》（CJJ/T 174—2013）
51	《防洪标准》（GB 50201—2014）
52	《给水排水管道工程施工及验收规范》（GB 50268—2008）
53	《压力管道规范工业管道》（GB/T 20801—2006）
54	《城镇排水管渠与泵站运行、维护及安全技术规程》（CJJ 68—2016）
55	《城镇排水管道非开挖修复更新工程技术规程》（CJJ/T 210—2014）
56	《地表水环境质量标准》（GB 3838—2002）
57	《混凝土外加剂应用技术规范》（GB 50119—2013）
58	《埋地聚乙烯排水管管道工程技术规程》（CECS 164—2004）
59	《公路工程技术标准》（JTG B01—2014）
60	《城市黑臭水体整治工作指南》
61	《市政工程设施养护维修估算指标》（HGZ—120—2011）
62	《全国园林绿化养护概算定额》[ZYA 2（II—21—2018）]
63	《水利工程维修养护定额标准》

9.3.2 运营管理的主要内容

根据水环境综合治理项目运营管理的对象，运营管理的主要内容如表 9-2 所示。

表 9-2 运营管理的主要内容

序号	运营范围	主要运营管理内容	
1	截污设施	管网	管道养护，管道检查，管道修理
		泵站	泵站的巡检；泵房、进出水建筑物及引河、电气设备及辅助设备、仪表与自控设备的养护以及发电、变电、配电设备的养护；运营泵站的大修
		污水站	设施的运营和维护、大修和重置、更新和改造，接受运营监管、监督，遵守安全标准和环境保护责任
2	园林景观	环境卫生	河道保洁作业，垃圾收集与运输
		景观工程	保洁管理，绿化管理
		园林设施	设备维护，外观保洁
3	河道水利	河道清淤疏浚	清淤疏浚，河道垃圾清理与转运
		水工构筑物	水闸运维，堤防护岸运维，拦河坝运维，应急抢险
		水系连通	管渠运维，闸坝运维，泵站运维
4	生态修复	曝气增氧设备维护	巡检，设备维修养护
		人工水草养护	清泥，加固
		水生植物养护	挺水植物养护，沉水植物养护，病虫害防治
		水生动物养护	大型底栖动物群落管理，鱼类群落管理
5	智慧水务系统	硬件设备	设备维护，设备更换，设备检修
		软件系统	软件维护，测试，更新
6	道路桥梁工程	外观保洁	保洁，巡查
		设施维护	维护，检修，维修

9.4 运营管理绩效考核

9.4.1 绩效考核制定原则

督查考核是政府主管部门对项目实施管理、考核的重要手段，是推动各项决策落实的重要措施和有效途径。督查考核方法是否科学，能否督在关键、查在要害、考在实处，直接影响督查考核工作的质量和实效。因此，要做到督查考核，需要完善考核评价体系，突出政府部门重要思想决策的贯彻执行情况，科学合理设置指标，体现差异化要求，避免“一刀切”“一锅煮”。

《国务院办公厅转发财政部　发展改革委　人民银行关于在公共服务领域推广政府和社会资本合作模式指导意见的通知》（国办发（2015）42 号）中，要求“建立政府、公众共同参与的综合性评价体系，建立事前设定绩效目标、事中进行绩效跟踪、事后进行绩效评价的全生命周期绩效管理机制，将政府付费、使用者付费与绩效评价挂钩，并将绩效评价结果作为调价的重要依据，确保实现公共利益最大化。绩效考核制定路线如图 9-2 所示。

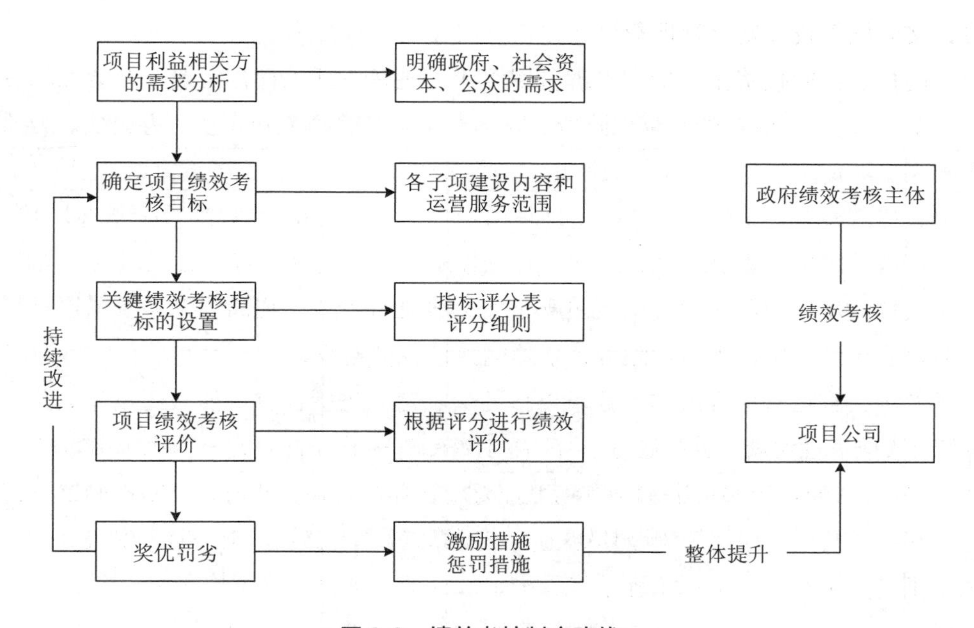

图 9-2　绩效考核制定路线

9.4.2　绩效考核指标设置

为加强对水环境综合治理项目运营管理单位的管理工作，保证治理后效果达标，根据国家、部委及地方政府有关法律法规，结合项目的实际情况，制订绩效考核办法。

具体考核指标主要包括设备设施运营管理质量、河道水质监测绩效、公众参与及管理质量。其中设备设施运营管理质量考核对象包括所有运营管理对象的维护质量，如截污收集系统维护质量、泵站及配套管网维护质量、污水处理站维护质量、景观工程维护质量、生态修复工程维护质量、河面保洁与河道清淤质量等。河道水质监测绩效考核的目标按照河道治理目标确定，主要有消除黑臭、消除劣Ⅴ类和河道水质达到功能水体标准，具体水质考核指标一般为透明度、DO、ORP、NH_3-N、COD、BOD、TP 等，水质检测分析工作由有资质的第三方检测机构实施。公众参与及管理质量考核一般包含用户投诉和投诉反馈及处理两个方面，用户投诉通过用户投诉数量衡量，投诉反馈及处理通过有效投诉办结率衡量。

考核周期一般为月度或季度，运营绩效考核按满分 100 分制进行评价，考核时对各个分项进行分别评分，最终汇总得出考核总分，并以该得分作为项目运营费用的支付依据。

9.4.3 运营管理绩效考核实例

某水环境综合治理项目运营管理绩效考核表见表 9-3。

表 9-3 项目运营管理绩效考核表

项目	考核分项	考核要求	考核方法	评分标准
配套设施运营管理保养考核（60 分）	分散式污水处理设施维护质量（10 分）	日常进出水记录完整	每月巡检 1 次	无污水处理站日常进出水监测记录，扣 0.1 分/处
		仪器仪表完好率 95%以上		仪表仪器完好率偏差 1%，扣 0.1 分，满分 1 分
		机组完好率为 95%以上		机组完好率每偏差 1%，扣 0.05 分，满分 1 分（无故障机组占所有机组百分百）
		污水处理站设施完整，关键性设备运行良好，构筑物不存在重大破损		无设备台账、设备维修记录表，扣 0.2 分/处；设备非正常运行，扣 0.1 分/处；构筑物存在重大破损，扣 0.1 分/处
		处理站人员、设施等文明、安全管理。分工明确，规章管理制度健全，工作计划明确		未建立安全管理规则制度，扣 0.2 分；人员、设施文明管理，无安全事故，如出现安全事故，扣 1 分/次；如出现不文明管理，扣 0.2 分/处
	污水截污收集系统维护质量（20 分）	管道畅通、淤泥深度不超过（含）：中型管道（600 mm＜管径≤1 000 mm）1/4，小型管道（管径≤600 mm）1/3	每月查 8 个河道截污段	发现一段中存在淤积不符合要求，扣 0.2 分
		井内无硬块杂物淤积；四壁清洁，老膏平均厚度不大于 5 cm；井框无动摇缺角；井盖完好、无丢失		发现一处井内砖块淤泥，扣 0.02 分；井四壁平均厚度＞5 cm，扣 0.02 分；发现一处井框损坏，扣 0.02 分；发现一处井盖缺失，扣 0.1 分
		管网无明显破损泄漏	每月查 3 套收集及负压站系统	发现一处破损泄漏，扣 0.02 分
		负压站污水收集率 90%以上；设备正常运行		污水收集效率低于 80%，设备停止运行，每站扣 0.2 分

项目	考核分项	考核要求	考核方法	评分标准
配套设施运营管理保养考核（60分）	泵站及配套管网维护质量（15分）	仪器仪表完好率 95%以上；机组完好率 90%以上；噪声满足规范规定要求	检查仪器的校核记录	仪器仪表发现损坏一次，不及时维修，扣 0.05 分/处；环境不符合要求，扣 0.02 分/处
		接到通知或发现爆管事故，收到通知 120 分钟内到达现场，开展不间断抢修工作，爆管抢修及时率 90%以上	抽查月巡查记录	月抢修及时率每负偏差 1%，扣 0.2 分（抢修及时率指指定时间内到达现场的次数与月内爆管次数比例）
	河面保洁（10分）	保持水面清洁、应无漂浮垃圾，无片状、带状的凤眼莲等水生植物	每月巡查 3 条河或收到有效投诉	每 500 m^2 垃圾累计面积 2 m^2 以上，扣 0.05 分；每 5 000 m^2 累计漂浮植物面积 250 m^2 以上，扣 0.05 分
		堤岸坡面应保持清洁、无暴露垃圾；堤岸立面不应有吊挂杂物		每 200 m 堤岸坡面暴露垃圾累计 2 m^2，扣 0.05 分；每 200 m 堤岸立面吊挂杂物 1 处，扣 0.02 分
		浮筒、桥墩、桥塊、上岸梯等设施应保持清洁，应无废弃物和水生植物吊挂		每 200 m 岸线范围内系泊设施、桥墩等，吊挂杂物合计 0.01 分/处
		保洁人员按安全进行保洁工作，文明作业，垃圾及时清理		保洁人员未进行安全作业，扣 0.1 分/人次；垃圾为及时处理，扣 0.1 分/处
	垃圾处理维护（5分）	垃圾收集站垃圾及时压缩处理、外运，垃圾液无外溢，环境干净整洁	每月巡查 3 座	
水质检测分析考核（30分）	透明度（7分）	＞25	每月检测 2 次。计算所有断面平均值作为考核标准	若月度单项水质检测指标［雨后季节（雨后 7 天）除外］平均值，当检测指标达到考核要求则得满分；20 cm ≤单项检测指标≤25 cm，则得 3 分；低于 20 cm 则得 0 分
	DO（7分）	＞2		若月度单项水质检测指标［雨后季节（雨后 7 天）除外］平均值，当检测指标达到考核要求则得满分；1.5 mg/L≤单项检测指标≤2 mg/L，则得 3 分；低于 1.5 mg/L 则得 0 分
	ORP（8分）	＞50		若月度单项水质检测指标［雨后季节（雨后 7 天）除外］平均值，当检测指标达到考核要求则得满分；40≤单项检测指标≤50，则得 4 分；低于 40 则得 0 分
	NH_3-N（8分）	＜8		若月度单项水质检测指标［雨后季节（雨后 7 天）除外］平均值，当检测指标达到考核要求则得满分；8 mg/L ≤单项检测指标≤12 mg/L，则得 4 分；高于 12 mg/L 则得 0 分

项目	考核分项	考核要求	考核方法	评分标准
公众参与与管理质量（10分）	公众参与满意度（5分）	避免或减少接到政府部分的有效投诉处罚、公众媒体的有效负面报道以及市民有效上访投诉	收到有效投诉	每次收到市民有效投诉扣 0.05/件，未有效处理，扣 0.1 分/件；收到公众媒体负面报道，扣 0.05 分/件，未有效处理扣 0.1 分/件
	管理制度（2分）	建立健全的组织架构及管理制度及运营管理手册	每月进行办公场地巡视、查阅相关文件及突发事件投诉上报	缺少运营管理团队组织架构及管理制度文件、设备设施操作手册文件，则本项不得分
	安全管理（1分）	制定安全管理制度		出现一起公司内部安全事故，扣 0.2 分/起
	突发事件应急（1分）	建立突发事件应急处理制度与流程		突发事件，3 天内未响应处理的，扣 0.1 分/次
	巡查执法（1分）	建立违章建筑、倾倒、排污巡查与检查制度及处理方案		发现违章渣土露出水面及岸上 10 m^3 以上，扣 0.05 分；未及时发现违章建筑及上报，扣 0.05 分；发现沿线违章排污、倾倒垃圾未及时巡查、排查、上报生态环境部门等相关单位，扣 0.05 分

9.5 运营管理成本构成

作为运营管理人员应了解运营管理成本构成，并具备运营管理成本测算及管理能力，通过有效管理，在保证运营管理质量的同时，尽量减少运营管理成本。

水环境运营管理项目成本可按支出用途划分，也可以按专项工程划分。

9.5.1 支出用途划分

水环境运营管理项目成本按支出用途一般可分为生产成本、人力成本和管理成本。

9.5.1.1 生产成本

是指组织生产所需要的各项资源，包括：

①直接材料：药剂费（包括絮凝剂、次氯酸钠、聚合氯化铝等污水处理所需的药剂）、电费、自来水费、中水费、污泥处理费。

②物料消耗：钢材、五金、工具、电料、水暖、化验用品、备品备件、油品、气体、机物料、生产劳保。

③维修费用：日常机械维修、电气维修、土建项目维修、零星维修，以及大、中修

费用。

④委托运营管理成本：委托其他单位进行运营管理的费用。

9.5.1.2　人力成本

是指所有生产人员及管理人员的工资及福利，包括基本工资、各项津补贴及奖金、加班费、临时工工资、养老保险金、医疗保险及大额、生育保险、冬季取暖费、退休人员补贴。

用工成本按工种和技术等级而定。另外，考虑人力成本时，还会根据地方经济社会发展状况，综合近年来经济增长、就业状况、物价水平、用工情况等因素划分为地区类别。用工成本按照地区类别来综合考虑，并通过造价管理部门发布的动态人工单价进行调整。

9.5.1.3　管理成本

管理成本是指管理部门为组织和管理生产而发生的各种费用。

管理成本是根据地方经济社会发展状况，综合考虑近年来经济增长、就业状况、物价水平和施工企业为组织施工生产经营活动所发生的费用等因素测算确定的。包括车辆使用费、市内交通费、会务费、业务招待费、劳动保险费、财产保险费、固定资产使用费、动力燃气费、各项税费、设备折旧费及其他间接费用。

9.5.2　专项工程划分

水环境运营管理成本构成按专项工程可分为截污设施、保洁绿化、河道水利、生态修复、智慧水务等专项，各专项工程运营管理成本又分为直接成本和间接成本。

9.5.2.1　直接成本

①一体化泵站及补水泵站：电费、人工费及设备设施维护费。

②真空负压系统：电费、水费、人工费、设备设施维护费及真空负压污水收集管网维护费用。

③截污闸、闸坝：电费、人工费及设备设施维护费。

④污水管网系统：污水收集管网维护费用及检查井、拍门井、阀门井等的运营管理费用。

⑤污水处理站：污水直接处理费、污泥系统处理处置费、检测费、运行管理人工费、设备日常维护费等。

⑥河道巡检及水质监测：河道巡查费、巡查交通费、水质监测费及河道（断面）观

测费。

⑦拍门：设备设施维护费等。

⑧潜水离心泵：电费及设备设施维护费。

9.5.2.2 间接成本

①措施费：为完成养护及维修工程施工，发生于该工程施工前和施工过程中非实体项目的费用。包括环境保护费、临时设施费、冬雨季施工费、夜间施工费、材料二次转运费、文明施工费、安全管理费等。

②间接费：间接费由规费和管理费用组成。规费包括工程排污费、社会保障费（即五险一金）、危险作业意外伤害保险费。管理费用包括管理人员工资、办公费、差旅交通费、固定资产使用费、工具使用费、劳动保险费、工会经费、职工教育费、财产保险费、财务费、房产税费、车船使用费、土地使用费、印花税费及其他费用。

③市政管理费：设施巡视检查费、设施技术资料档案管理费、数字化管理费用。

④其他费用：检验试验费、流量观察费、设施普查费、道路安全系统预警维护费、管网监控系统维护费、水质检测费、泵站电力设备检测费。

各专项工程运营管理成本测算可以按各专项定额进行计算，如截污设施运营管理成本参照《市政工程设施管养护维修估算指标》（HGZ—120—2011），设备设施维护费用参照《水利工程维修养护定额标准》、《市政工程设施管养维修估算指标》（HGZ—120—2011），园林景观维护费用参照《全国园林绿化养护概算定额》[ZYA2（II—21—2018）]，智慧水务系统维护费用参考《水利工程维修养护定额标准》中自动化维护费用。

第 10 章　水环境专项工程运营管理

10.1　排水管渠运营管理

排水管渠包括管道（圆管、暗渠）、倒虹管、明渠、盖板沟，以及检查井、雨水口、接户井、调蓄池等附属设施。排水管渠应保持良好的水力功能和结构状况，其运行维护的主要内容包括：档案和资料库建立、管渠巡视、管渠养护、管渠污泥运输与处理处置、管渠检查与评估、管渠修理、管渠封堵与废除、纳管管理。

排水管网应定期巡视，巡视对象应包括管道、检查井、雨水口和排放口。排水管网的养护内容应包括：管道和倒虹吸管的清淤、疏通，检查井和雨水口的清捞，井盖及雨水箅更换。管道运营管理过程中一般会定期对排水管道进行检查，排水管道检查可分为管道状况普查、移交接管检查和应急事故检查等。为了消除缺陷、恢复管道原有功能、延长管道使用寿命，应及时进行管道修理。排水管道修理前，应对排水管道的基本情况进行调查、检测与评估并提出修复设计方案。排水户内部应实行雨污分流，排水管道纳管方案应经城镇排水管理单位审核，并在污水接入城镇污水管渠前设置排水检测井。

排水管渠维护工作的安全操作应符合《城镇排水管渠与泵站运行、维护及安全技术规程》（CJJ 68—2016）及其他有关规定。排水户排入城镇排水污水系统的污水水质应符合《污水排入城镇下水道水质标准》（CJ 343）的有关规定。

10.2　真空负压系统维护

真空负压收集系统维护的内容主要包括收集箱、真空管道和真空泵站，系统日常运行宜自动运行，特殊情况下为手动控制。

真空负压应密闭、防止破损，管道收集系统应防止堵塞。真空排水系统对管道气密性要求很高。为维持管道内的真空状态，保证系统的正常运作，须对真空排水管网的真空状态进行监控，确保负压控制系统、真空压力监测仪、故障监控系统、电控系统及除臭设施等正常运行；真空排水系统运行时，由真空泵提供和维持管道及真空罐内负压状态（35～50 kPa）。应定期进行备品、备件的更换。

真空排水系统应定期维护，以使传输装置和真空泵站保持良好的工作状态，并记录运行数据，做到有据可查，发现问题及时维护。当采用监控系统时，各个收集箱和真空泵站的运行和故障信息全部上传至中控室，操作人员可直接记录其报警次数，从而减少巡检次数，但不应小于 1 次/月；当各个收集箱运行和故障信号全部上传至真空泵站，但不上传至中控室时，操作人员应定期巡检真空泵站，检查各个收集箱的状态并做好运行与维护记录、安全用具检验保养记录，相关记录应定期纳入档案管理。

真空负压系统维护工作应符合《室外真空排水系统工程技术规程》（CECS 316：2012）的有关规定。

10.3 泵站运营管理

泵站是为水利功能服务的构筑物。泵站运营管理目标是在保持运行效率的基础上减少机械磨损和电力消耗；根据实际运行工况，提高运行环境，实现最佳运行效果；发生故障时，及时组织抢修，不影响泵站运行；确保泵站安全运行。

泵站运营管理主要内容有：泵站的日常巡查与检查；泵房、进出水建筑物及引河的清洁与保养；清污设备、各种泵类等电气设备及辅助设备的清扫、检查与养护；仪表与自控设备的清洁、保养与维修；发电、变电、配电设备的养护及抢修；运营泵站的大修和质量性问题排查。泵站设施、机电设备和管配件等表面应清洁、无锈蚀。气液临界部位应加强检查，并应进行防腐蚀处理。除锈、防腐蚀处理的维护周期：雨水泵站宜 2 年一次，污水泵站宜 1 年一次；围墙、道路、泵房等泵站附属设施应保持完好，宜 3 年检查维护一次。

泵站的运行、维护应符合《城镇排水管渠与泵站运行、维护及安全技术规程》（CJJ 68—2016）和《泵站技术管理规程》（GB/T 30948—2014）及其他有关规定。

10.4 污水处理站运营管理

污水处理站是污水收集处理的核心环节，应使其发挥相应的功能和作用，即净化污水、削减污染物。其运营管理包括处理站的日常巡视、常规检查、养护维修及日常水质检测等工作。

格栅运行期间定时巡检，沉砂池、调节池定期巡视，并及时清理栅渣、浮渣、污泥等废弃物。定期检查生化处理设施，定期观察进水水质、水量是否异常。对于一体化污水处理设施应定期对风机、水泵、曝气管、水阀、进水管、污泥外排设施进行清洗、疏通或状态维护，定期检查水泵出水稳定性与运行状态、曝气管曝气是否均匀，确保全套系统处于正常工况。定期查看排放口出水情况，及时清理排放口附近的堆物、搭建和垃圾等，保证排水畅通。对排放口进行日常巡检，检查包括出水颜色、气味等水质表观指标以及设备设施是否正常运作。

10.5　水域保洁

水域保洁的范围包括水面（河面、湖面等）保洁、堤岸保洁和水上公共设施保洁。水面保洁作业可根据水域特点在漂浮废弃物易聚集处设置漂浮废弃物拦截设施。打捞清除的漂浮废弃物在指定的场所转运、装卸，日收日清、定时定点，纳入当地垃圾收运系统。防汛墙、驳岸等建（构）筑物的临水侧使用的相应作业器具应定期进行清洗，保持清洁。苇地、滩涂、岸线与水面交界退潮露滩处，根据潮汐、风向等自然条件，应采用保洁设备或人工巡回保洁，清除沿岸、护坡枯枝落叶、废弃杂物和暴露垃圾。对水上公共设施进行巡回保洁，并及时清除外立面污染物、水线附着物、吊挂垃圾或影响环境的水生植物。

水域保洁的要求主要包括：在保洁作业期间，应保持水面整洁，无漂浮垃圾，无片状、带状的凤眼莲、浮萍等水生植物；堤岸坡面应保持清洁，无暴露垃圾；堤岸立面不应有吊挂杂物；码头、浮筒、航标、桥墩、桥堍、上岸梯、上岸缆等设施应保持清洁，无废弃物或水生植物吊挂；拦截设施应保持完好，漂浮废弃物不得外溢。

突发事件中产生的漂浮废弃物，根据应急预案组织紧急作业，并在规定时间内及时处置。灾害天气结束后及时组织力量进行应急保洁，及时清除各种漂浮废弃物。

水域保洁应按照《城市水域保洁作业及质量标准》（CJJ/T 174—2013）执行。

10.6　绿化养护与景观设施维护

绿化养护的内容包括：植物的浇灌、施肥、中耕与除杂草、修剪与整形、有害生物的防治、补种植物以及清洁与保洁。绿化养护的要求包括：保证植物生长健壮，无缺株、枯死株，并及时采取措施防御各种自然灾害的影响；草坪、乔木、灌木等植物，无霉污、病枝、虫害、枯枝烂叶、枝体倒斜、叶面破损等现象；河道两岸绿化带内应保持整洁，无垃圾，无占绿、毁绿现象；对河道绿化中新引入的水生植物种类或品种，不得对环境产生负面影响，须有可靠的栽种经验或数据；在栽种后，应监测其习性并验证其对环境的适应性；河道管理范围内的绿化养护应与周边环境相协调。

景观设施维护的要求包括：景观雕塑、建筑小品、亭阁、花架、假山、景观灯、座椅及防护设施保持完整、美观；观景区内道路保持清洁、平整，路面无松动、缺损、坑洼积水；健身器材、座椅、栈道、观景平台、廊架、凉亭、水榭等应保持安全、完整、清洁、美观，如发现安全隐患应及时补修。

绿化养护与景观设施维护可参照《河道管养技术标准》（SZDB/Z 155—2015）、《城市绿地养护技术规范》（DB44/T 269—2005）执行。

10.7 水工构筑物运营管理

水工构筑物运营管理对象主要包括闸门、堤防护岸和混凝土坝等。闸门运行管理工作主要涉及对自动化系统的运营管理，日常的维护工作包括检查水闸是否能正常运转，除锈、防腐清理。堤防护岸的日常养护要求对堤防护岸进行经常保养和防护，及时修补表面缺损，保持堤防的完整、安全和正常使用。混凝土坝的养护内容包括工程表面、伸缩缝止水设施、排水设施、监测设施等的养护，以及冻害、碳化与氯离子侵蚀、化学侵蚀等的防护。

水工建筑物的养护的整体要求包括：水工构筑区域整洁，环境优美，设备表面无油污、积尘；厂房内整洁、卫生、畅通、无杂物堆放，各种操作用具摆放整齐有序，工具柜内整洁，门窗干净明亮无破损，五金铁件无锈蚀，进出水池无杂草、杂物。混凝土结构表面整洁，无脱壳、剥落、露筋、裂缝等现象，因地制宜地采取适当的保护措施及时修补；伸缩缝填料无流失。为保持工程完整清洁、操作灵活、运行安全可靠，对经常检查发现的缺陷和问题及时进行保养和局部修补；制定日常维护、日常维修方案及大修方案；定期对水工设备进行运行，汛期或应急情况，提前进行设备试运行；根据水闸所在河道的截污、水质提升、防洪排涝综合调度要求、按规定开关闸，做好登记。

水工构筑物的维护应符合《水闸技术管理规程》（SL 75—2014）、《堤防工程养护修理规程》（SL 595—2013）、《混凝土坝养护修理规程》（SL 230—98）的有关规定。

10.8 生态修复工程运营管理

生态修复工程主要采用水生植物种植和河滨岸带修复等措施，辅以机械充氧等手段，来保证河道水质满足要求。生态修复工程运营管理的内容主要包括水生植物群落养护管理、水生动物群落养护管理以及对曝气增氧、水质净化、补水活水等相关设备与设施的常态化维护。

水生植物的日常巡检内容包括：水生植物虫害、病害、水生植物长势、有无枯黄枝、折断枝及落叶、杂草生长情况、有无垃圾杂物等；汛期暴雨、台风等不利气象条件下应加密巡检，并做好巡检记录；定期检查水生植物长势，必要时给予人工干预措施，以保持生态平衡。水生动物的日常巡视与管理内容包括：观察水生动物的活动和水质变化，保证水生动物有良好的生活环境；做好巡视记录，建立管理日记；做好防洪、防逃、防虫害等工作；及时清捞动物残体并妥善处理。

应优先通过控制污染物输入、加强水生态系统维护管理等措施保持水质效果，在必要时启用曝气增氧、水质净化、补水活水及水体循环设施与设备。当景观湖泊水体或局部区域溶解氧含量低于设定标准时，及时启动曝气充氧、循环活水等措施，增加水体溶解氧含量，同时应避免设备运行对底泥的扰动。当水源水质较差或水体水质恶化而不能满足湖泊功能目标要求时，应启动生态、生化、物理、物化等净化系统进行水源净化或水体循环净化，有条件时可考虑通过区域水系连通增加水动力和水体交换，改善水体水质。城市景观湖泊排口等重点污染物输入区域，以及湖湾等水动力条件不好的死水区，应加强局部微循环，避免水质恶化与水华。

生态修复工程运营管理应符合《城市景观湖泊水生态修复及运维技术规程》（DBJ/T 15—183—2020）的有关规定。

第 11 章　智慧水务建设与运营管理

11.1　智慧水务概念与发展历程

智慧水务是充分利用在线监测技术、GIS 技术、物联网技术、数据库技术、模型分析技术等，实现对城市水务水环境设施的实时动态感知、资产在线维护、运维精细化管理等，以有效提升管理水平和科学决策能力，从而保证水务水环境系统的高效、科学运行。

我国智慧水务发展大体可分为三个阶段。

智慧水务 1.0 阶段：以自动化为核心，这一阶段我国水务企业信息化主要体现在基础信息的自动化采集上，逐步实现了阀门、泵站、生产工艺过程等的自动化操控，水质、水压和流量等涉水数据的测量水平也得到了很大的提高。它们很大程度上代替了艰苦的人工操作，解放了劳动力。

智慧水务 2.0 阶段：以数字化为核心，在这一阶段，利用无线传感器网络、数据库技术和 3G 网络，相关水务企业相继搭建了各自的业务系统和数据库，大大提高了信息存储、查询和回溯的效率，初步实现了行政办公和业务管理的信息化。目前，我国绝大部分城市正处于该阶段。

智慧水务 3.0 阶段：以智慧化为核心，成熟运用物联网、云计算、大数据、移动互联网、人工智能等新一代信息技术，同时对数据进行深度处理，实现信息化和管理提升的充分结合，提升智慧决策能力，以区域联合调度、实时预警预报、实时控制为主要特征。

11.2　智慧水务主要技术

近年来，我国水务信息化建设逐步深入，初步形成了由基础设施、应用系统和保障环境组成的水务信息化综合体系，有力推动了传统水务向现代水务可持续发展的转变，为智慧水务建设提供了坚实的基础。这主要表现在信息采集和网络设施逐步完善、水务业务应用系统开发逐步深入、水务信息资源开发利用逐步加强、水务信息安全体系逐步健全、水务信息化行业管理逐步强化等。

目前，以物联网、云计算等为代表的新一代信息技术正在以前所未有的速度发展，使智慧水务建设在技术层面得到了更为广泛的支撑，特别是在水务信息监测、数据传输、智能应用等方面。例如，利用物联网强大的数据获取能力，将使水务自动监测数据更加全面，数据时效性更强，为智慧水务上层应用提供更为优质的数据支撑。另外，物联网能够有效实现传感器网络与移动通信技术、互联网技术的融合，从而允许水务部门基于无线传输技术来建设大量的末端采集网络，这为未来智慧水务建设提供了基础的网络支撑。

11.2.1　GIS 技术

地理信息系统（geographic information system，GIS）是在计算机硬、软件系统支持下，对地球空间中的有关地理分布数据进行采集、储存、管理、运算、分析、显示和描述的技术系统。

GIS 能支持与水文和水环境有关的地理空间数据的获取、管理、分析、模拟和显示，对复杂的水资源与水环境问题进行综合分析，以解决复杂的水资源与水环境规划和管理问题，所以 GIS 在该领域的应用研究非常多。很多国家的水资源部门都广泛应用了 GIS 技术，通过 GIS 的强大的空间分析能力，包括叠置分析、包含分析、距离分析、缓冲区分析、三维分析等功能，有助于直观显示和分析水环境现状、污染源分布，评价水环境质量，追踪污染物来源等，为流域水环境管理和环境决策提供强有力的信息支持。

11.2.2　自动化技术

自动化（automation）是指机器设备、系统或过程（生产、管理过程）在没有人或较少人的直接参与下，按照人的要求，经过自动检测、信息处理、分析判断、操纵控制，实现预期的目标的过程。自动化技术广泛用于工业、农业、军事、科学研究、交通运输、商业、医疗、服务和家庭等方面。采用自动化技术不仅可以把人从繁重的体力劳动、部分脑力劳动以及恶劣、危险的工作环境中解放出来，而且能扩展人的器官功能，极大地提高劳动生产率，增强人类认识世界和改造世界的能力。因此，自动化是工业、农业、国防和科学技术现代化的重要条件和显著标志。

通过电气自动化技术的多年应用，我国的电气自动化技术水平得到了很大程度的提高，其应用范围也得到了有效扩增，其中包括水处理领域。将电气自动化技术应用到水处理系统中，能够有效降低职工的劳动强度，在系统运行过程中，职工只需要对系统进行必要的操作，不需要进行深度的调控，只须安排少量的人员对设备的运行状态进行监测即可，不仅缩减了职工们的工作压力，还有效提高了工作效率，使水资源的处理速度更快、更高质。因此，当下很多自来水厂都纷纷加强了对电气自动化技术的重视，并充分引用该技术到水处理系统中，满足了人们对水资源的需求，并且达到了人们对水资源质量的要求。

11.2.3 物联网技术

物联网技术（internet of things，IoT）是指通过信息传感设备如射频识别、红外感应器等，按约定的协议，对信息进行交换和通信的方式，从而实现物体识别、定位、跟踪、监控及管理等方面的一种智能化和网络化的新型网络技术。总体而言，物联网就是利用传感器，通过连接互联网和物体，从而实现物体的智能化管理。物联网技术的使用将人类的生产和生活与互联网相互连接，再对资源进行充分利用，在提升社会劳动生产率的基础上实现了人类生产、生活的智能化、网络化。

物联网技术促进了水资源与水环境的保护、管理、开发及利用等工作的顺利开展，在智慧水务中，为获取各类设施的运行状态，须借助各类监测设备，包括流量计、雨量计、液位计、水质监测等，以实时监控设施状况，并通过网络通信传输到软件平台中，为设施运维提供数据支撑。为水资源与水环境的全面管理提供真实有效的数据依据。

11.2.4 模型模拟技术

模拟模型，是指根据系统或过程的特性，按一定规律用计算机程序语言模拟系统原型的数学方程，探索系统结构与功能随时间变化规律的模型。即将一个实际情景的某些特征提取出来，通过计算机的手段模拟出类似的场景，达到模拟的效果。但从科研角度来说，模拟是为了实验的简化，基于相似准则，通过实验模拟实际环境的某些特征，从而简化大型实验的需要，也达到分析的效果。

水力模型作为智慧水务的核心模块，为城市水资源与水环境管理提供一系列的综合解决方案。不同的水力模型在可以实现的功能上会有区别，目前较成熟的商业软件，如EPA 开发的 SWMM 模型、DHI 开发的 MIKE 系列模型等，在智慧水务上应用较多。

（1）SWMM 模型

SWMM 是 USEPA 为都市区域暴雨径流所开发出来的一套包含水量与水质运算功能丰富的管理模型。第一版是在 1969—1971 年由 Metcalf 和 Eddy 有限公司、佛罗里达大学和美国水资源有限公司共同研发而成。1998 年，Huber 等将版本更新至第四版，扩展了模型的仿真分析功能，此后模型经历更新与修改，目前被广泛使用的版本——SWMM5.0，实现了从 DOS 到 Windows 可视化界面软件系统的飞跃。

SWMM 模型是主要用于模拟单一降雨事件或长期降雨事件的水量或水质动态的降雨一径流模型，模型的输出结果可以显示系统内各点的水流和水质状况。SWMM 模型由计算模块和服务模块组成，计算模块包括径流、输送和贮存/处理模块等；服务模块包括统计、图表和降雨模块等。SWMM 模型包括降雨模块、径流模块和输送模块。降雨模块中降雨数据的输入是影响输出结果最为重要的变量，直接影响径流总量；径流模块包含对水量和水质的模拟，通过分水岭表示子汇水区接受降雨，一部分渗入地下，另一部分进入排水系统；输送模块包含的内容是子汇水区产生的径流通过雨水管道和沟渠进行传输的过程。该模型可用于解决与城市排水相关的水质水量问题。

（2）MIKE 模型

MIKE 模型是丹麦水资源及水环境研究所（DHI）研发的产品，主要分为 4 大软件：水资源/海洋模型软件 MKE11、MIKE21 和城市水问题模型软件 MIKEMOUSE、MIKENET。

MIKE 软件以模拟水资源分配为主，能反映流域在空间和时间上的水文特点，并且它是一个综合河网模拟系统，还可以进行水权、水环境和地下水研究。该软件基于 ARCVIEW 平台，应用数学模型解决流域的地表水产汇计算，地下水资源的计算与评价，流域水环境状况分析等具体问题；还可以进行水库的优化调度（单库、多库）和水电站发电调度，对农业灌溉用水、城市工业、生活供水进行计划调配等。该软件可对未来流域复杂的水资源计算、多目标开发利用、水环境保护、制定工程规划等专项研究提供依据；对流域的土地、农业发展、工程设计、水能资源开发利用等系列问题实现综合规划和管理。

11.2.5　人工智能技术

人工智能（artificial intelligence，AI）亦称智械、机器智能，是指通过普通计算机程序来呈现人类智能的技术。

AI 的核心问题包括建构能够跟人类相似甚至超越人类的推理、知识、规划、学习、交流、感知、移物、使用工具和操控机械的能力等。当前有大量的工具应用了人工智能，其中包括搜索和数学优化、逻辑推演。而基于仿生学、认知心理学，以及基于概率论和经济学的算法等也在逐步探索当中。

AI 赋能水务管理，将促进水务管理的智慧化升级与创新发展。例如，系统可监测水面垃圾与特定漂浮物，及时预警进行打捞，减少水环境污染；针对渔网、电机等特征监测乱捕鱼、电鱼等现象，在特定河道区域进行监测，及时发现违规涉水游泳人员和非法船只闯入，河道的管理人员也可以分析河道周边人群活动热力图，从而针对活动密集区域加强保护。

11.2.6　大数据技术

大数据技术是以数据为本质的新一代革命性的信息技术，在数据挖潜过程中，能够带动理念、模式、技术及应用实践的创新。大数据技术的体系庞大且复杂，从大数据的生命周期来看，包括以下四个方面：大数据采集、大数据预处理、大数据存储、大数据分析。大数据采集，即对各种来源的结构化和非结构化的海量数据的采集。大数据预处理，指的是在进行数据分析之前，先对采集到的原始数据进行如清洗、填补、平滑、合并、规格化、一致性检验等一系列操作，旨在提高数据质量，为后期分析工作奠定基础。大数据存储，指以数据库的形式，用存储器存储采集到的数据的过程。大数据分析，是从可视化分析、数据挖掘算法、预测性分析、语义引擎、数据质量管理等方面，对杂乱无章的数据进行萃取、提炼和分析的过程。

大数据技术是智慧水务的一项重要技术。基于不同类型的水务设施，采集不同场景的水质数据、生产设备运行数据、防汛水文调度数据和综合管理数据等大数据，开展深度分析和挖掘，制定信息化标准和标准化体系建设，力促各业务系统的数据贯通和各工种分工配合，并进行分类处理，最终通过构建多维的运营管理信息化体系，实现信息技术与环保水务运营的全面深度融合，助力水务管理智慧化。

11.3 智慧水务主要架构

智慧水务管理系统总体架构可划分为六个层级，由下至上依次为物联感知层、网络传输层、基础支撑层、数据服务层、业务应用层和用户展示层，如图 11-1 所示。

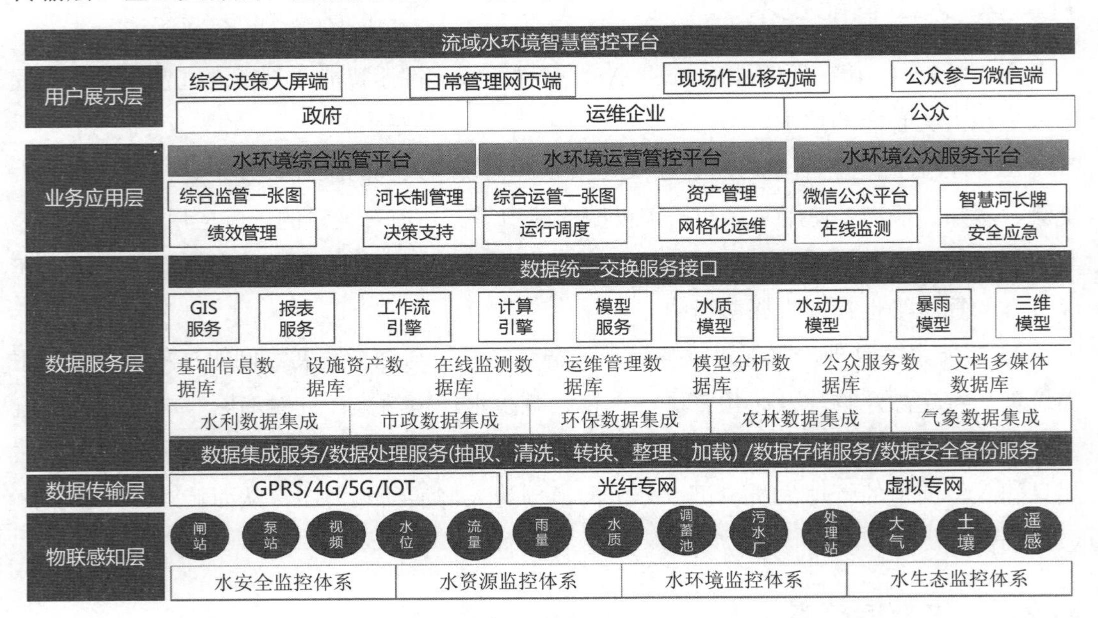

图 11-1 智慧管理系统总体框架

11.3.1　物联感知层

物联感知层是智慧水务管理系统的基础，建立实时在线、全面感知、准确可靠的“空天地”一体化监控体系，包括水安全监控体系、水资源监控体系、水环境监控体系、水生态监控体系和水景观监控体系，实现对流域水质、水量在线监测以及对闸站、泵站、雨水调蓄池、污水处理厂站等工程设施的远程监控。

11.3.2　网络传输层

网络传输层将感知层获取的数据传输至数据服务层，通过有线网络与无线网络结合的方式构建互联互通的水务通信专网，为监控数据的采集传输与交互共享提供通信链路。

11.3.3　基础支撑层

基础支撑层为系统运行提供平台环境，包括基础硬件平台和基础软件平台，涉及服务器及存储系统、安全系统、操作系统、数据库系统等。可采用自建机房或租用云资源等方式构建基础平台。

11.3.4　数据服务层

数据服务层是智慧水务管理系统的关键，建立多源集成、资源共享、智能学习的大数据平台，实现对水环境流域基础数据、监测数据、运维数据、绩效数据等的统一存储、分析、利用与管理，为业务应用层提供数据服务，并通过标准化数据接口提供数据共享交换服务。

11.3.5　业务应用层

业务应用层是智慧水务管理系统的核心，是集在线监测、运行调度、资产管理、运维管理、安全管理、绩效管理等于一体的业务管理系统，为流域水环境运维管理和考核评估提供全过程、精细化的智慧管控工具。

11.3.6　用户展示层

用户展示层为政府、运维公司及公众等各类用户提供系统操作展示界面，依据用户角色不同而分配相应的操作权限，通过系统提供信息化桥梁，使得“政府—企业—公众”全民共同参与生态环境保护。

11.4 智慧水务主要内容

智慧水务系统建设的内容主要包括物联监控系统、网络通信系统、综合数据库系统、管理软件系统以及运管中心系统等五个部分。

11.4.1 物联监控体系

完善的监测监控体系是智慧水务的基础。应充分利用物联探测、卫星遥感、雷达遥测、视频监控等技术方法，分级构建流域重点区域的水安全、水环境、水资源、水生态的立体监测监控网，建设成布局合理、结构完备、功能齐全、高度共享的“空天地”一体化水务信息监测监控体系，全面提高流域水环境质量与水资源调度的监控抓手能力。

11.4.1.1 基本原则

（1）业务导向，服务管理

物联监控体系建设坚持以业务为导向的原则，针对工程区内水安全、水资源、水环境、水生态、水管理等业务管理需求，构建综合监控体系，以辅助运维及决策为出发点，兼顾模型校核等多角度考虑，充分发挥监控作用，全面服务于管理。

（2）现场自控、集中监控

工程设施监控遵循现场与中心相结合原则，现场工程设施全部建设自动控制系统，包括河道闸坝、管网、泵站、调蓄池、污水处理设施等，实现场内自动化监视与控制。运管中心则通过通信网络实现对各个现场自控系统数据的统一采集、汇总与集中监控，为区域整体联调联控提供基础条件。

（3）流域部署、突出重点

河流监测遵循流域整体布局原则，在河流干流入流口、出流口及支流汇入口等处可以考虑布设流量、水位监测点，掌握水资源分配动态数据；对于控制断面及水体考核断面、排口下游等处重点部署水质监测点，实时监控水环境容量和水质动态变化情况。

（4）区域统筹、水陆并重

水环境监测遵循区域统筹原则，污染在水里、根源在岸上，不仅对河流中的水质水量进行监测，还应对岸上雨污排水管网、调蓄池、污水处理设施污染物排放总量等进行监测，实现区域水环境管理从源头、过程到末端的全局监控。

11.4.1.2　监测内容

智慧水务管理系统监控内容可分为水资源监控、水环境监控、水安全监控、水生态监控等四个方面，如图 11-2 所示。

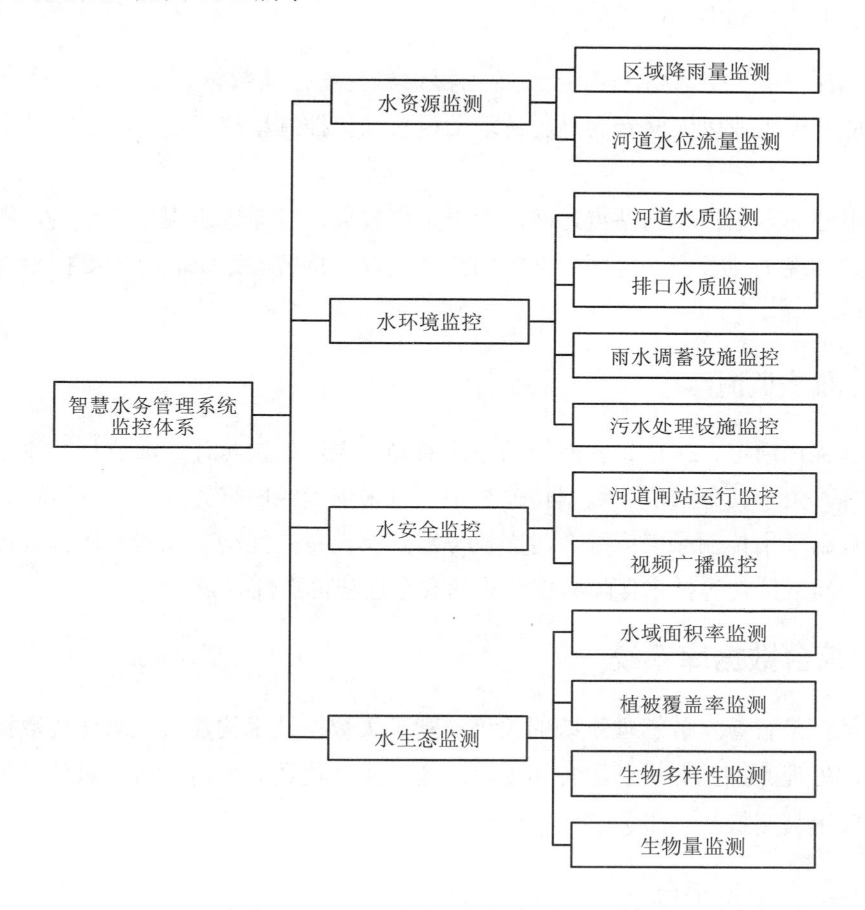

图 11-2　智慧水务管理系统监控体系结构

11.4.2　网络通信系统

安全可靠、快速畅通的通信链路是智慧水务数据传输的保障，应综合考虑业务要求、数据类型等因素，选择合适的网络通信方式实现数据稳定传输。

11.4.2.1　网络总体结构

以智慧城市已建网络基础设施为支撑，建设广泛覆盖、互联互通的网络通信体系，提供数据传输的通道。一般综合采用有线和无线相结合的方式实现数据采集传输。

在工程设施内部应建立工控专网，实现现场工控数据采集传输与场内集中控制。运管中心与各工程设施站点之间的长距离通信可采用虚拟专网方式。对于距离远、位置分散、独立的在线监测仪表则可通过无线网络实现监测数据上传。

11.4.2.2 工程监控网络

对于闸站、泵站、污水处理厂站等工程设施现场，其数据传输的安全性与实时性要求高，应建设工业以太网专网，支持场站内自动化控制系统运行，实现实时生产运行调控。

运管中心与各工程设施站点之间，由于距离较远，可通过租用光纤专线，搭建虚拟专网的方式实现工控数据、视频数据等的传输，以支持智慧系统联合调度指导与整体运行监管工作。

11.4.2.3 仪表监测网络

对于布置在河道、排口、管网等的在线监测仪表，如雨量计、液位计、流量计、水质监测仪等，由于其分布广、数据传输量小，可采用无线网络方式将数据传输到运管中心。监测数据采集传输频率应综合考虑业务需要及设备性能动态设置。传输过程应采用压缩传输、断网续传等技术保障数据传输的安全性与可靠性。

11.4.3 综合数据库系统

数据平台是智慧水务管理系统的关键。基于大数据技术构建流域水环境数据汇聚融合、存储、处理、挖掘分析和服务的平台。通过标准化数据接口对内、对外提供统一的数据分析应用与交换共享服务。

11.4.3.1 综合数据平台

建立完善的数据库体系，实现对水环境基础数据、监测数据、运维数据等的统一存储与管理。综合数据库依据数据类型和数据来源，可进一步分为 GIS 基础数据库、设施资产数据库、运维管理管理库、在线监测数据库、模型知识数据库、决策分析数据库、文档多媒体数据库和公众服务数据库等主题数据库。在此基础上通过抽取、清洗、转换、整理、加载等处理构建数据仓库，按不同主题提供相应的数据服务。综合数据平台逻辑结构如图 11-3 所示。

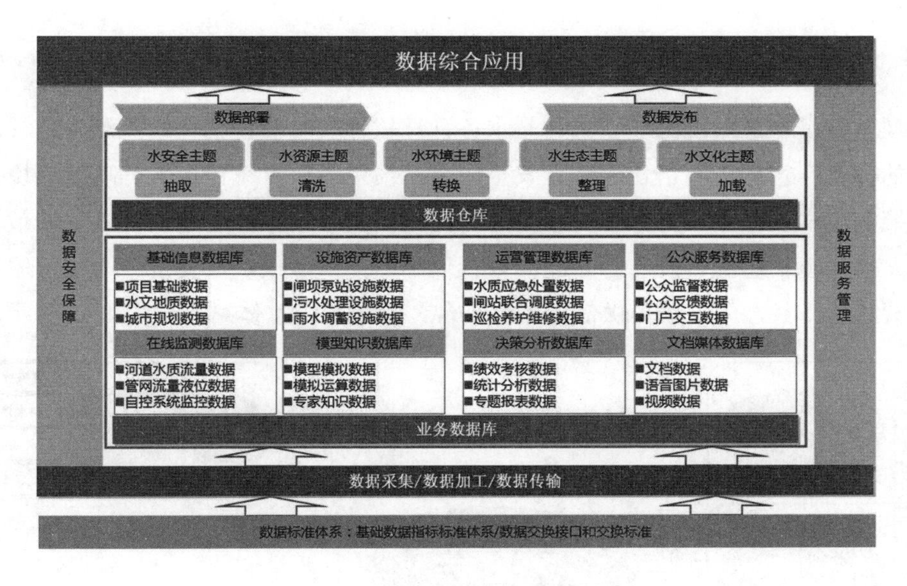

图 11-3　综合数据平台逻辑结构

11.4.3.2　数据交换共享

智慧水务系统应建立统一的数据交换共享平台，通过标准化数据接口实现与城市管理相关系统平台数据的同步共享。一方面，可通过标准数据接口实现与水务管理部门已建系统的数据共享，并预留接口以支持未来新增水环境管理数据的接入；另一方面，通过标准数据接口实现与气象、环保、城建等相关部门系统平台以及智慧城市综合大数据平台交换共享，为城市管理提供数据支持。数据交互关系如图 11-4 所示。

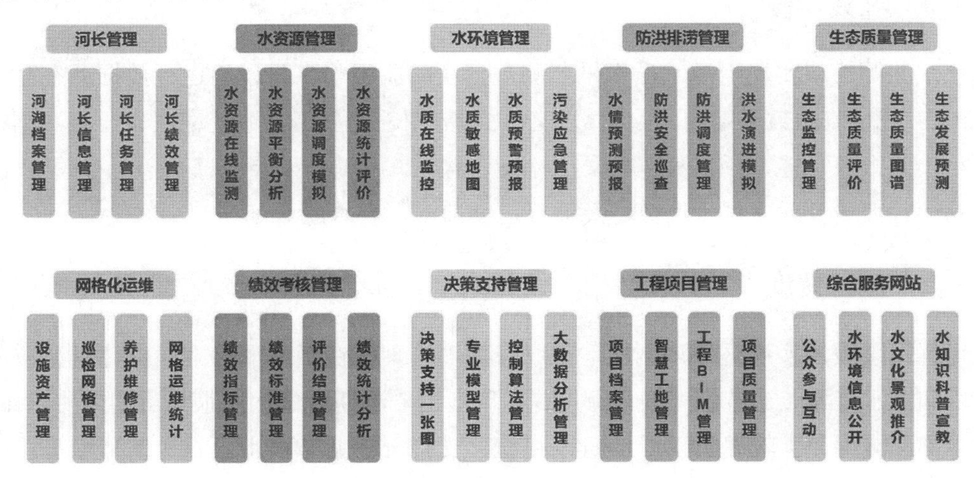

图 11-4　应用系统总体结构

11.4.4 管理软件系统

管理软件是智慧系统的核心。智慧水务管理软件应主要包括在线监测、运行调度、决策评估、资产管理、网格化运维、安全应急、绩效考核、统计报表等功能模块。通过应用系统实现水质监测预警保障、闸站运行优化调度、工程项目建设管控、绩效指标分析展示、水环境信息综合发布等功能，为管理部门提供考核决策支持，为运营服务单位提供运营管理工具，为公众提供信息监督平台。应用系统总体结构如图 11-5 所示。

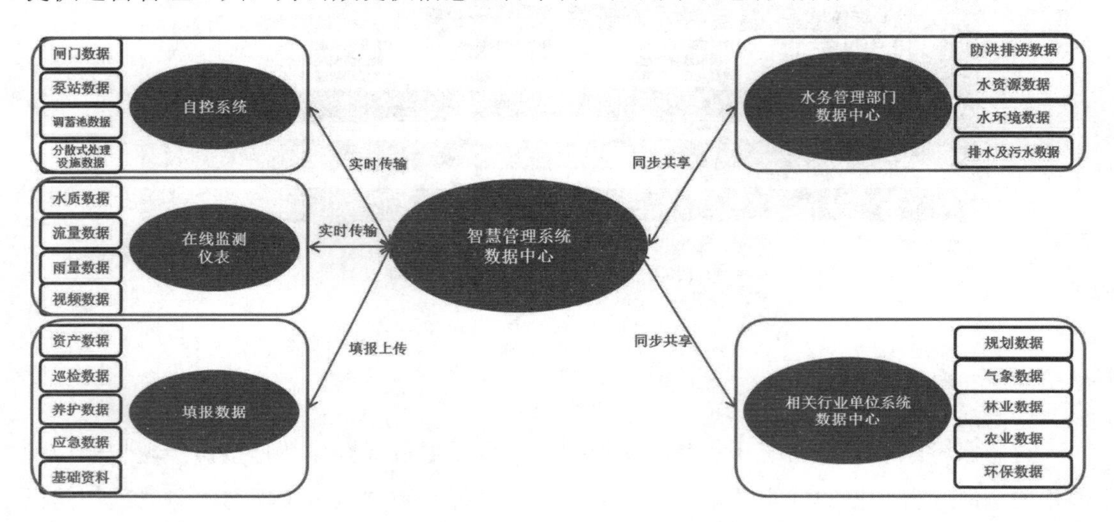

图 11-5 数据交互关系

11.4.4.1 在线监测

在线监测模块实现河道水质水量监测数据实时监视与工程设施运行数据动态监控，基于 GIS 进行监测数据地图和监测数据变化趋势图表的显示，系统应具有监测数据在线诊断与实时报警功能，甄别发现数据超标或异常时，可以将报警信息发送至相关责任人，以帮助运行人员及时掌握水情数据及设施运行情况，妥善应对处理。

11.4.4.2 运行调度

运行调度模块实现区域厂网河运行联合调度管理。在活水调度方面，针对流域内不同区块间配水闸站，支持统一联合调度，实现河道非汛期内优化换水与汛期内防洪排涝；在排水调度方面，尤其是针对合流管网系统，支持分流井、排水泵站、调蓄池等设施联合调度管理，实现分散溢流、分流调蓄功能，以提升排涝能力，控制溢流污染。运行人员应通过系统制订完善设施设备日常运行的调度方案，系统集成运行调度执行模块，远程同步调度策略执行结果，持续反馈优化调度方案。

11.4.4.3　决策评估

决策评估模块以水环境模型为支撑，为日常运行调度优化和突发应急事件评估处置提供指导与依据。系统应集成流域水环境多元耦合模型，结合实时监测数据，实现河道水质水量变化动态模拟预测。针对闸站、泵站、调蓄池等设施日常运行方案进行模拟评估，比选找寻最优运行调度方案；针对突发水污染事件进行模拟分析，评估事故影响，比较评价应对措施，选择相对最优的处置方案，为指挥决策与科学运营提供有力抓手。

11.4.4.4　资产管理

资产管理模块实现区域设施设备及备品备件电子台账的统一管理。管理人员应通过系统进行资产信息维护与更新。系统应支持各类资产，如河道、闸站、泵站、管网、调蓄池、污水处理设施、景观软景、硬景等的空间位置信息、基础属性信息、图片文档信息的信息化管理。通过系统可生成资产电子档案标识，方便查询设施设备详细信息及历史运维记录，帮助厘清运维资产状况。

11.4.4.5　网格化运维

网格化运维模块帮助管理人员实现水环境日常运维业务全过程精细化管理。采用"网格化"管理制度，责任明确到人；过程管理采用"电子工单"模式，全过程 GPS 轨迹追踪，打卡签到，通过"标准制定—计划制定—任务派单—现场作业—回单反馈—审批备案"的标准化流程，实现日常河道巡查、水岸清洁、设施养护、故障维修、问题处理等各项运维任务的规范化作业，以期通过系统的业务化运行，落实水环境运维全过程闭环、快速响应、动态反馈、高质高效的管理机制与运维要求。

11.4.4.6　安全应急

安全生产是运营管理重中之重。安全应急模块为加强安全保障、降低水环境运行风险、提升应急事件应对能力提供平台工具支撑。应通过系统对安全生产责任机构、安全应急处理程序、安全职责、安全目标、安全制度等信息进行集中公示。系统应支持对安全检查中发现的安全隐患进行跟踪管理，直至隐患消除。针对突发安全应急事件，应支持通过系统启动安全应急预案，实现应急联动处理处置。

11.4.4.7 绩效考核

绩效考核模块以绩效达标为核心管理目标，将运维结果与绩效得分挂钩，以促进运维效率和运维质量的双提升，从而得到更好的绩效表现。系统应具有绩效标准管理与绩效评分管理功能。绩效标准管理应实现绩效指标、算法公式、评分标准等信息的统一动态维护管理；绩效评分管理应支持绩效打分与系统自评分功能。系统自评分即基于运维数据系统自动评分并实时更新。当监测出现超标、巡检发现异常、安全检查发现隐患等时，系统将绩效扣分通知发送至相关负责人员，提醒其快速妥善处理，以保证运维绩效达标。

11.4.4.8 公众互动

公众互动模块提供水环境信息发布、展示与沟通互动的桥梁。通过平台可以向公众宣传表达水环境文化、治水理念、水景特色；发布新闻动态、水情公告。公众可以通过平台分享河湖印象、发表建议评价，尤其针对公众发现的河湖污染、垃圾堆放、设施损坏等问题均可通过平台即时上报，运营管理人员实时接报立刻安排巡查处理与问题解决。既能提高全民参与环境保护的积极性，又可有效推动环境质量改善。

11.4.5 运管中心系统

运管中心是集远程监控、调度管理、决策指挥、综合办公等多项功能于一体的运营管理中心。运管中心应配备基础软硬件支撑平台，为智慧系统提供安全稳定的运行环境。

11.4.5.1 运行环境

可根据实际情况采用自建机房或通过租用云资源等方式搭建智慧系统运行基础软硬件环境，主要包括服务器及存储系统、操作软件系统、数据库系统、信息安全系统以及专业软件平台系统等建设，为智慧系统稳定运行提供支撑。

11.4.5.2 信息安全

信息安全系统应按照公安部关于信息安全等级保护的相关要求进行设计建设：

①物理安全：对数据库服务器、核心交换机进行双机热备，保证设备意外故障时系统正常运行；

②系统安全：配备网络防病毒系统，服务器、客户端同时授权，保证系统不受病毒攻击；

③网络安全：硬件防火墙对内外网和服务器分别进行隔绝、入侵监测、流量过滤，

防御来自外网、内网的攻击；

④数据安全：对用户进行安全认证，多层次地访问控制及权限系统，防止数据泄露；

⑤管理安全：建立完善的安全管理机制，从机房进出管理到系统用户管理，提高整套系统的安全系数。

11.5　智慧水务运维管理

智慧水务运维管理主要包括自动控制系统、监测设备、通信网络系统、安防及机房硬件、应用软件系统的日常运维、故障处置和应急处理。

11.5.1　自动控制系统日常运维

自动控制系统（PLC）现场控制主站的主要功能包括：采集相关检测仪表及电量仪表参数，采集电气设备的运行状态参数，并根据泵站工艺要求对其进行控制；通过与中央监控中心进行通信，向监控中心传送数据，并接收监控中心发出的相关命令；具有自动越限保护处理和设备故障自动保护的功能，对上位机的错误指令能进行屏蔽处理；能自行根据工艺或其他因素的变化进行系统组态；具有可靠的安全措施，具有保护口令，防止越权修改程序；具有较强的自检功能和故障自恢复功能，能够承受运行中的各种干扰。

每月两次定期对 PLC 现场控制单元进行巡检。巡检人员到站点巡检时，携带《巡检记录表》，巡检过程中涉及的所有自动控制设备，应严格按照相应表进行记录，巡检过程中发现表中未列出的设备应在备注栏中填写。如出现异常情况，及时排除故障，并填写相应故障《维护服务单》。

PLC 现场控制单元巡检内容如下：

①控制室环境检查。保持控制室的清洁，保持设备的清洁，保证监测用房内的温度、湿度满足仪器正常运行的需求。

②硬件检查。检查 PLC 状态数据传输和报警灯，确保无数据传输和报警。

③软件检查。确保取水过程中 PLC 上各个点输入/输出状态正确；对系统的用户程序进行备份。

④通信检查。确保工控机各个串口和 PLC、数采仪、分析仪器连接一一对应，正确且牢固。通过现场监控软件，测试工控与 PLC 及各个仪器之间是否连接正确。

⑤测量并确保 PLC 时钟电池电压正常。必要的情况更换电池。

11.5.2　监测设备日常运维

监测设备包括液位计、在线水质监测设备、流量计等，为确保设备运行稳定，数据上传及时，应及时进行日常运维，以保证测量准确性及精度。而其维护与具体设备测量原理、设备型号等都有关系，因此须接受相关培训。

严格按照监测与采集系统“每日监控，隔周巡查”的要求，开展日常维护和质量控制工作。每天宏观检查水质自动站系统各仪器运行的状况；每周在现场观察系统运行一个完整的周期，检查整个系统运行状况，确保仪器设备和系统处于正常的运行状况。

以在线水质检测仪为例，日常运维主要包括现场巡检、定期校验。其中现场巡查，每站至少 2 周巡检 1 次，保持水站各仪器干净清洁，内部管路通畅，流路正常。对于各类分析仪器，防止日光直射，保持环境温度稳定，避免仪器振动，经常检查其供电是否正常、有无漏液，以及管路是否有气泡，搅拌电机是否工作正常。

根据仪器特点及被检测水体的水质状况来确定校准周期。如果水质状况较差，则仪器的校准周期就应该相应缩短。根据实际生产情况，在线监测仪器每 3 个月校准一次就基本能够满足要求，一般不能超过仪器说明书规定的时限。仪器如果有长时间停机后重新启动、更换电极、泵管或其他耗材、更换新的试剂、调整运动机构等情况，则必须进行仪器的校准实验。

11.5.3 通信网络系统日常运维

现场设备、PLC 等都通过光纤工业以太环网与中央监控系统进行通信，通过工业以太网或现场总线连接自带 PLC 的工艺设备，或通过现场总线连接现场检测仪表、现场设备层，因此在日常运维中保证通信网络正常是重要的工作之一。主要运维内容包括通信系统光缆线路巡检、计算机网络系统巡检等。

11.5.4 安防及机房硬件日常运维

安防系统主要包括视频安防监控系统、电子围栏系统、门禁安防系统及电子巡更系统。每 2 周对安防监控系统进行 1 次巡检，包括保障项目安防监测系统稳定运行，保障视频图像采集清晰，门禁系统、电子围栏、电子巡更系统正常运行。

巡检人员到站点巡检时，携带《巡检记录表》，巡检过程中涉及的所有设备应严格按照相应表进行记录，没有的不填；巡检过程中表中未列出的设备在备注栏中填写。如出现异常情况，及时排除故障，并填写相应故障《维护服务单》。

11.5.5 应用软件系统日常运维

由于管理业务处理是通过系统运行而实现的，一旦业务处理出现问题或发生变化，就要修改应用程序及有关文档。因此，软件维护是应用系统维护的最主要的内容。软件维护由软件系统维护人员负责。软件维护包括以下 4 类。

11.5.5.1 改正性维护

在软件测试过程中，没有发现的错误，如带到维护阶段，这些隐含的错误在某些特定的环境下会暴露出来。因此，需要修改在系统开发阶段已经发生而在系统测试过程中尚未发现的错误。

软件维护人员提供至少每月 1 次的预防性、改正性的维护服务；输出《健康检查报告》，报告中明确系统的运行状况，并提出改正性建议。至少每年安排 2 次高可用性测试。

11.5.5.2 适应性维护

为适应用户外部环境和内部条件的变化，需要软件系统维护人员对系统提出新的要求，并进行修改。外部环境的变化，不仅包括计算机硬件、软件的配置，也包括数据库、数据存贮方式在内的“数据环境”。

11.5.5.3 完善性维护

在系统的使用过程中，由于业务处理方式和用户对系统功能需求的提高，用户往往会提出增加新功能或者修改已有功能的要求，如修改输入格式，调整数据结构使操作更简单、界面更漂亮等。为了满足用户所提出的增加新功能或修改已有功能以完善其性能的需求，对系统所做的修改均是完善性维护。

11.5.5.4 预防性维护

为减少或避免以后需要进行的上述三类维护而进行的维护。对于系统使用过程中出现的问题，应及时沟通，进行问题修正，以保证系统运行的稳定性。同时，应根据业务实际需求的变动和更新，定期对软件系统进行功能升级和更新，以保证软件系统功能适用当前的业务状况。此外，要进行详细的记录。

11.5.6 故障处置及应急处理

运维过程除处理日常巡检外，还应进行故障处置及应急处理，根据日常系统出现的故障，依据实际情况，采取必要的服务措施尽快修复故障，恢复系统正常运行。针对突发应急事件，应建立系统运维应急方案，系统运维应急方案是对中断或严重影响业务的故障（如数据丢失、业务中断等），进行快速响应和处理，在最短时间内恢复业务系统，将损失降到最低。

参考文献

[1] 彭盛华，赵俊琳，袁弘任. GIS 技术在水资源和水环境领域中的应用[J]. 水科学进展，2001，12（2）：264-269.

[2] 赵宇. 浅谈电气自动化技术在水处理过程中的应用[J]. 中国新技术新产品，2019（3）：130-131.

[3] 常胜昆. 基于商业软件的排水管网系统建模技术研究[D]. 北京：北京工业大学，2011.

第 12 章　智慧运营管理典型案例

12.1　鹤山沙坪河水环境综合治理

12.1.1　项目背景

沙坪河地处西江下游，全长 37.6 km，贯穿鹤山市中心城区。沙坪河见证了近 30 年来城市发展的日新月异，被鹤山人亲切地称为“母亲河”。数百年来，鹤山人早已习惯临水而居，择水而憩。曾经的沙坪河水清岸绿、鱼翔浅底。

随着城市的快速扩张，人口急剧增加，工业、养殖业大量排放污染物，沙坪河流域主要河段水质恶化，处于劣Ⅴ类水平，生态严重退化，成为人人避而远之的臭水河（图 12-1）。

图 12-1　沙坪河流域治理前

追本溯源，沙坪河污染主要来源于：农村生活污水入河污染、农业畜禽养殖废水入河污染、部分工业污水入河污染、城镇部分合流制生活污水污染和河道淤泥内源污染（图 12-2）。

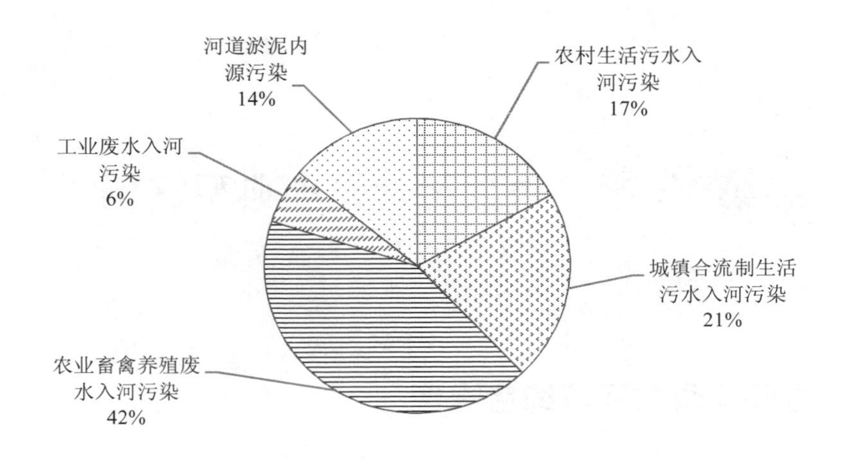

图 12-2　沙坪河污染主要来源

12.1.2　综合治理措施

12.1.2.1　水污染综合整治——水环境整治

①畜禽养殖污水整治：深入推进畜禽养殖专项行动，累计清理禁养区和不达标养殖场 7 000 多家，生猪养殖从原来的 63 万头压减到目前的 13 万头，严控鱼塘排水污染，落实管理鱼塘 5 021 个。

②农村污水整治：鹤山市全面实施农村污水综合整治工程，在 448 个村建设花园式污水处理设施、110 km 配套管线系统，农村环境从污水横流变为干净整洁，使得农村与城市污水治理全面协同，流域水环境改善，更好地促进了城乡发展的平衡。

③工业废水整治：狠抓“散乱污”企业整治，累计清理“散乱污”企业超过 450 家。收集处理各工业区污水，建设龙口三连工业污水预处理站（处理量 1 万 m^3/d）。

④城镇生活污水整治：鹤山市现有 10 座污水处理厂，处理水量 13.7 万 t，配套污水管网合计 69 km，其中沙坪河流域提标改造、新建共 5 座污水处理厂，年均最大合计处理规模 11.9 万 t，有效解决了生活污水污染，减少了污水尾水污染物排放。

⑤河道清淤消除内源污染整治：对污染河道进行清淤整治，合计清淤 100 万 m^3 以上。

通过以上工程实施，最终实现了沙坪河水系主要干流水质达到 IV 类以上（图 12-3）。

图 12-3　沙坪河流域治理后

12.1.2.2　水景观文化共享——治水与景观、文化结合

水景观是自然景观当中最有代表性的一种，水景观因与具体的人、事等要素产生主客体互动而有了文化价值。水景观的文化价值就在于它对人的熏陶和启迪作用，并通过这种文化的作用帮助人们更好地理解水景观、欣赏水景观，进而体会到人水和谐的重要意义。

①全面建设鹤山市碧道建设，全力打造“水清岸绿、鱼翔浅底、水草丰美、白鹭成群”的生态廊道。

②打造沙坪河“三段”“三夹腾龙”“鹤舞沙坪”等 8 个自然文化景观，深度挖掘龙舟（图 12-4）、咏春、舞狮等传统文化特色。

③串联古劳水乡湿地公园建设，融汇鹤山特色水乡文化，塑造文脉与水脉交织的景观空间。

图 12-4　鹤山龙舟赛

12.1.2.3 水治理智慧管控——互联网平台助力

鹤山市河长制智慧一体化管控平台是为贯彻落实绿色发展理念、推进生态文明建设、健全河流治理体系、全面推进河长制工作，并结合本市实际，以河长制管理模式为核心，利用物联网、大数据、模型模拟、智慧决策和管理等现代科技建成的河湖管理的信息平台。以信息化技术来丰富管理手段，完善技术抓手，为加强“河长制”管理提供技术支撑力量。

建立的智慧化河长制管理体系，以鹤山市河长制智慧一体化管理平台为重要基础，集全流域管控一体、全区域联动协作、全市资源共享为一体的河长工作平台，基于河长管理中移动办公、在线审批、过程监管、公众参与的多维度需求，实现信息汇集管理、重要污染源管理、问题发现解决、舆情收集反馈、多级河长管理、动态绩效考核、辅助河长决策等功能，包括公众参与微信端、河长巡查移动端、河长管理计算机端以及河长信息采集与互动公示牌等，使其真正成为各级河长管理的重要抓手，形成具有鹤山特色的智慧管理模式，实现智慧长效运营。

①平台软件建设。河长制工作涉及的数据与信息众多，为保证信息和数据的统一化，实现全市全流域的协同调配，鹤山市建立河长制数据中心，将河长制管理相关的数据包括相关制度、工程计划、污染源管理、河长牌管理、河长管理信息、供排水设施数据、水环境数据等基于鹤山市河长制智慧一体化管控平台进行统一管理和维护，并建立各相关部门之间的数据上报与信息共享机制，定期进行信息更新，将部分信息对公众发布，以推动公众参与，同时为实现环保教育常态化提供支撑（图 12-5）。

图 12-5 环保展厅鹤山市河长制智慧一体化管控平台展示

②平台硬件建设。充分利用物联网、视频监控、全球定位与信息感知等技术方法，形成对重点监测区域的水安全、水资源、水生态、水环境的立体监测网络，建设成布局合理、结构完备、功能齐全、高度共享的“空天地”一体化水务基础信息采集与传输系统，通过无线通信方式实现管控平台与自来水厂、污水处理厂、排涝泵站、农村污水处理站、山塘和水湖等采集站点之间的数据连接，从而实现相应的数据传输汇总（图 12-6）。

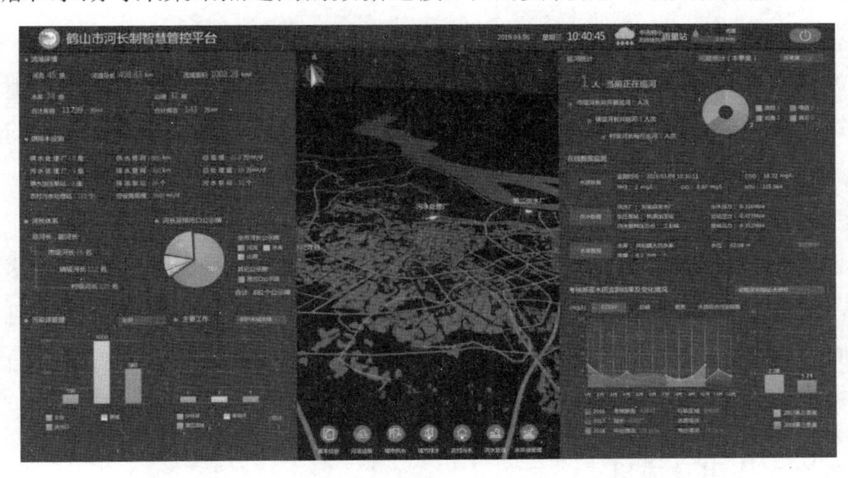

图 12-6　鹤山市河长制智慧一体化管控平台界面

12.1.3　治理成效与总结

12.1.3.1　治水模式及创新

（1）治水模式

地方政府从多样化的城乡环境治理需求出发，打破原先九龙治水的体制和思维定式，以河长制为纲领，污水处理设施及污水收集管网升级改造、启动全流域农村生活污水收集处理工程与畜禽养殖整治工程、实施沙坪河水环境综合整治河道综合整治工程，全面升级防洪排涝标准和要求及建立智慧水务管理平台。

因河施策，挂图作战。通过系统性的分析及规划，制定鹤山“河长制”三年行动计划，并指导未来十年当地的产业规划和生态修复工程布局。

（2）治水四维创新

1）理念创新——三重共享

秉持了三重共享理念：城乡共享——构建向城乡居民开放的多元化滨河功能区，促进环境资源的公平分配；现代与传统共享——构建多功能赛道，将传统龙舟活动与现代生活结合；生态与人文共享——实现 20 km 滨河交通贯通和生态栖息地贯通，将生态导向与人文导向充分融合。

2）方法创新——新型勘查及数据分析技术

采用自主研发的无人机载高光谱技术，提高了水环境现状勘查的效率和精准度。将人口热度等线上大数据分析与线下问卷调查结合，深入了解居民生活习惯，指导滨水空间的精细化设计。

3）资金创新——盘活国有资产

沙坪河项目在广东省率先采用 PPP 模式，提升了资金使用效率，可用性服务费与绩效考核挂钩的方式保证了项目实施质量和运营管理效果。对辖区内政府持有的存量水务资产进行盘活，带动增量项目，使政府资产使用效率倍数增加。

4）运营创新——田野调查牵手智慧平台

以田野调查为基础，建立大数据驱动的全流域智慧管理系统，包括 6 000 多个污染源管控和“一河一策”针对性治理措施数据库，实现流域污染源管理与水环境目标协同化管控。同时，以人为本，尊重民意，在施工阶段充分听取居民意见，为减少自然扰动、保护文化设施，曾多次修改设计图纸。

12.1.3.2 治水作用及成果

（1）城乡环境质量阶段性提升

在 448 个村建设花园式污水处理湿地，农村环境从污水横流变为干净整洁；在沙坪河城市段进行河道生态修复，增强河道自净能力，河水 COD 浓度降低 29%，总磷浓度降低 54%，消灭黑臭现象，使河道从难以近身的死水恢复成市民喜爱的公共亲水空间（图 12-7）。

图 12-7 沙坪河一角

（2）形成利益相关方的优化参与模式

地方政府从自上而下的管理者变成统筹者、服务者，与水务专业团队共同进行城市涉水运营，服务鹤山居民这一“客户”团体。

排污企业对水环境整治工作的态度从抵触到欢迎。通过深入走访和法规宣贯，打消了企业疑虑，使企业意识到环境的整体改善有利于当地经济环境总体升级，并认可水环境综合治理实施。

居民的角色转变。水环境综合治理基于移动互联网充分与市民互动，激发市民的主人翁意识，使其参与到水环境项目的日常监督与维护中来。

（3）切实有效的水环境运营体系

建立制度化的长效运营体系、河长制智慧一体化管控系统。通过精细化运营管理，供水系统从频繁应急变为稳定高质量供应。通过视频监控、网络举报等辅助手段，减少了环境执法和河道保洁所需的人力成本。形成制度化的运营体系，保护治理成果，保障居民的高质量滨水生活。

12.1.3.3　治水启发及影响

（1）城乡流域治理示范

作为二元结构流域治理的成功范本，沙坪河项目被选为广东省流域 PPP 试点项目。充分促进不同地域、不同收入人群的公平权益，在切实改善自然环境的同时促进社会和谐。项目经验广泛适用于全球发展中国家的复杂流域治理。

（2）水务智慧管理新技术示范

由于对智慧水务系统的全面应用，鹤山被选为广东省河长制示范区。除通过大数据辅助政府河长进行管理决策外，基于机载高光谱技术及 BIM 技术的项目管理平台提高了日常管理、工程养护、相关工程设计的工作效率。

（3）助力传统水文化推广

沙坪河是传统水乡文化活动与现代河道工程措施结合的成功范本，通过升级沙坪河国际龙舟赛基础设施，提高了岭南文化的国际影响力，推动了区域经济发展。

（4）促进水产业升级

通过滨水绿道及景观提升，促进古劳水乡从单一滨水农业发展文化旅游业态；通过农村污染治理行动，推动畜禽业的整合升级；将日常维护工作在本地外包，带动本地水生态维护等小微企业发展。

（5）提供生态修复理念的范本

秉持生态优先、绿色发展的理念，在整体实施路径中注重流域内部减排，而非通过外部调水改善水环境，减少了能源消耗，并避免对下游的污染转移。在具体措施中优先采取人工湿地等生态技术，将景观公园设计与水质净化功能充分融合，改变原先治水构筑物与城市化景观格格不入的格局。

沙坪河水环境综合治理项目充分体现了生态修复理念，最终被选为广东省首届国土空间生态修复十大范例之一（图 12-8）

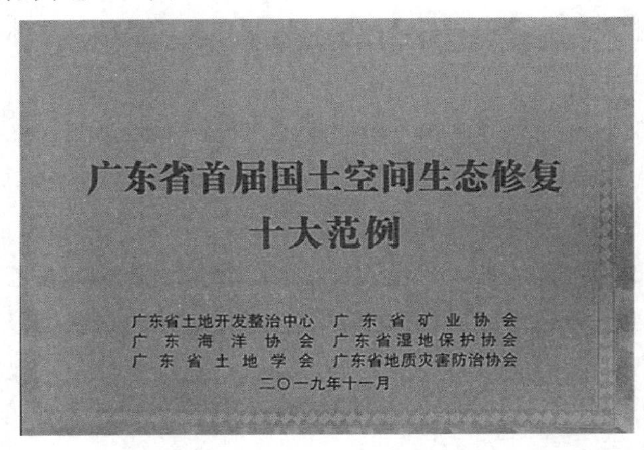

图 12-8 沙坪河水环境综合治理项目荣获广东省首届国土空间生态修复十大范例

12.2 余杭塘河流域水环境综合治理

12.2.1 项目背景

余杭塘河流域水环境综合治理 PPP 项目位于杭州市余杭区，总投资 23.5 亿元，包括南片水系综合整治、余杭塘河河道综合整治、余杭污水处理厂建设和凤凰山山体公园建设四个子项。

①南片水系综合整治子项：包含 22 条河道，整治流域面积约为 24.76 km^2，工程主要内容为余杭老城区排水系统改造、生态修复、活水和智慧水务工程。

②余杭塘河河道整治工程子项：整治河道长度 8 340 m，工程主要建设内容为驳岸改造、综合管线建设、桥梁建设、景观绿化及配套设施工程。

③余杭污水处理厂建设子项：主要建设一座 15 万 m^3/d 的地下式污水处理厂。

④凤凰山山体公园建设子项：总用地面积 37.3 万 m^2，工程主要建设内容为公园基础设施、综合管线、景观建筑、园林绿化以及其他配套附属工程等。

项目围绕“五水共治”与“美丽余杭”的部署和要求，统筹“厂、网、河、岸、人”的全部要素，整合城市管网提质、生态岸线打造、水体生态修复、邻利效应营造、山体步道建设、水系智慧调度、环保教育展示、人居空间拓展等多种措施，为余杭区打造一个综合性的基础设施和高品质城市生态空间。

12.2.2　综合治理措施

综合治理主要包括四大工程体系：以截污控源为核心的零直排达标体系、活水循环与排蓄结合调度体系、内源治理与生态群落恢复体系、全面统筹与科学调度的智慧管理体系。工程内容包括：直排污水截留工程、溢流污染调蓄处理工程、污水处理提标改造工程、雨水管网建设工程、径流污染控制工程、闸站建设工程、闸站智能调度工程、引水活水工程、生态系统构建工程、富氧曝气工程、排口强化处理工程、智慧水务平台建设与在线监测设施工程。

这里主要对南片水系综合整治子项进行介绍。

城市河湖景观水体是一个复杂的生态系统，影响景观水感官的因素包括物理因素（悬浮物）、藻类因素（蓝绿藻）、微生物因素（腐败菌）、化学因素（溶解氧、富营养物质）、单靠传统单一的技术处理是不能完全解决的，而是要采用综合技术手段，即通过构建完整的水生态系统，充分利用生态系统自净自洁（自我修复）的能力优势，才能从根本上解决城市河湖等景观“水清”“水美”的问题。因此本项目结合余杭塘河水体特点及现状调查情况，制定了以下总体技术路线。主要包含截污控源、内源治理、生态修复、活水提质、上游来水控制、智慧水务 6 个部分。

12.2.2.1　截污控源

（1）余杭老街道排水系统改造

余杭老街道内雨污混接现象严重，污水随雨水管道直排河道，导致受纳河道水体水质较差，也是余杭塘河上游污染的主要来源之一。对雨污混接严重区域进行排水系统改造，在余杭老街道沿河主要排口新建智能分流井，分流旱流污水和部分雨天溢流污水至调蓄设施和余杭污水处理厂处理后排放，暴雨时雨水溢流至河道，不影响行洪。改造方案从源头上杜绝了污水直排河道，控制污染物排放量是改善河道水质的重要工程措施之一。

（2）未来科技城截污纳管

未来科技城地块多为近几年开发或待开发的，排水管网敷设相对比较完善，实行雨污分流制排水系统。未来科技城截污纳管是通过对区域内水系沿岸排放口的普查，对污水排放口及有混接的雨水排放口进行处理，处理手段包括封堵、截流及在排口设置生态处理设施等。进一步完善区域内管网收集系统，截污纳管是水质提升的前提。

（3）点源分散式处理设施

区域内部分点源污染截污难度大，管网改造条件存在限制，同时点源污染排放量大，对水体污染较为严重。针对这一问题，在点源污染处设置分散式处理设施，生活污水经过设施处理后排入水体，高效去除排水中的污染物，是水体水质提升的保障之一。

12.2.2.2 内源治理

（1）垃圾清理

垃圾清理主要对城市水体沿岸垃圾临时堆放点进行清理。

（2）生物残体及漂浮物清理

生物残体及漂浮物清理主要包括对城市水体水生植物和岸带植物的季节性收割、对季节性落叶及水面漂浮物的清理等内容。

（3）河道清淤

河道清淤主要是通过对黑臭水体，尤其是重度黑臭水体底泥污染物的清理，能快速降低黑臭水体的内源污染负荷。

12.2.2.3 生态修复

（1）岸带修复

岸带修复主要对已有硬化河岸（湖岸）进行生态修复，属于城市水体污染治理的长效措施。但是岸带修复工程量较大，工程垃圾处理处置成本较高；可能减少水体的亲水区，降雨或潮湿季节，岸带危险性可能增加；生态岸带植物的收割和处理处置成本较高、维护量较大（图 12-9）。

图 12-9　岸带生态修复效果

（2）水生态多样性修复

水生态多样性修复是在生境条件（水质、基底、岸坡等）达到明显改善和获知水体水生贫化程度的基础上，通过人工配种水生植物或放养水生动物来重建稳定群落结构和完整功能的顶层生态修复手段。依据当前对该技术的研究范围，可将其分为水生植物多样性修复和水生动物多样性修复两种技术类别。生态多样性修复主要应用于城市水体水质的长效保持，通过生态系统的恢复与系统构建，持续去除水体污染物，改善生态环境和景观。

（3）人工增氧

人工增氧属于阶段性措施，主要适用于整治后城市水体水质保持，具有水体复氧功能，可有效提升局部水体溶解氧，加大区域水体流动性。该方法操作简单、效果明显、适应性强，目前已在工程实践中广泛应用，被认为是一种比较适合于城市景观河道治理的清洁方法。

12.2.2.4　活水提质

活水提质措施包括活水循环和清水补给。

（1）活水循环

活水循环是用于城市缓流河道水体或坑塘区域的污染治理与水质保持，可有效提高水体的流动性。需要建设引配水闸站，工程建设和运行成本相对较高，工程实施难度大，需要持续运行维护。

（2）清水补给

清水补给是用于城市缺水水体的水量补充，或滞流、缓流水体的水动力改善，可有效提高水体的流动性。需加强补给水水质、水质监测，明确补水费用分担机制，但不提倡采取远距离外调水方式实施清水补给。

12.2.2.5　上游来水污染控制

通过一个综合的生态湿地系统，应用生态系统中物种共生、物质循环再生的原理以及结构与功能协调原则，在促进废水中污染物质良性循环的前提下，充分发挥资源的生产潜力，防止环境的再污染，保证上游来水水质。

12.2.2.6　智慧水务

为保证后续长期运营，须建立适用于水环境综合性特点的智慧管控体系及模式，打造厂网河一体化智慧运营示范。

（1）全手段在线实时监控预警系统

充分应用各种监测手段包括在线与人工结合、点状国标方法监测与面状高光谱反演结合，覆盖全部相关设施包括河道、排口水质水量、视频监控数据、工程设施实时状态等。例如，在新桥、长桥两个考核断面各设置一处 9 参数（pH、温度、浊度、电导率、溶解氧、COD、氨氮、TN、TP）水质监测站；在南渠河、清水港等支流汇入节点等处共设置 23 个 4 参数（pH、浊度、氨氮、DO）小型水质监测站；4 座新建闸坝以及 25 座已建闸站设置在线监测设备。全面感知系统运行状态并实时报警，为智慧运营提供数据支撑。基于以上手段，管理人员在监控指挥中心（图 12-10）内通过智慧管控平台，全面、实时掌握项目运行情况。

（2）以绩效达标为核心的水设施网格化精细运维系统

围绕水环境运维管理具体业务需求，基于绩效考核指标及运维标准体系，建立基于绩效达标的水设施网格化精细运营，将余杭塘河 24.76 km^2 治理区域划分 45 个单元网格，并指定每个网格负责人，从而保证运维的精细化；同时将 5 个方面 23 项考核指标全部细化，与运维工单、发现的问题、水质监测等全部挂钩，系统可以自动进行绩效打分，保证运维人员可以实时掌握当前绩效情况，辅助进行绩效管理。

图 12-10　监控指挥中心

（3）基于“在线监测+耦合模型”的调度评估辅助决策系统

通过集成管网、河网水质水动力模型，结合实时监测数据，实现对余杭南片水系 22 条河未来 24 小时水质水量变化动态模拟预测，辅助运营人员提前进行预判，同时基于预测情况提供对闸站、泵站、调蓄管道等设施日常运行方案模拟评估、突发水污染事件模拟分析功能，从而辅助进行运行调度方案的优选及决策，为日常运行调度优化和突发应急事件评估处置提供指导与依据。

（4）“政府+企业+公众”三位一体联合共治

针对目前水环境综合治理中存在的政府难以监管、企业运维绩效难以考核、边界不清晰、公众诉求难以传导等问题，该平台以“河湖长制”为依托，面向政府、企业、公众构建水环境管理一体化平台，打造“公众参与问题上报、企业运维处理处置、政府监管考核决策”的全环节信息通路，建立“政府河长、企业河长、民间河长”三位一体联动体系，通过智慧河长牌支持公众互动反馈，形成全流程闭环、动态反馈、快速处理的河湖管理机制（图 12-11）。

图 12-11　现场河长牌互动

12.2.3　治理成效与总结

12.2.3.1　治理成效

项目建成后，流域内河道主要断面主要指标将达到地表Ⅳ类，水生态系统逐渐恢复，形成水清岸绿的生态景象。以绩效为核心的智慧化运营管控、“政府+企业+公众”三位一体联合共治机制、监测数据与网站、微信公众号、App、智慧河长牌等终端无缝衔接，为余杭塘河流域水环境运行的全面感知、在线监测、风险预警及运行调度赋予智慧大脑。通过水质水量智慧调控，在提升水质达标率的前提下，预计对泵站运营成本优化 20%～30%；通过实时监控、移动终端以及全过程精细化管理，预估能有效减少运营管理人员 10%～20%。

通过河道综合治理和整体景观提升，不仅解决了城市排涝问题，降低了积水风险，也削减了城市污染，通过生态修复和景观打造，形成了水清岸绿的城市生态网，为周围居民提供了良好的生活休闲环境。

通过河道水质的全面改善，逐步构建了稳定的生态群落系统，提升了生物多样性；通过红绿相间的植物群落打造，形成了自然宜人的滨水景观，改善了周边环境；通过沿河/穿越山体的慢行绿道布设，提升了区域空间的可达性和体验感。

12.2.3.2 项目总结

“厂网河”系统联控，有效控制溢流污染。“前端分散溢流+分流、调蓄+排涝能力提升”的系统思路很好地在短时间内解决了老城区的污染溢流问题，末端 1.6 km 大直径管道（DN3 000），不仅可为城市行洪期间的错峰排涝预留 10 400 m^3 调蓄空间，还能与智能分流井、污水处理厂、河道、管网形成高效的“厂网河”智慧联动控制。

流域水环境智慧化运营管理全面提升运营管理效果与管理水平。水环境智慧运营管控平台的建设，可为流域水环境管理提供系统化、精细化、科学化的管理工具，将调度方案、运营管理费用与绩效考核全面挂钩，解决多专业交叉、多设施交叉的高复杂性问题，全面提升全生命周期的运营管理能力与管理水平，成为余杭智慧城市建设中水务板块的新突破，助力城市智能化水平的发展。